高等职业教育教材

环境监测

黄志中　主编　　陈小军　副主编

李传昌　主审

化学工业出版社

·北京·

内容简介

《环境监测》根据高职高专环境监测课程标准编写。全书基于"教、学、做"一体化的特点，介绍了环境调查、地表水采样、地表水水质测定、大气环境监测、环境噪声监测、建设项目环境保护验收监测、环境监测质量保证、环境监测管理的内容。本书突出实际能力培养，细化实际操作要求，注重培养学生实际动手和解决实际问题的能力。

本书适合作为高职高专环境监测与控制技术教材，也适用于环境工程技术、环境规划与管理、分析检验技术等专业，亦可供其他各类学校环境专业师生及相关技术人员参考。

图书在版编目（CIP）数据

环境监测/黄志中主编；陈小军副主编．—北京：
化学工业出版社，2023.8
ISBN 978-7-122-44078-5

Ⅰ.①环⋯　Ⅱ.①黄⋯②陈⋯　Ⅲ.①环境监测-高等职业教育-教材　Ⅳ.①X83

中国国家版本馆CIP数据核字（2023）第160198号

责任编辑：刘心怡　　　　　　　　　　　文字编辑：刘　莎　师明远
责任校对：宋　玮　　　　　　　　　　　装帧设计：关　飞

出版发行：化学工业出版社（北京市东城区青年湖南街13号　邮政编码100011）
印　　装：河北延风印务有限公司
787mm×1092mm　1/16　印张16　字数396千字　2024年9月北京第1版第1次印刷

购书咨询：010-64518888　　　　　　　　售后服务：010-64518899
网　　址：http://www.cip.com.cn

凡购买本书，如有缺损质量问题，本社销售中心负责调换。

定　价：48.00元　　　　　　　　　　　　　　　　　　　　　　版权所有　违者必究

前言

自 2020 年起，江西应用技术职业学院进行"双高"项目建设，围绕建设目标，学院在教学上进行了大力度的改革，建设了一批优质核心课程，本教材正是"双高"项目建设成果之一。

随着环境理念、环境管理职责的不断发展，环境监测的职责与内容也越来越丰富，本教材较传统教材增加了现场调查、建设项目环境保护验收监测和环境监测管理等内容，力求涵盖环境监测全过程。

本教材具有以下特点：

① 教材切合高职学生特点，把握"够用"原则，放弃了冗繁的理论，着眼于实际操作，主要培养学生实际动手和解决实际问题能力；

② 依托环境法规、环境技术规范、国家标准分析方法，注重培养学生严谨的工作态度，也为学生今后在实际工作中尽快适应实验室标准化管理打下基础；

③ 图文并茂，并配套有二维码数字资源，以满足新型态教材的需要。

本教材适用于环境监测与控制技术、分析检验技术等专业，在使用过程中，可根据各专业特点和人才培养方案作适当的调整。

本教材的项目一由江西应用技术职业学院陈艳玮编写，项目五由江西应用技术职业学院李梦榕编写，项目六由江西应用技术职业学院曾雪珍编写，项目七由江西应用技术职业学院曾宪平编写，项目二和项目八由江西省赣州生态环境监测中心陈小军编写，项目三和项目四由江西应用技术职业学院黄志中编写，全书由黄志中统稿。本教材由黄志中任主编，陈小军任副主编，由国家级检验检测机构资质认定评审员、长江航运科学研究院有限公司高级工程师李传昌任主审。

在本教材的编写过程中，得到了江西应用技术职业学院领导的关心和支持，参阅了有关专著和其他相关教材、论文等，在此向有关领导、专家、作者深表谢意。

因编写人员学术水平、经验及时间有限，书中不足在所难免，敬请广大读者批评指正。

编者

2024 年 1 月

目录

项目一　环境调查 / 001

任务一　环境污染纠纷调查监测 ··· 002
　　一、环境污染纠纷 ·· 002
　　二、现场调查和踏勘过程的技术要求 ································ 003
　　三、环境污染纠纷调查监测方案 ···································· 003
　　四、环境污染纠纷调查监测技术要求 ································ 005
★实训操作：环境监测现场调查方案设计 ·································· 006

任务二　场地环境调查 ··· 010
　　一、场地环境调查工作程序 ·· 011
　　二、第一阶段场地环境调查 ·· 012
　　三、第二阶段场地环境调查 ·· 013
　　四、第三阶段场地环境调查 ·· 017
★实训操作：场地环境调查监测方案设计 ·································· 018

项目二　地表水采样 / 025

任务一　采样点布设 ··· 026
　　一、水环境 ·· 026
　　二、采样断面布设 ·· 027
　　三、采样垂线设置 ·· 030
　　四、采样点设置 ·· 031
★实训操作：采样点布设方案设计 ·· 032

任务二　样品采集 ··· 033
　　一、水样与采样类型 ·· 033
　　二、采样设备与容器 ·· 036
　　三、采样污染的避免 ·· 039
★实训操作：地表水水样现场采集 ·· 040

任务三　样品保存 ··· 045
　　一、样品保存技术 ·· 045
　　二、样品运输与接收 ·· 050
★实训操作：采样物品清单方案设计 ······································ 052

项目三 地表水水质测定 / 055

任务一 现场监测 ········· 056
- 一、水温 ········· 056
- 二、pH 值 ········· 060
- 三、溶解氧（DO） ········· 061
- 四、电导率（盐度） ········· 062
- 五、透明度 ········· 063
- 六、浊度 ········· 064
- 七、其他现场监测项目 ········· 065
- ★实训操作：现场监测方案设计 ········· 066

任务二 化学需氧量的测定 ········· 068
- 一、化学需氧量 ········· 068
- 二、氧化还原滴定 ········· 069
- 三、测定方法 ········· 070
- ★实训操作：化学需氧量的测定 ········· 071

任务三 五日生化需氧量的测定 ········· 074
- 一、稀释水与接种稀释水 ········· 074
- 二、培养与测定 ········· 075
- 三、溶解氧的测定 ········· 075
- ★实训操作：五日生化需氧量的测定 ········· 079

任务四 六价铬的测定 ········· 085
- 一、分光光度法相关知识 ········· 085
- 二、测定方法 ········· 086
- ★实训操作：六价铬的测定 ········· 088

任务五 氨氮的测定 ········· 091
- 一、氨氮与富营养化 ········· 091
- 二、分光光度法中的参比、空白和零浓度 ········· 092
- 三、测定方法 ········· 093
- ★实训操作：氨氮的测定 ········· 094

任务六 铜、锌、铅、镉的测定 ········· 096
- 一、重金属污染 ········· 096
- 二、火焰原子吸收相关知识 ········· 097
- ★实训操作：铜、锌、铅、镉的测定 ········· 100

任务七 水质应急监测 ········· 102
- 一、应急监测 ········· 102
- 二、现场快速监测示例 ········· 104

项目四 大气环境监测 / 109

任务一 大气采样点布设 ··· 110
　　一、大气扩散规律 ·· 110
　　二、大气采样点布设方法 ·· 112
　　三、环境空气采样方法与装置 ··· 116
★实训操作：大气采样点布设方案设计 ·· 121

任务二 甲醛的测定 ··· 126
　　一、甲醛 ··· 126
　　二、溶液吸收采样法 ··· 127
　　三、测定方法 ··· 128
★实训操作：甲醛的测定 ·· 129

任务三 颗粒物的测定 ·· 133
　　一、滤料阻留采样法 ··· 133
　　二、切割器 ·· 134
　　三、测定方法 ··· 134
★实训操作：颗粒物的测定 ··· 137

任务四 环境空气质量自动连续监测 ·· 142
　　一、环境空气质量自动连续监测仪器 ·· 142
　　二、环境空气颗粒物（PM_{10} 和 $PM_{2.5}$）连续自动监测系统 ······························ 144
　　三、环境空气气态污染物（SO_2、NO_2、O_3、CO）连续自动监测系统 ·················· 149
★实训操作：β射线法自动监测仪器质量控制 ·· 153

任务五 固定源废气监测 ··· 156
　　一、采样位置与采样点 ·· 156
　　二、排气参数的测定 ··· 158
　　三、颗粒物的测定 ·· 162

项目五 环境噪声监测 / 165

任务一 环境噪声监测点布设 ··· 166
　　一、声学基础知识 ·· 166
　　二、噪声评价 ··· 169
　　三、噪声标准 ··· 173
　　四、环境噪声监测点布设方法 ·· 176
★实训操作：环境噪声监测点布设方案设计 ·· 178

任务二 环境噪声监测 ··· 182
　　一、声级计 ·· 182
　　二、环境噪声监测方法 ·· 183

三、噪声监测 ·· 183
★实训操作：室内环境噪声监测 ··· 187

项目六　建设项目环境保护验收监测 / 191

任务一　建设项目环境保护验收监测概述 ·· 192
　　一、建设项目环境保护管理条例 ··· 192
　　二、建设项目竣工环境保护验收 ··· 193
　　三、建设项目环境保护设施竣工验收监测技术要求 ···································· 195

任务二　建设项目竣工环境保护验收技术规范——制药 ································· 201
　　一、验收技术工作程序和内容 ··· 201
　　二、验收准备阶段的技术要求 ··· 202
　　三、验收监测内容 ·· 203
★实训操作：建设项目竣工环境保护验收监测方案设计 ································· 205

项目七　环境监测质量保证 / 210

任务一　环境监测报告编写 ·· 212
　　一、环境监测报告的编写程序 ··· 212
　　二、环境监测报告的格式和内容 ·· 213
★实训操作：环境监测报告编制 ·· 217

任务二　环境监测不确定度评定与分析 ·· 221
　　一、不确定度评定的方法 ··· 221
　　二、不确定度评定示例 ·· 226
　　三、不确定度分析示例 ·· 227

项目八　环境监测管理 / 229

任务一　环境监测质量管理 ·· 230
　　一、环境监测管理的意义和概念 ·· 230
　　二、环境监测管理办法 ·· 232
　　三、环境监测质量管理工作内容 ·· 236
　　四、生态环境监测机构监督管理 ·· 237

任务二　环境监测信息管理 ·· 239
　　一、生态环境标准管理 ·· 239
　　二、环境监测分析方法标准制定技术导则 ·· 240
　　三、环境监测数据统计管理 ·· 244

参考文献 / 248

项目一

环境调查

 知识目标

1. 掌握环境污染纠纷调查监测、场地环境调查的适用范围、调查方法；
2. 掌握环境调查方案制订的方法；
3. 了解环境污染纠纷调解程序；
4. 了解现场踏勘、调查取证的程序要求。

 能力目标

1. 学会编制具体的环境监测现场调查方案；
2. 学会编制具体的场地环境调查监测方案。

 素质目标

1. 培养严谨的调查工作态度；
2. 培养综合考虑各种因素的能力。

任务一　环境污染纠纷调查监测

环境污染纠纷调解程序

环境污染纠纷调查监测是各级生态环境保护主管部门在处理因环境污染引起的纠纷时，委托具有相关资质的环境监测机构，按照一定的规范程序，运用物理、化学等技术方法，对环境污染进行现场调查、监测的过程。

一、环境污染纠纷

随着国民经济建设进程的加快，环境污染的危害性也日益明显。污染所引起的纠纷，已经逐渐成为当今较为突出的社会问题。我国现阶段人民群众主要采用信访和社团法律援助的方式维护自己的合法权利，而各级生态环境保护主管部门作为解决污染纠纷的主体也主要采用调解的方式解决纠纷问题，环境污染纠纷调解程序如图1-1所示。

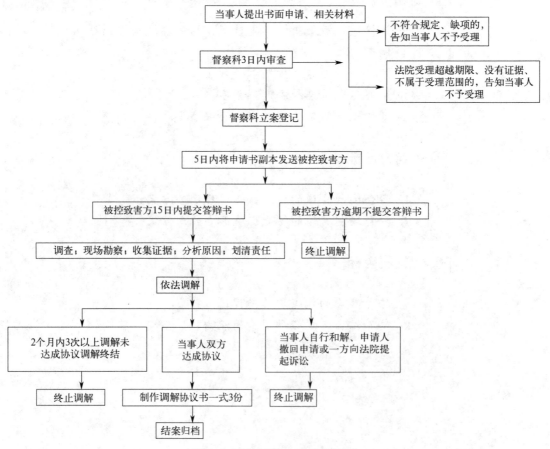

图1-1　环境污染纠纷调解程序

解决纠纷的重要环节是依照一定合法程序调查并判断污染事实，要获得及时、准确、公正的事实依据需要一定的专业性与技术性。生态环境保护主管部门在处理环境污染引起的纠纷时，主要依托具有一定资质的环境监测机构，同时需要统一、规范、系统并具指导意义的标准程序以及技术要求，以此来规范污染纠纷调查监测行为。

环境污染纠纷调查监测的核心问题是：①调查程序是否合法，有没有调查的依据；②是否有能识别污染源范围、污染程度的技术手段。

现阶段我国环境污染纠纷监测基本采用常规监测的技术手段，对于某些综合、复杂的污染纠纷案例，这些技术手段的适用性具有一定局限性。介于上述原因，在实践过程中一些现场快速检测方法、便携式现场检测法，以及一些示踪技术、源解析技术、红外光谱技术和质谱技术等得到应用。

二、现场调查和踏勘过程的技术要求

1. 资料收集与资料分析

收集的资料应为相关单位加盖公章的文件，具有法律效力。

资料收集的内容包括污染区域环境资料、污染区域土地利用变迁资料、污染区域及邻近区域相关污染源情况、污染受体状况以及污染区域所在地自然社会信息等。对突发性环境污染纠纷，需收集现场监察资料和应急监测资料。

调查人员应根据专业知识和经验识别资料中的错误和不合理信息，结合污染纠纷的焦点，分析筛选各种可能的因素，初步确定现场踏勘和调查的基本内容。在分析资料时，还应特别注意资料的有效性和时效性，避免采用错误或过时的资料。

2. 现场踏勘与调查

现场踏勘主要以污染区域和邻近区域及相关污染源为主，踏勘的内容包括污染区域的分布及范围、污染受体的现状及特征、相关污染源污染物的排放情况、污染物的迁移扩散情况，同时需注意观察污染区域及污染源周边的交通情况、敏感目标与污染源的空间位置关系等。

现场人员调查可采用当面交流或书面调查等方式。现场人员调查的范围包括纠纷双方当事人、污染区域和邻近区域的环境管理机构相关人员、相关污染源的管理者和环保管理人员以及污染区域附近居民等。

现场踏勘和调查时，应有委托方或当地生态环境保护主管部门人员、纠纷双方当事人在场，必要时留取整个过程的视频资料。现场人员调查形成的文字材料，应由调查双方、委托方或当地生态环境保护主管部门三方签字确认。

三、环境污染纠纷调查监测方案

1. 监测方案的技术要求

说明引起环境污染的主要环境要素、污染区域范围及所属环境功能区，污染纠纷的发生、发展过程，污染纠纷的焦点问题等。

描述污染区域及邻近区域的地形地貌情况、常年气候与主导风向、相关污染源的主要生产工艺和产排污情况等，制作相关污染源与污染受体的位置关系图、排污管网图。

根据资料和现场踏勘、调查情况，确定监测的要素、项目、频次以及监测点位分布。

确定适用的监测技术规范,明确执行的法律、法规、环境质量标准和污染物排放标准等环境保护规范性文件要求,采用非标准监测方法应详细说明实施方案、拟达到的目的等。

2. 监测方案的审查

一般性环境污染纠纷调查监测项目由项目负责人组织技术小组成员内审,并征得委托方、纠纷双方当事人同意并签字后实施。

对重大和复杂性环境污染纠纷调查监测项目应组织专家评审会,邀请若干名专家对监测方案进行评审,评估方案实施在说明污染事实、范围、程度等方面所能达到的效果,提供评审意见。监测方案审查应有委托方、纠纷双方当事人在场。评审意见需专家组长签字,与参会人员签到表一起备案。

3. 监测方案的实施与变更

项目负责人组织各岗位技术人员根据监测方案进行监测,并按时间进度计划要求完成。在实施方案过程中若发现现场情况与监测方案不符,监测人员应提出变更申请并做好记录。重大变更应重新编制监测方案,并再次进行专家评审。环境污染纠纷调查监测工作程序流程如图 1-2 所示。

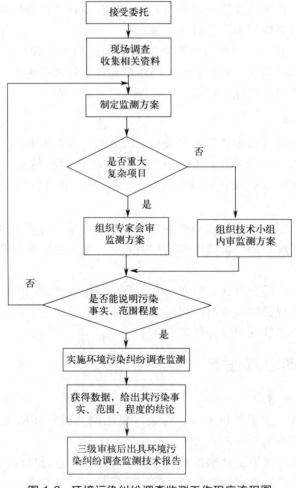

图 1-2 环境污染纠纷调查监测工作程序流程图

四、环境污染纠纷调查监测技术要求

1. 监测要素、监测项目及监测分析方法的确定

（1）监测要素和监测项目确定的原则　根据委托方的要求，以及国家或地方环境质量标准和污染物排放标准的有关要求，结合环境污染纠纷的实际情况，确定相应的监测要素和监测项目。对于在环境调查阶段可明确排除的环境要素和污染项目，可不予监测。

（2）监测项目及分析方法及适用标准的选用原则　应按国家环境保护标准、其他国家标准、国际标准的顺序进行选择。

（3）涉外纠纷及项目分析方法及适用标准的选用原则　应与委托方、纠纷双方当事人协商，选择共同认可的分析方法和适用标准，并签字备案。

（4）无现行有效分析方法标准的监测方法确定　可选用实验室建立的分析方法或其他等效的非标准方法，但应验证其检出限、测定下限、准确度和精密度。经委托方、纠纷双方当事人认可后，签字备案。

2. 采样

采样人员应熟悉监测方案，采样过程应有委托方、纠纷双方当事人到场，并对采集的样品进行签字确认。

在采样过程中，若现场情况有所变化，需更改采样方案的，经委托方、纠纷双方当事人签字确认后方可进行采样，所有变动均应记录并在报告中反映。

采样应符合采样（监测）方案和有关技术规范的要求，特殊情况下（如点位设置困难）可由样品的可获性来决定，并做好附录说明。对可以保存的样本，应采集足量留样待查。

实训操作：环境监测现场调查方案设计

1. 环境监测现场调查方案编制提纲

（1）组织机构与职责分工　应按各级环境监测站在本管辖区域监测网络内的职责分工，制订网络内各级组织的机构组成及职责分工，同时应绘制相应的组织机构框图以及相关人员的联系方法。

（2）监测仪器配置　根据环境监测站的实际情况，明确监测仪器和相关物品的名称、型号、数量、适用范围、保管人等信息。

（3）监测工作基本程序　方案中监测工作基本程序的编制包括监测工作网络运作程序、具体工作程序和质量保证工作程序三方面内容，可以用流程图的形式表示。

① 监测工作网络图：指环境监测站所在区域自上而下的网络关系图。

② 监测工作流程图（包括数据上报）：指环境监测站监测工作从接到指令开始，到监测数据上报全过程的工作路线流程。

③ 监测质量控制要求及流程图：根据监测质量控制的基本要求，绘制质量控制流程图，方便环境监测人员对照执行。

（4）监测防护装备、通信设备及后勤保障体系　方案中应规定监测防护和通信装备的种类和数量，统一分类编目，并对放置地点和保管人进行明确规定。应明确后勤保障体系的构成及人员责任分工。

2. 基础资料的收集

选定的监测断面和垂线均应经生态环境保护行政主管部门审查确认，并在地图上标明准确位置，在岸边设置固定标志。同时，用文字说明断面周围环境的详细情况，并配以照片。这些图文资料均存入断面档案。断面一经确认即不准任意变动。确需变动时，需经环境保护行政主管部门同意，重作优化处理与审查确认。

在制订监测方案之前，应尽可能完备地收集欲监测水体及所在区域的有关资料，主要有：

① 水体的水文、气候、地质和地貌资料。如水位、水量、流速及流向的变化；降雨量、蒸发量及历史上的水情；河流的宽度、深度、河床结构及地质状况等。

② 水体沿岸城市分布、工业布局、污染源及其排污情况、城市给排水情况等。

③ 水体沿岸的资源现状和水资源的用途；饮用水源分布和重点水源保护区；水体流域土地功能及近期使用计划等。

④ 历年的水质资料等。

3. 现场踏勘与调查

（1）调查确认监测河段是否有饮用水水源保护区　饮用水水源保护区都有明显标志，通过现场踏勘可以确定河段是否有饮用水水源保护区。饮用水水源保护区界标图形标志如图1-3所示。

界标正面的上方为饮用水水源保护区图形标。中下方书写饮用水水源保护区名称，如：

图1-3 饮用水水源保护区界标图形标志

饮用水水源一级保护区、饮用水水源二级保护区等。下方为"监督管理电话：××××××××"等监督管理方面的信息，监督管理电话一般为当地环境保护行政主管部门联系电话。

界标背面的上方用清晰、易懂的图形或文字说明划分的饮用水水源保护区范围，以标明保护区准确地理坐标和范围参数等为宜。中下方书写饮用水水源保护区具体的管理要求，可引用《中华人民共和国水污染防治法》以及其他有关法律法规中关于饮用水水源保护区的条款和内容。最下方靠右处书写"××政府××年设立"。

饮用水水源保护区道路、航道警示牌如图1-4所示。

图1-4 饮用水水源保护区道路、航道警示牌

（2）调查确认污水排放口的数量和位置　通过查找资料、现场踏勘等方法，确定污水排放口位置、是否有一类污染物等信息。污水排放口有明显标志，如图1-5和图1-6所示。

（3）调查拟设置断面位置的河床具体情况　如河流的宽度、深度、河床结构及地质状况等，以及水文参数的情况。

（4）调查周围是否有敏感点，可能受影响的环境要素及其功能区划等。

4. 点位（断面）标志物设置

环境监测点位（断面）的设置由有管辖权的环境保护行政主管部门批准，并设置明显标志物。任何单位和个人均不得损坏或者擅自改动环境监测设施和监测点位（断面）标志物。确需改动的，必须报原批准设置的环境保护行政主管部门批准。监测断面桩应按要求制作，监测断面桩制式要求见表1-1。监测断面桩外观如图1-7，监测断面桩展示面制式参照图 1-8。

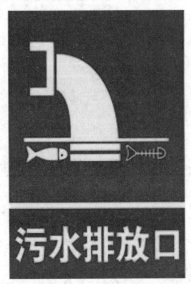

图 1-5　污水排放口提示图形标志　　　　图 1-6　污水排放口警告图形标志

表 1-1　监测断面桩制式要求

项目	细项	参数要求
桩体	材质	花岗岩
	桩体尺寸	长度 200mm，宽度 200mm，高度不小于 1500mm
	地上桩体高度	不小于 800mm
	地下桩体高度	500mm
	桩体圆角	$R=20$mm
	桩体倒角	10mm×10mm
	底座尺寸	长度不小于 800mm，宽度不小于 800mm，高度不小于 200mm
	底座圆角	$R=20$mm
	底座倒角	10mm×10mm
标识	正面	生态环境部徽标、信息标识牌、断面名称
	背面	生态环境部徽标、二维码标识牌、断面名称
	左面	"国家财产　不得损坏"、黑体、170pt、红色喷涂
	右面	设置时间、黑体、80pt、红色喷涂
	顶面	二维码标识牌
	徽标	直径 100mm、绿色及白色喷涂
	断面名称	黑体、红色、字体大小根据字数适当缩放
标识牌	材质	304#（或更高标准级别）不锈钢、厚度 2mm 以上
	表面处理	亚光拉丝工艺
	外形尺寸	正方形、140mm×140mm
	信息标识牌	内容自上面下分别为：二维码（30mm×30mm）、"国家地表水环境监测"（黑体，24pt）、断面基本信息表（宋体，14pt）
	工艺	采用激光雕刻技术、黑色喷涂
	安装方式	四角预留直径 4mm 孔位，通过结构胶居中粘贴，并在四角加装长度为 15mm 的不锈钢螺丝加固

图 1-7 监测断面桩示意图

正面　　　背面　　　左面　　　右面　　　顶面

图 1-8 监测断面桩展示面示意图

任务二　场地环境调查

场地污染概念模型（动画）

场地污染概念模型

场地环境调查是采用系统的调查方法，确定地块是否被污染及污染程度和范围的过程。

污染物由污染源进入土壤，随着水流的运动，污染物会随之迁移，形成污染晕，由于水流的运移，污染物浓度随之改变。污染场地概念模型如图 1-9 和图 1-10 所示。

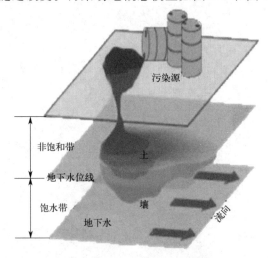

图 1-9　某化工厂污染场地概念模型

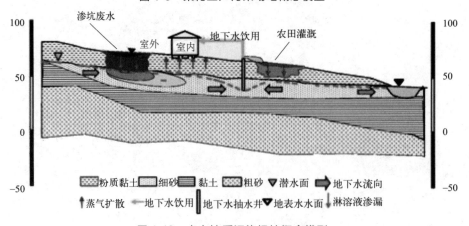

图 1-10　水文地质污染场地概念模型

非饱和带又称包气带或渗流带，是指地表面与地下水面之间与大气相通的有气体的地带。

饱水带是指地下水面以下，土层或岩层的空隙全部被水充满的地带。

一、场地环境调查工作程序

场地环境调查可分为三个阶段，调查的工作程序如图1-11所示。

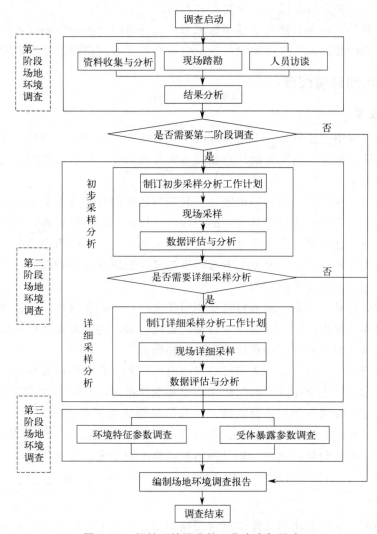

图1-11 场地环境调查的工作内容与程序

第一阶段场地环境调查是以资料收集、现场踏勘和人员访谈为主的污染识别阶段，原则上不进行现场采样分析。若第一阶段调查确认地块内及周围区域当前和历史上均无可能的污染源，则认为地块的环境状况可以接受，调查活动可以结束。

第二阶段场地环境调查是以采样与分析为主的污染证实阶段。若第一阶段场地环境调查表明地块内或周围区域存在可能的污染源，如化工厂、农药厂、冶炼厂、加油站、化学品储罐、固体废物处理等可能产生有毒有害物质的设施或活动；以及由于资料缺失等原因造成无法排除地块内外存在污染源时，进行第二阶段场地环境调查，确定污染物种类、浓度（程度）和空间分布。第二阶段场地环境调查通常可以分为初步采样分析和详细采样分析两步进行，每步均包括制订工作计划、现场采样、数据评估和结果分析等步骤。初步采样分析和详细采样分析均可根据实际情况分批次实施，逐步减少调查的不确定性。根据初步采样分析结果，如果污染物浓度均未超过国家和地方相关标准以及清洁对照点浓度（有土壤环境背景的无机物），并且经过不确定性分析确认不需要进一步调查后，第二阶段场地环境调查工作可以结束；否则认为可能存在环境风险，须进行详细调查。详细采样分析是在初步采样分析的基础上，进一步采样和分析，确定污染程度和范围。

第三阶段场地环境调查以补充采样和测试为主，获得满足风险评估及土壤和地下水修复所需的参数。本阶段的调查工作可单独进行，也可在第二阶段调查过程中同时开展。

二、第一阶段场地环境调查

1. 资料的收集

主要包括地块利用变迁资料、地块环境资料、地块相关记录、有关政府文件以及地块所在区域的自然和社会信息。当调查地块与相邻地块存在相互污染的可能时，须调查相邻地块的相关记录和资料。

（1）地块利用变迁资料：用来辨识地块及其相邻地块的开发及活动状况的航片或卫星图片，地块的土地使用和规划资料，其他有助于评价地块污染的历史资料，如土地登记信息资料等；地块利用变迁过程中的地块内建筑、设施、工艺流程和生产污染等的变化情况。

（2）地块环境资料：地块土壤及地下水污染记录、地块危险废物堆放记录以及地块与自然保护区和水源地保护区等的位置关系等。

（3）地块相关记录：产品、原辅材料及中间体清单，平面布置图、工艺流程图、地下管线图，化学品储存及使用清单、泄漏记录，废物管理记录，地上及地下储罐清单，环境监测数据、环境影响报告书或表、环境审计报告和地勘报告等。

（4）有关政府文件：由政府机关和权威机构所保存和发布的环境资料，如区域环境保护规划、环境质量公告、企业在政府部门相关环境备案和批复以及生态和水源保护区规划等。

（5）地块所在区域的自然和社会信息：自然信息包括地理位置图、地形、地貌、土壤、水文、地质和气象资料等；社会信息包括人口密度和分布、敏感目标分布及土地利用方式，区域所在地的经济现状和发展规划，相关的国家和地方的政策、法规与标准，以及当地地方性疾病统计信息等。

2. 现场踏勘

在现场踏勘前，根据地块的具体情况掌握相应的安全卫生防护知识，并装备必要的防护用品。

现场踏勘应以地块内为主，并应包括地块的周围区域，周围区域的范围应由现场调查人员根据污染可能迁移的距离来判断。

（1）现场踏勘主要包括以下内容：

① 地块现状与历史情况：可能造成土壤和地下水污染的物质的使用、生产、贮存，三废处理与排放以及泄漏状况，地块过去使用中留下的可能造成土壤和地下水污染的异常迹象，如罐、槽泄漏以及废物临时堆放污染痕迹。

② 相邻地块的现状与历史情况：相邻地块的使用现况与污染源，以及过去使用中留下

的可能造成土壤和地下水污染的异常迹象,如罐、槽泄漏以及废物临时堆放污染痕迹。

③ 周围区域的现状与历史情况:对于周围区域目前或过去土地利用的类型,如住宅、商店和工厂等,应尽可能观察和记录;周围区域废弃和正在使用的各类井,如水井等;污水处理和排放系统;化学品和废弃物的储存和处置设施;地面上的沟、河、池;地表水体、雨水排放和径流以及道路和公用设施。

④ 地质、水文地质和地形的描述:地块及其周围区域的地质、水文地质与地形应观察、记录,并加以分析,以协助判断周围污染物是否会迁移到调查地块,以及地块内污染物是否会迁移到地下水和地块之外。

(2) 现场踏勘的重点踏勘对象一般应包括:有毒有害物质的使用、处理、储存、处置;生产过程和设备、储槽与管线;恶臭、化学品味道和刺激性气味,污染和腐蚀的痕迹;排水管或渠、污水池或其他地表水体、废物堆放地、井等。同时应该观察和记录地块及周围是否有可能受污染物影响的居民区、学校、医院、饮用水源保护区以及其他公共场所等,并在报告中明确其与地块的位置关系。

(3) 现场踏勘的方法:可通过对异常气味的辨识、摄影和照相、现场笔记等方式初步判断地块污染的状况。踏勘期间,可以使用现场快速测定仪器。

3. 人员访谈

(1) 访谈内容:应包括资料收集和现场踏勘所涉及的疑问,以及信息补充和已有资料的考证。

(2) 访谈对象:受访者为地块现状或历史的知情人,包括地块管理机构和地方政府的官员、环境保护行政主管部门的官员、地块过去和现在各阶段的使用者以及地块所在地或熟悉地块的第三方、相邻地块的工作人员和附近的居民。

(3) 访谈方法:可采取当面交流、电话交流、电子或书面调查表等方式进行。

(4) 内容整理:应对访谈内容进行整理,并对照已有资料,对其中可疑处和不完善处进行核实和补充,作为调查报告的附件。

4. 结论与分析

第一阶段调查结论应明确地块内及周围区域有无可能的污染源,并进行不确定性分析。

若有可能的污染源,应说明可能的污染类型、污染状况和来源,并应提出第二阶段场地环境调查的建议。

三、第二阶段场地环境调查

1. 初步采样分析工作计划

根据第一阶段调查的情况制订初步采样分析工作计划,计划内容包括核查已有信息、判断污染物的可能分布、制订采样方案、制订健康和安全防护计划、制订样品分析方案和确定质量保证和质量控制程序等任务。

对已有信息进行核查,包括第一阶段调查中重要的环境信息,如土壤类型和地下水埋深;查阅污染物在土壤、地下水、地表水或地块周围环境的可能分布和迁移信息;查阅污染物排放和泄漏的信息。应核查上述信息的来源,以确保其真实性和适用性。

根据地块的具体情况、地块内外的污染源分布、水文地质条件以及污染物的迁移和转化等因素,判断地块污染物在土壤和地下水中的可能分布,为制订采样方案提供依据。

(1) 制订采样方案　采样方案一般包括采样点的布设、样品数量、样品的采集方法、现场快速检测方法，样品收集、保存、运输和储存等。

采样点水平方向的布设参照表 1-2 进行，并应说明采样点布设的理由。

表 1-2　几种常见的布点方法及适用条件

布点方法	适用条件
系统随机布点法	适用于污染分布均匀的地块
专业判断布点法	适用于潜在污染明确的地块
分区布点法	适用于污染分布不均匀，并获得污染分布情况的地块
系统布点法	适用于各类地块情况，特别是污染分布不明确或污染分布范围大的情况

采样点垂直方向的土壤采样深度可根据污染源的位置、迁移和地层结构以及水文地质等进行判断设置。若对地块信息了解不足，难以合理判断采样深度，可按 0.5～2m 等间距设置采样位置。

对于地下水，一般情况下应在调查地块附近选择清洁对照点。地下水采样点的布设应考虑地下水的流向、水力坡降、含水层渗透性、埋深和厚度等水文地质条件及污染源和污染物迁移转化等因素；对于地块内或临近区域内的现有地下水监测井，如果符合地下水环境监测技术规范，则可以作为地下水的取样点或对照点。

(2) 制订样品分析方案　检测项目应根据保守性原则，按照第一阶段调查确定的地块内外潜在污染源和污染物，依据国家和地方相关标准中的基本项目要求，同时考虑污染物的迁移转化，判断样品的检测分析项目；对于不能确定的项目，可选取潜在典型污染样品进行筛选分析。一般工业地块可选择的检测项目有重金属、挥发性有机物、半挥发性有机物、氰化物和石棉等。如土壤和地下水明显异常而常规检测项目无法识别时，可进一步结合色谱-质谱定性分析等手段对污染物进行分析，筛选判断非常规的特征污染物，必要时可采用生物毒性测试方法进行筛选判断。

2. 详细采样分析工作计划

在初步采样分析的基础上制订详细采样分析工作计划。详细采样分析工作计划主要包括评估初步采样分析工作计划和结果、制订采样方案以及制订样品分析方案等。

(1) 评估初步采样分析的结果　分析初步采样获取的地块信息，主要包括土壤类型、水文地质条件、现场和实验室检测数据等；初步确定污染物种类、程度和空间分布；评估初步采样分析的质量保证和质量控制。

(2) 制订采样方案　根据初步采样分析的结果，结合地块分区，制订采样方案。应采用系统布点法加密布设采样点。对于需要划定污染边界范围的区域，采样单元面积不大于 $1600m^2$（40m×40m 网格）。垂直方向采样深度和间隔根据初步采样的结果判断。

(3) 制订样品分析方案　根据初步调查结果，制订样品分析方案。样品分析项目以已确定的地块关注污染物为主。

3. 现场采样

(1) 采样前的准备　现场采样应准备的材料和设备包括定位仪器、现场探测设备、调查信息记录装备、监测井的建井材料、土壤和地下水取样设备、样品的保存装置和安全防护装备等。

(2) 定位和探测　采样前，可采用卷尺、GPS 卫星定位仪、经纬仪和水准仪等工具在现场确定采样点的具体位置和地面标高，并在图中标出。可采用金属探测器或探地雷达等设备探测地下障碍物，确保采样位置避开地下电缆、管线、沟、槽等地下障碍物。采用水位仪测量地下水水位，采用油水界面仪探测地下水非水相液体。

常利用冲击钻探法（如图 1-12 所示），将钻头中岩芯取出摆放在岩芯箱中（如图 1-13 所示），根据岩芯成果绘制工程地质剖面图（如图 1-14 所示）。

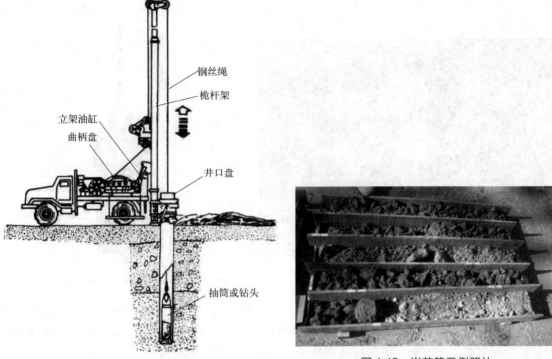

图 1-12 钢索冲击钻探示意图

图 1-13 岩芯箱示例照片

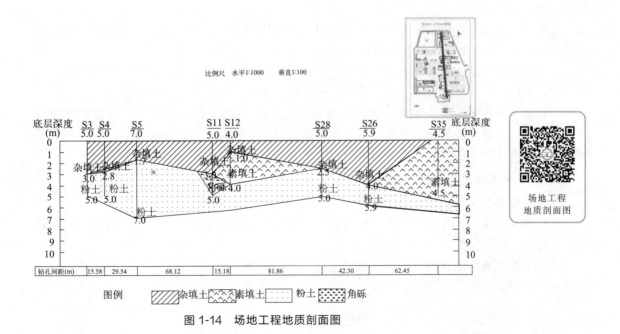

图 1-14 场地工程地质剖面图

项目一 环境调查

(3) 现场检测　可采用便携式有机物快速测定仪、重金属快速测定仪、生物毒性测试等现场快速筛选技术手段进行定性或定量分析，可采用直接贯入设备现场连续测试地层和污染物垂向分布情况，也可采用土壤气体现场检测手段和地球物理手段初步判断地块污染物及其分布，指导样品采集及监测点位布设。采用便携式设备现场测定地下水水温、pH 值、电导率、浊度和氧化还原电位等。常见的现场设备有非扰动土壤采样器（如图 1-15）和光离子化 VOC 检测仪（如图 1-16）。

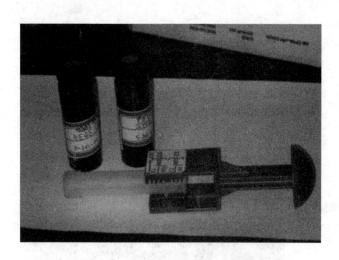

图 1-15　非扰动土壤采样器和顶空瓶

图 1-16　光离子化 VOC 检测仪（PID）

（4）土壤样品采集　土壤样品分表层土壤和下层土壤。下层土壤的采样深度应考虑污染物可能释放和迁移的深度（如地下管线和储槽埋深）、污染物性质、土壤的质地和孔隙度、地下水位和回填土等因素。可利用现场探测设备辅助判断采样深度。

采集含挥发性污染物的样品时，应尽量减少对样品的扰动，严禁对样品进行均质化处理。

土壤样品采集后，应根据污染物理化性质等，选用合适的容器保存。汞或有机污染的土壤样品应在 4℃以下的温度条件下保存和运输。

土壤采样时应进行现场记录，主要内容包括样品名称和编号、气象条件、采样时间、采样位置、采样深度、样品质地、样品的颜色和气味、现场检测结果以及采样人员等。

（5）地下水水样采集　地下水采样一般应建地下水监测井。监测井的建设过程分为设计、钻孔、过滤管和井管的选择和安装、滤料的选择和装填以及封闭和固定等。所用的设备和材料应清洗除污，建设结束后需及时进行洗井。地下水监测井结构如图 1-17 所示。

4. 数据评估和结果分析

委托有资质的实验室进行样品检测分析。

整理调查信息和检测结果，评估检测数据的质量，分析数据的有效性和充分性，确定是否需要补充采样分析等。

根据土壤和地下水检测结果进行统计分析，确定地块关注污染物种类、浓度水平和空间分布。

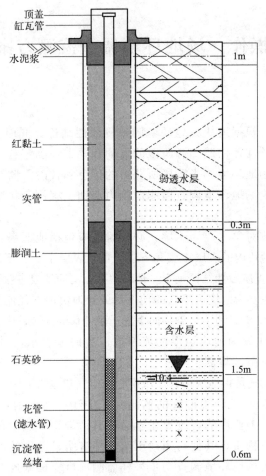

图 1-17 地下水监测井结构示意图

四、第三阶段场地环境调查

1. 主要工作内容

主要工作内容包括地块特征参数和受体暴露参数的调查。

（1）地块特征参数　不同代表位置和土层或选定土层土壤样品的理化性质分析数据，如土壤 pH 值、容重、有机碳含量、含水率和质地等；地块（所在地）气候、水文、地质特征信息和数据，如地表年平均风速和水力传导系数等。根据风险评估和地块修复实际需要，选取适当的参数进行调查。

（2）受体暴露参数　地块及周边地区土地利用方式、人群及建筑物等相关信息。

2. 调查方法

地块特征参数和受体暴露参数的调查可采用资料查询、现场实测和实验室分析测试等方法。

3. 调查结果

该阶段的调查结果供地块风险评估、风险管控和修复使用。

实训操作:场地环境调查监测方案设计

1. 监测计划制订

(1) 资料收集分析 根据地块场地环境调查阶段性结论,同时考虑地块治理修复监测、修复效果评估监测、回顾性评估监测各阶段的目的和要求,确定各阶段监测工作应收集的地块信息,主要包括地块场地环境调查阶段所获得的信息和各阶段监测补充收集的信息。

(2) 监测范围 地块场地环境调查监测范围为前期土壤污染状况调查初步确定的地块边界范围。

(3) 监测对象 监测对象主要为土壤,必要时也应包括地下水、地表水及环境空气等。

① 土壤。土壤包括地块内的表层土壤和下层土壤,表层土壤和下层土壤的具体深度划分应根据地块土壤污染状况调查阶段性结论确定。地块中存在的回填层一般可作为表层土壤。

② 地下水。地下水主要为地块边界内的地下水或经地块地下径流流到下游汇集区的浅层地下水。在污染较重且地质结构有利于污染物向下层土壤迁移的区域,则对深层地下水进行监测。

③ 地表水。地表水主要为地块边界内流经或汇集的地表水,对于污染较重的地块也应考虑流经地块地表水的下游汇集区。

④ 环境空气。环境空气是指地块污染区域中心的空气和地块下风向主要环境敏感点的空气。

⑤ 残余废弃物。地块场地环境调查的监测对象中还应考虑地块残余废弃物,主要包括地块内遗留的生产原料、工业废渣、废弃化学品及其污染物,残留在废弃设施、容器及管道内的固态、半固态及液态物质,其他与当地土壤特征有明显区别的固态物质。

(4) 监测项目 地块场地环境调查初步采样监测项目应根据规范要求、前期土壤污染状况调查阶段性结论与本阶段工作计划确定。可能涉及的危险废物监测项目应参照规范中相关指标确定。

常见地块类型及特征污染物可参考表 1-3。实际调查过程中应根据具体情况确定。

表 1-3 常见地块类型及特征污染物

行业分类	地块类型	潜在特征污染物类型
制造业	化学原料及化学品制造	挥发性有机物、半挥发性有机物、重金属、持久性有机污染物、农药
	电气机械及器材制造	重金属、有机氯溶剂、持久性有机污染物
	纺织业	重金属、氯代有机物
	造纸及纸制品	重金属、氯代有机物
	金属制品业	重金属、氯代有机物
	金属冶炼及延压加工	重金属
	机械制造	重金属、石油烃
	塑料和橡胶制品	半挥发性有机物、挥发性有机物、重金属
	石油加工	挥发性有机物、半挥发性有机物、重金属、石油烃
	炼焦厂	挥发性有机物、半挥发性有机物、重金属、氰化物
	交通运输设备制造	重金属、石油烃、持久性有机污染物
	皮革、皮毛制造	重金属、挥发性有机物
	废弃资源和废旧材料回收加工	持久性有机污染物、半挥发性有机物、重金属、农药

续表

行业分类	地块类型	潜在特征污染物类型
采矿业	煤炭开采和洗选业	重金属
	黑色金属和有色金属矿采选业	重金属、氰化物
	非金属矿物采选业	重金属、氰化物、石棉
	石油和天然气开采业	石油烃、挥发性有机物、半挥发性有机物
电力燃气及水的生产和供应	火力发电	重金属、持久性有机污染物
	电力供应	持久性有机污染物
	燃气生产和供应	半挥发性有机物、半挥发性有机物、重金属
水利、环境和公共设施管理业	水污染治理	持久性有机污染物、半挥发性有机物、重金属、农药
	危险废物的治理	持久性有机污染物、半挥发性有机物、重金属、挥发性有机物
	其他环境治理（工业固废、生活垃圾处理）	持久性有机污染物、半挥发性有机物、重金属、挥发性有机物
其他	军事工业	半挥发性有机物、重金属、挥发性有机物
	研究、开发和测试设施	半挥发性有机物、重金属、挥发性有机物
	干洗店	挥发性有机物、有机氯溶剂
	交通运输工具维修	重金属、石油烃

（5）监测工作的组织

① 监测工作的分工。监测工作的分工一般包括信息收集整理、监测计划编制、监测点位布设、样品采集及现场分析、样品实验室分析、数据处理、监测报告编制等。承担单位应根据监测任务组织好单位内部及合作单位间的责任分工。

② 监测工作的准备。监测工作的准备一般包括人员分工、信息的收集整理、工作计划编制、个人防护准备、现场踏勘、采样设备和容器及分析仪器准备等。

③ 监测工作的实施。监测工作的实施主要包括监测点位布设、样品采集、样品分析以及后续的数据处理和报告编制。一般情况下，监测工作实施的核心是布点采样，因此应及时落实现场布点采样的相关工作条件。在样品的采集、制备、运输及分析过程中，应采取必要的技术和管理措施，保证监测人员的安全防护。

2. 监测点位布设

（1）监测点位布设方法

① 土壤监测点位布设方法。根据地块场地环境调查阶段性结论确定的地理位置、地块边界及各阶段工作要求，确定布点范围。在所在区域地图或规划图中标注出准确地理位置，绘制地块边界，并对场界角点进行准确定位。地块土壤环境监测常用的监测点位布设方法包括系统随机布点法、系统布点法及分区布点法等，参见图1-18。

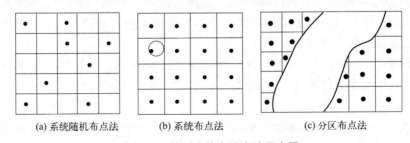

图1-18 监测点位布设方法示意图

对于地块内土壤特征相近、土地使用功能相同的区域，可采用系统随机布点法进行监测点位的布设。系统随机布点法是将监测区域分成面积相等的若干工作单元，从中随机（随机数的获得可以利用掷骰子、抽签、查随机数表的方法）抽取一定数量的工作单元，在每个工作单元内布设一个监测点位；抽取的样本数要根据地块面积、监测目的及地块使用状况确定。

如地块土壤污染特征不明确或地块原始状况严重破坏，可采用系统布点法进行监测点位布设。系统布点法是将监测区域分成面积相等的若干工作单元，每个工作单元内布设一个监测点位。

对于地块内土地使用功能不同及污染特征差异明显的地块，可采用分区布点法进行监测点位的布设。分区布点法是将地块划分成不同的小区，再根据小区的面积或污染特征确定布点的方法；地块内土地使用功能的划分一般分为生产区、办公区、生活区。原则上生产区的工作单元划分应以构筑物或生产工艺为单元，包括各生产车间、原料及产品储库、废水处理及废渣贮存场、场内物料流通道路、地下贮存构筑物及管线等。办公区包括办公建筑、广场、道路、绿地等，生活区包括食堂、宿舍及公用建筑等。对于土地使用功能相近、单元面积较小的生产区也可将几个单元合并成一个监测工作单元。

土壤对照监测点位的布设方法：一般情况下，应在地块外部区域设置土壤对照监测点位；对照监测点位可选取在地块外部区域的四个垂直轴向上，每个方向上等间距布设 3 个采样点，分别进行采样分析。如因地形地貌、土地利用方式、污染物扩散迁移特征等因素致使土壤特征有明显差别或采样条件受到限制时，监测点位可根据实际情况进行调整。对照监测点位应尽量选择在一定时间内未经外界扰动的裸露土壤，应采集表层土壤样品，采样深度尽可能与地块表层土壤采样深度相同。如有必要也应采集下层土壤样品。

② 地下水监测点位布设方法。地块内如有地下水，应在疑似污染严重的区域布点，同时考虑在地块内地下水径流的下游布点。如需要通过地下水的监测了解地块的污染特征，则在一定距离内的地下水径流下游汇水区内布点。

③ 地表水监测点位布设方法。如果地块内有流经的或汇集的地表水，则在疑似污染严重区域的地表水布点，同时考虑在地表水径流的下游布点。

④ 环境空气监测点位布设方法。在地块中心和地块当时下风向主要环境敏感点布点。对于地块中存在的生产车间、原料或废渣贮存场等污染比较集中的区域，应在这些区域内布点；对于有机污染、恶臭污染、汞污染等类型地块，应在疑似污染较重的区域布点。

⑤ 地块内残余废弃物监测点位布设方法。在疑似为危险废物的残余废弃物与当地土壤特征有明显区别的可疑物质所在区域进行布点。

（2）地块场地环境调查初步采样监测点位的布设

① 可根据原地块使用功能和污染特征，选择可能污染较重的若干工作单元，作为土壤污染物识别的工作单元。原则上监测点位应选择工作单元的中央或有明显污染的部位，如生产车间、污水管线、废弃物堆放处等。

② 对于污染较均匀的地块（包括污染物种类和污染程度）和地貌严重破坏的地块（包括拆迁性破坏、历史变更性破坏），可根据地块的形状采用系统随机布点法，在每个工作单元的中心采样。

③ 监测点位的数量与采样深度应根据地块面积、污染类型及不同使用功能区域等调查阶段性结论确定。

④ 对于每个工作单元，表层土壤和下层土壤垂直方向层次的划分应综合考虑污染物迁移情况、构筑物及管线破损情况、土壤特征等因素确定。采样深度应扣除地表非土壤硬化层厚度，原则上应采集 0～0.5m 表层土壤样品，0.5m 以下下层土壤样品根据判断布点法采集，建议 0.5～6m 土壤采样间隔不超过 2m；不同性质土层至少采集一个土壤样品。同一性质土层厚度较大或出现明显污染痕迹时，根据实际情况在该层位增加采样点。

⑤ 一般情况下，应根据地块场地环境调查阶段性结论及现场情况确定下层土壤的采样深度，最大深度应直至未受污染的深度为止。

（3）地块场地环境调查详细采样监测点位的布设

① 对于污染较均匀的地块（包括污染物种类和污染程度）和地貌严重破坏的地块（包括拆迁性破坏、历史变更性破坏），可采用系统布点法划分工作单元，在每个工作单元的中心采样。

② 如地块不同区域的使用功能或污染特征存在明显差异，则可根据土壤污染状况调查获得的原使用功能和污染特征等信息，采用分区布点法划分工作单元，在每个工作单元的中心采样。

③ 单个工作单元的面积可根据实际情况确定，原则上不应超过 $1600m^2$。对于面积较小的地块，应不少于 5 个工作单元。采样深度应至地块场地环境调查初步采样监测确定的最大深度。

④ 如需采集土壤混合样，可根据每个工作单元的污染程度和工作单元面积，将其分成 1～9 个均等面积的网格，在每个网格中心进行采样，将同层的土样制成混合样（测定挥发性有机物项目的样品除外）。

（4）地下水监测点位的布设　对于地下水流向及地下水位，可结合场地环境调查阶段性结论间隔一定距离按三角形或四边形至少布置 3～4 个点位监测判断。

地下水监测点位应沿地下水流向布设，可在地下水流向上游、地下水可能污染较严重区域和地下水流向下游分别布设监测点位。确定地下水污染程度和污染范围时，应参照详细监测阶段土壤的监测点位，根据实际情况确定，并在污染较重区域加密布点。

应根据监测目的、所处含水层类型及其埋深和相对厚度来确定监测井的深度，且不穿透浅层地下水底板。地下水监测目的层与其他含水层之间要有良好止水性。

一般情况下采样深度应在监测井水面下 0.5m 以下。对于低密度非水溶性有机物污染，监测点位应设置在含水层顶部；对于高密度非水溶性有机物污染，监测点位应设置在含水层底部和不透水层顶部。

一般情况下，应在地下水流向上游的一定距离设置对照监测井。

如地块面积较大，地下水污染较重，且地下水较丰富，可在地块内地下水径流的上游和下游各增加 1～2 个监测井。

如果地块内没有符合要求的浅层地下水监测井，则可根据调查阶段性结论在地下水径流的下游布设监测井。

如果地块地下岩石层较浅，没有浅层地下水富集，则在径流下游方向可能的地下蓄水处布设监测井。

若前期监测的浅层地下水污染非常严重，且存在深层地下水时，可在做好分层止水条件下增加一口深井至深层地下水，以评价深层地下水的污染情况。

（5）地表水监测点位的布设　考察地块的地表径流对地表水的影响时，可分别在降雨期和非降雨期进行采样。如需反映地块污染源对地表水的影响，可根据地表水流量分别在枯水期、丰水期和平水期进行采样。

在监测污染物浓度的同时，还应监测地表水的径流量，以判定污染物向地表水的迁移量。

如有必要可在地表水上游一定距离布设对照监测点位。

（6）环境空气监测点位的布设　如需要考察地块内的环境空气，可根据实际情况在地块疑似污染区域中心、当时下风向地块边界及边界外500m内的主要环境敏感点分别布设监测点位，监测点位距地1.5~2.0m。

一般情况下，应在地块的上风向设置对照监测点位。

对于有机污染、汞污染等类型地块，尤其是挥发性有机物污染的地块，如有需要可选择污染最重的工作单元中心部位，剥离地表0.2m的表层土壤后进行采样监测。

3. 样品采集

（1）土壤样品的采集

① 表层土壤样品的采集。表层土壤样品的采集一般采用挖掘方式进行，一般采用锹、铲及竹片等简单工具，也可进行钻孔取样。

土壤采样的基本要求为尽量减少土壤扰动，保证土壤样品在采样过程不被二次污染。

② 下层土壤样品的采集。下层土壤的采集以钻孔取样为主，也可采用槽探的方式进行采样。

钻孔取样可采用人工或机械钻孔后取样。手工钻探采样的设备包括螺纹钻、管钻、管式采样器等。机械钻探包括实心螺旋钻、中空螺旋钻、套管钻等。

槽探一般靠人工或机械挖掘采样槽，然后用采样铲或采样刀进行采样。槽探的断面呈长条形，根据地块类型和采样数量设置一定的断面宽度。槽探取样可通过锤击敞口取土器取样和人工刻切块状土取样。

（2）地下水样品的采集

① 地下水采样时应依据地块的水文地质条件，结合调查获取的污染源及污染土壤特征，利用最低的采样频次获得最有代表性的样品。

② 监测井可采用空心钻杆螺纹钻、直接旋转钻、直接空气旋转钻、钢丝绳套管直接旋转钻、双壁反循环钻、绳索钻具等方法钻井。

③ 设置监测井时，应避免采用外来的水及流体，同时在地面井口处采取防渗措施。

④ 监测井的井管材料应有一定强度，耐腐蚀，对地下水无污染。

⑤ 低密度非水溶性有机物样品应用可调节采样深度的采样器采集，对于高密度非水溶性有机物样品可以应用可调节采样深度的采样器或潜水式采样器采集。

⑥ 在监测井建设完成后必须进行洗井。所有的污染物或钻井产生的岩层破坏以及来自天然岩层的细小颗粒都必须去除，以保证出流的地下水中没有颗粒。常见的方法包括超量抽水、反冲、汲取及气洗等。

⑦ 地下水采样前应先进行洗井，采样应在水质参数和水位稳定后进行。测试项目中有挥发性有机物时，应适当减缓流速，避免冲击产生气泡，一般不超过0.1L/min。

⑧ 地下水采样的对照样品应与目标样品来自相同含水层的同一深度。

（3）地表水样品的采集　采集地表水应时避免搅动水底沉积物。

为反映地表水与地下水的水力联系，地表水的采样频次与采样时间应尽量与地下水采样保持一致。

（4）环境空气样品的采集　对于环境空气样品采样，可根据分析仪器的检出限，设置具有一定体积并装有抽气孔的封闭仓（采样时扣置在已剥离表层土壤的地块地面，四周用土封闭以保持封闭仓的密闭性），封闭12h后进行气体样品采集。

（5）地块残余废弃物样品的采集　地块内残余的固态废弃物可选用尖头铁锹、钢锤、采样钻、取样铲等采样工具进行采样。

地块内残余的液态废弃物可选用采样勺、采样管、采样瓶、采样罐、搅拌器等工具进行采样。

地块内残余的半固态废弃物应根据废物流动性按照固态废弃物采样或液态废弃物的采样规定进行样品采集。

4. 样品分析

（1）现场样品分析　在现场样品分析过程中，可采用便携式分析仪器设备进行定性和半定量分析。

水样的温度须在现场进行分析测试，溶解氧、pH、电导率、色度、浊度等监测项目亦可在现场进行分析测试，并应保持监测时间一致性。

采用便携式仪器设备对挥发性有机物进行定性分析时，可将污染土壤置于密闭容器中，稳定一定时间后测试容器中顶部的气体。

（2）实验室样品分析

① 土壤样品分析。土壤样品中污染物的分析测试应参照规范中的指定方法。土壤的常规理化特征土壤pH、粒径分布、密度、孔隙度、有机质含量、渗透系数、阳离子交换量等的分析测试应按照GB 50021执行。污染土壤的危险废物特征鉴别分析，应按照GB 5085和HJ 298中的指定方法。

② 其他样品分析。地下水样品、地表水样品、环境空气样品、残余废弃物样品的分析应分别按照规范中的指定方法进行。

5. 质量控制与质量保证

（1）采样过程　在样品的采集、保存、运输、交接等过程应建立完整的管理程序。为避免采样设备及外部环境条件等因素对样品产生影响，应注重现场采样过程中的质量保证和质量控制。

① 应防止采样过程中的交叉污染。钻机采样过程中，在第一个钻孔开钻前要进行设备清洗；进行连续多次钻孔的钻探设备应进行清洗；同一钻机在不同深度采样时，应对钻探设备、取样装置进行清洗；与土壤接触的其他采样工具重复利用时也应清洗。一般情况下可用清水清理，也可用待采土样或洁净土壤进行清洗；必要时或特殊情况下，可采用无磷去垢剂溶液、高压自来水、去离子水（蒸馏水）或10%硝酸进行清洗。

② 采集现场质量控制样是现场采样和实验室质量控制的重要手段。质量控制样一般包括平行样、空白样及运输样，质控样品的分析数据可从采样到样品运输、贮存和数据分析等不同阶段反映数据质量。

③ 在采样过程中，同种采样介质，应采集至少一个样品采集平行样。样品采集平行样是从相同的点位收集并单独封装和分析的样品。

④ 采集土壤样品用于分析挥发性有机物指标时，建议每次运输应采集至少一个运输空

白样,即从实验室带到采样现场后,又返回实验室的,与运输过程有关,但与采样无关的样品,以便了解运输途中是否受到污染和样品是否损失。

⑤ 现场采样记录、现场监测记录可使用表格描述土壤特征、可疑物质或异常现象等,同时应保留现场相关影像记录,其内容、页码、编号要齐全便于核查,如有改动应注明修改人及时间。

(2)样品分析及其他过程　土壤、地下水、地表水、环境空气、残余废弃物的样品分析及其他过程的质量控制与质量保证技术要求按照规范中相关要求进行,对于特殊监测项目应按照相关标准要求在限定时间内进行监测。

思考与练习

1. 什么是环境污染纠纷调查监测?
2. 什么是场地环境调查?包括哪几个阶段?

项目二
地表水采样

知识目标

1. 掌握采样点布设、样品采集、样品保存的方法；
2. 掌握常用采水器的原理和使用方法；
3. 掌握河流水质监测采样点和采样断面的设置；
4. 了解样品运输与接收的程序；
5. 了解水样与采样类型及其适用范围。

能力目标

1. 学会地表水水样现场采集方案制订的方法；
2. 学会编制具体河段的采样点布设方案。

素质目标

1. 培养识图理解能力；
2. 培养室外现场组织工作的能力，培养社会责任感和自主学习的能力；
3. 培养良好的身心素质、知识更新和创新能力、团结协作的精神。

任务一 采样点布设

一、水环境

1. 水体污染类型

我国属于贫水国家，且水资源分布不均匀，人均占有量低于世界上多数国家。此外，由于人类的生产和生活活动，将大量污水及其他废弃物未经处理直接排入水体，造成江、河、湖、地下水等水源的污染，引起水质恶化，使水资源显得更加紧张，亦使保护水资源显得更加重要。

水体是指地表被水覆盖区域的自然综合体。水体不仅包括水，而且也包括水中的悬浮物、溶解性物质、底泥和水生生物等，它是一个完整的自然生态系统。对于水的监测来说，监测的对象是指水体而非水。

水质是指水和其中所含的杂质共同表现出来的综合特性。水质指标则是描述水质量的参数。

水体污染可分为以下三种类型：

① 化学型污染：排入水体中的无机物和有机物造成的污染。

② 物理型污染：指色度和浊度物质、悬浮固体、热污染和放射性污染等物理因素造成的水体污染。

③ 生物型污染：各种病原体如病毒、病菌、寄生虫等造成的水体污染。

2. 水体监测对象

(1) 环境水体监测　包括地表水（江、河、湖、库、海水）和地下水。

(2) 水污染源监测　包括生活污水、医院污水和各种工业废水。

(3) 物理指标　色度、浊度等。

(4) 化学指标　生化需氧量、化学需氧量、总需氧量、有毒物质等。

(5) 生物指标　细菌总数、大肠菌数等。

3. 天然水中的化学组分

由于水是极具特性的溶剂，所以天然水在水循环过程中与岩石、气体之间由于环境条件的变化，水中溶解的和非溶解的物质会产生沉淀，同时也会有新的物质进入水中，从而使天然水中的主要化学组分可以是固态的和液态的，也可以是气态的。进入水中的物质可以呈均匀状态，也可呈非均匀状态。天然水中的化学物质可分为可溶性气体、主要离子、生物成因物质、微量成分和有机质五大类。

4. 河水的自净作用

当污染物进入河流以后，在污染物流入处的水质就会恶化，但随着河水向下游流动，其水质逐渐变好，当流经一定距离后，河水水质可以恢复到原先的状态，这就是河水的自净作用。河水的自净作用包括物理、化学和生物过程，这些过程是同时发生并相互作用的。主要进行的作用有：

(1) 稀释　在河水自净中，稀释作用是一个非常重要的物理过程。河水稀释是因污染物质进入河水后，产生平流和扩散两种运动的方式。

① 平流：河水推动污染物质沿着水流方向运动的现象称为平流。河水流速越大，污染物向下游平流输送越快，浓度沿流向递减也越快。

② 扩散：根据引起和影响扩散的因素不同，通常分为分子扩散、对流扩散和紊流扩散三种。由于水流内部大小漩涡互相混杂而产生流速和流动方向有脉动的紊流扩散作用，远比平静水分子扩散作用和因上下层密度的差异而引起的对流扩散作用大得多。因而，在扩散作用过程中，这种紊流扩散作用在稀释过程中起主要作用。紊流扩散主要与河流的形状、河底的粗糙度、河水的流速和深度等因素有关。比如，河水流速越湍急、河水越深、岸边流速与河心的流速差异越大，则河水越易发生紊动；水层间的交换进行得越激烈，河水的紊动扩散作用越强。

(2) 吸附作用　吸附作用是指溶液中的离子或分子被束缚在固相颗粒上，根据吸附物的性质，可分为非极性吸附和极性吸附。

① 非极性吸附：这种作用与悬浮颗粒或胶体具有的巨大比表面积和表面能有关。

② 极性吸附：指胶体对介质中各种离子的吸附。这与胶体颗粒所带电荷有关。胶体的吸附作用是许多污染物质，特别是各种重金属离子由天然水转入底泥和土壤的重要方式。

(3) 沉积作用　沉积作用可将悬浮的污染物从水体中消除，同时还能清除水体中的部分可溶物质。通过不同途径进入河水的重金属绝大部分被吸附在悬浮物上，悬浮物在被河水搬运过程中，当其负荷量超过搬运营力的能力时，就会发生沉淀，悬浮物逐渐变为沉积物。

(4) 生物化学作用　在河水自净过程中，稀释、吸附、沉淀作用只能改变污染物的分布，但不能"消灭"污染物，而生物化学作用，可以使进入河流的有机污染物发生还原或氧化，从而把它们变成稳定的物质，其中的一部分或者扩散到大气中，或者被生物所吸收。生物化学作用可以归纳为以下几个方面：

① 细菌：对水中的污染物质进行还原或氧化，并把它们变成简单的化合物。

② 藻类：通过光合作用放出氧的同时，吸收简单的化合物。

③ 大型植物：将根扎在河水里，在从底泥中摄取各种物质的同时，还具有与藻类相同的作用。

④ 微型动物：摄取有机物、细菌、藻类，并把它们变成简单的化合物。

⑤ 大型动物：摄取固体有机物和动植物体，使污染水体得到相当大程度的净化，并处于稳定状态。

二、采样断面布设

1. 地表水监测断面的布设原则

断面在总体和宏观上应能反映水系或区域的水环境质量状况；各断面的具体位置应能反映所在区域环境的污染特征；尽可能以最少的断面获取有足够代表性的环境信息；应考虑实际采样时的可行性和方便性。

采样断面设置

对水系可设背景断面、控制断面（若干）和入海断面。对行政区域可设背景断面（对水系源头）或入境断面（对过境河流）、控制断面（若干）和入海河口断面或出境断面。在各控制断面下游，如果河段有足够长度，还应设削减断面。

根据环境管理的需要还有许多特殊断面，如了解饮用水源地、水源丰富区、主要风景游览区、自然保护区、与水质有关的地方病发病区、严重水土流失区及地球化学异常区等水质的断面。

断面位置应避开死水区、回水区、排污口处，尽量选择顺直河段、河床稳定、水流平稳、水面宽阔、无急流、无浅滩处。

监测断面力求与水文测流断面一致，以便利用其水文参数，实现水质监测与水量监测的结合，并要求交通方便，有明显岸边标志。

监测断面的布设应考虑社会经济发展、监测工作的实际状况和需要，要具有相对的长远性。

流域同步监测中，根据流域规划和污染源限期达标目标确定监测断面。

局部河道整治中，监视整治效果的监测断面，由所在地区环境保护行政主管部门确定。

入海河口断面要设置在能反映入海河水水质并邻近入海的位置。

监测断面可分为以下几种：

① 采样断面：指在河流采样时，实施水样采集的整个剖面。分背景断面、对照断面、控制断面和削减断面等。

② 背景断面：指为评价某一完整水系的污染程度，未受人类生活和生产活动影响，能够提供水环境背景值的断面。

③ 对照断面：指具体判断某一区域水环境污染程度时，位于该区域所有污染源上游处，能够提供这一区域水环境本底值的断面。

对照断面的作用是为水体中污染物监测及污染程度提供参比、对照而设置，能够了解流入监测河段前水体水质状况。

对照断面的位置位于河流进入城市或工业区以前的地方，避开各种污水的流入或回流处。

一般一个河段只设一个对照断面，有主要支流时可酌情增加。对一个水系或一条较长河流的完整水体需要设置背景断面，一般设置在河流上游或接近河流源头处，未受或少受人类活动处，可获得河流背景值。

④ 控制断面：指为了解水环境受污染程度及其变化情况的断面。

控制断面常称污染监测断面，为评价、监测河段两岸污染源对水体水质影响而设置。可表明河流污染状况与变化趋势，与对照断面比较即可了解河流污染现状。

控制断面的位置与废水排放口的距离应根据主要污染物的迁移、转化规律，河水流量和河道水力学特征确定，一般设在排污口下游 500～100m 处。因为在排污口下游 500m 横断面上的1/2宽度处重金属浓度一般出现高峰值。对特殊要求的地区，如水产资源区、风景游览区、自然保护区、与水源有关的地方病发病区、严重水土流失区及地球化学异常区等的河段上也应设置控制断面。尽可能采用水文测量断面。

控制断面的数目应根据城市的工业布局和排污口分布情况而定，可以有多个。

⑤ 削减断面：指工业废水或生活污水在水体内流经一定距离而达到最大限度混合，受到稀释、降解、扩散等自净作用，主要污染物浓度有明显降低的断面，其左、中、右三点浓度差异较小。

削减断面的作用是通过与控制断面比较可以了解水体自净能力。

削减断面的位置通常设在城市或工业区最后一个排污口下游1500m以外的河段上。水量小的小河流应视具体情况而定。

一般一个河段只设一个消减断面。

⑥ 管理断面：为特定的环境管理需要而设置的断面。较常见的有定量化考核、了解各污染源排污、监视饮水水源、流域污染源限期达标排放和河道整治等。

2. 河流监测断面的设置方法

选择采样断面应考虑混合因素，河道中水流在三维空间进行混合，即垂直混合（水深方向上的混合）、横向混合（河宽方向上的混合）和纵向混合（按流向方向的混合，使水质均一化）。

在选择采样断面和采样点时，需要研究水流在三维空间达到混匀的距离，该距离受水流速度的影响。排放到大多数河流中的污水，在1km之内可以完全达到垂直混合，这时可在垂直方向的任意深度布设一个采样点。横向充分混合的距离与河流的相对弯曲度、河床宽深比、水流速度分布有关，通常达到混合均匀的距离需要几公里或更长的距离，为了采集有代表性的样品，需要在污水排放和支流汇合的下游若干地点的断面上设两个或更多的采样点。纵向混合距离的研究对选定采样频率很重要。各类监测断面的设置方法如下：

（1）背景断面须能反映水系未受污染时的背景值。要求基本上不受人类活动的影响，远离城市居民区、工业区、农药化肥施放区及主要交通路线。原则上应设在水系源头处或未受污染的上游河段，如选定断面处于地球化学异常区，则要在异常区的上、下游分别设置。如有较严重的水土流失情况，则设在水土流失区的上游。

（2）入境断面用来反映水系进入某行政区域时的水质状况，应设置在水系进入本区域且尚未受到本区域污染源影响处。

（3）控制断面用来反映某排污区（口）排放的污水对水质的影响，应设置在排污区（口）的下游，污水与河水基本混匀处。

（4）控制断面的数量、控制断面与排污区（口）的距离可根据主要污染区的数量及各污染区之间的距离、各污染源的实际情况、主要污染物的迁移转化规律和其他水文特征等因素决定。此外，还应考虑对纳污量的控制程度，即由各控制断面所控制的纳污量不应小于该河段总纳污量的80%。如某河段的各控制断面均有5年以上的监测资料，可用这些资料进行优化，用优化结论来确定控制断面的位置和数量。

（5）出境断面用来反映水系进入下一行政区域前的水质。因此应设置在本区域最后的污水排放口下游，污水与河水已基本混匀并尽可能靠近水系出境处。如在此行政区域内，河流有足够长度，则应设削减断面。削减断面主要反映河流对污染物的稀释净化情况，应设置在控制断面下游，主要污染物浓度有显著下降处。

（6）省（自治区、直辖市）交界断面是指省、自治区和直辖市内主要河流的干流、一级、二级支流的交界断面，这是环境保护管理的重点断面。

（7）其他各类监测断面：①水系的较大支流汇入前的河口处，以及湖泊、水库、主要河流的出、入口应设置监测断面。②国际河流出、入国境的交界处应设置出境断面和入境断面。③国务院环境保护行政主管部门统一设置省（自治区、直辖市）界断面。④对流程较长的重要河流，为了解水质、水量变化情况，经适当距离后应设置监测断面。⑤水网地区流向不定的河流，应根据常年主导流向设置监测断面。⑥对水网地区应视实际情况设置若干控制断面，其控制的径流量之和应不少于总径流量的80%。⑦有水工建筑物并受人工控制的河段，视情况分别在闸（坝、堰）上、下设置断面。如水质无明显差别，可只在闸（坝、堰）上设置监测断面。⑧要使各监测断面能反映一个水系或一个行政区域的水环境质量。断面的确定应在详细收集有关资料和监测数据基础上，进行优化处理，将优化结果与布点原则和实际情况结合起来，作出决定。⑨对于季节性河流和人工控制河流，由于实际情况差异很大，这些河流监测断面的确定、采样的频次与监测项目、监测数据的使用等，由各省（自治区、直辖市）环境保护行政主管部门自定。

对于江、河水系或某一河段，一般要求设置三种断面，即对照断面、控制断面和削减断面，如图 2-1 所示。

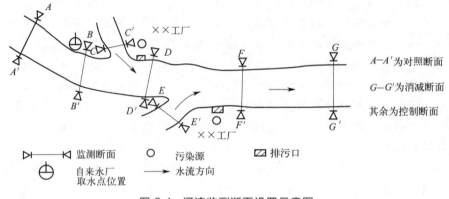

图 2-1 河流监测断面设置示意图

三、采样垂线设置

设置监测断面后，应根据水面的宽度确定断面上的采样垂线，再根据采样垂线的深度确定采样点位置和数目。

对于江、河水系的每个监测断面，当水面宽小于等于 50m 时，只设一条中泓垂线；水面宽 50~100m 时，在左右近岸有明显水流处各设一条垂线；水面宽大于 100m 时，设左、中、右三条垂线（中泓，左、右近岸有明显水流处）；较宽的河口应酌情增加垂线数。采样垂线布设规则见表 2-1。

表 2-1 采样垂线布设规则

水面宽/m	垂线数	说明
≤50	一条（中泓）	①垂线布设应避开污染带，要测污染带应另加垂线； ②确能证明该断面水质均匀时，可仅设中泓垂线； ③凡在该监测断面要计算污染物通量时，必须按本表设置垂线
50~100	二条（近左、右岸有明显水流处）	
>100	三条（左、中、右各一条）	

采样点设置
（动画）

采样点设置

四、采样点设置

在一条垂线上,当水深小于或等于 5m 时,只在上层设一个采样点;水深 5~10m 时,在上层和河底以上约 0.5m 处各设一个采样点;水深大于 10m 时,设三个采样点,即上层一点、河底以上约 0.5m 处一点、1/2 水深处一点;水深超过 50m 时,应酌情增加采样点数。采样点布设规则见表 2-2,采样点布设示例如图 2-2 所示。

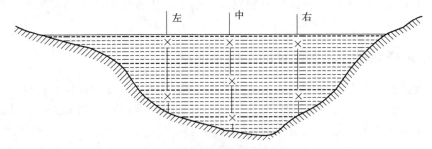

图 2-2 采样点布设示意图

表 2-2 采样点布设规则

水深/m	采样点数	说明
≤5	上层一点	① 上层指水面下 0.5m 处,水深不到 0.5m 时,在水深 1/2 处;
5~10	上、下层两点	② 下层指河底以上 0.5m 处; ③ 中层指 1/2 水深处; ④ 封冻时在冰下 0.5m 处采样,水深不到 0.5m 时,在水深 1/2 处;
>10	上、中、下三层三点	⑤ 凡在该断面要计算污染物通量时,必须按本表布设采样点

监测断面和采样点的位置确定后,其所在位置应该有固定而明显的岸边天然标志。如果没有天然标志物,则应设置人工标志物,如竖石柱、打木桩等。每次采样要严格以标志物为准,使采集的样品取自同一位置上,以保证样品的代表性和可比性。

实训操作：采样点布设方案设计

监测方案是一项监测任务的总体构思和设计，制订时必须首先明确监测目的，然后在调查研究的基础上确定监测对象、设计监测网点，选定采样方法和分析测定技术，提出措施和方案的实施计划等。

一、地表水采样点布设方案设计的工作流程

（1）基础资料的收集　在制订监测方案之前，应尽可能完备地收集欲监测水体及所在区域的有关资料，主要有：①水体的水文、气候、地质和地貌资料，如水位、水量、流速及流向的变化；降雨量、蒸发量及历史上的水情；河流的宽度、深度、河床结构及地质状况等。②水体沿岸城市分布、工业布局、污染源及其排污情况、城市给排水情况等。③水体沿岸的资源现状和水资源的用途；饮用水源分布和重点水源保护区；水体流域土地功能及近期使用计划等。④历年的水质资料等。

（2）根据实际情况和规范要求，确定采样断面。

（3）实地了解采样断面处的河宽和水深，确定采样点位置和数量，并确定采样断面处河流的功能性质。

二、认真思考，填表，并写出书面采样方案

采样方案应包括：

（1）去什么地方采，为什么。

（2）需要预先了解采样点的哪些基本信息。

认真思考，按表2-3的格式填写采样断面表。

注：如有多个采样断面，每个采样断面填一套表。

表2-3　采样断面表

项目	内容	解释或依据	备注
采样断面位置			
采样断面性质			
采样断面河宽水深			
采样点位置和数量			

任务二 样品采集

一、水样与采样类型

1. 水样类型

为了说明水质,要在规定的时间、地点或特定的时间间隔内测定水的某些参数,如无机物、溶解矿物质或化学药品、溶解气体、溶解有机物、悬浮物及底部沉积物的浓度。某些参数应尽量在现场测定以得到准确的结果。

由于生物和化学样品的采集、处理步骤和设备均不相同,样品应分别采集。

采样技术要随具体情况而定,有些情况只需在某点瞬时采集样品,而有些情况要用复杂的采样设备进行采样。静态水体和流动水体的采样方法不同,应加以区别。瞬时采样和混合采样均适用于静态水体和流动水体,混合采样更适用于静态水体;周期采样和连续采样适用于流动水体。

(1) 瞬时水样 从水体中不连续地随机采集的样品称为瞬时水样。对于组分较稳定的水体,或水体的组分在相当长的时间和相当大的空间范围变化不大,采集的瞬时样品具有很好的代表性。当水体的组成随时间发生变化,则要在适当的时间间隔内进行瞬时采样,分别进行分析,测出水质的变化程度、频率和周期。当水体的组成发生空间变化时,就要在各个相应的部位采样。瞬时水样无论是在水面、规定深度或底层,通常均可人工采集,也可用自动化方法采集。自动采样是以预定时间或流量间隔为基础的一系列瞬时样品,一般情况下所采集的样品只代表采样当时采样点的水质。

下列情况适用瞬时采样:

① 流量不固定、所测参数不恒定时(如采用混合样,会因个别样品之间的相互反应而掩盖了它们之间的差别);

② 不连续流动的水流,如分批排放的水;

③ 水或废水特性相对稳定时;

④ 需要考察可能存在的污染物,或要确定污染物出现的时间;

⑤ 需要污染物最高值、最低值或变化的数据时;

⑥ 需要根据较短一段时间内的数据确定水质的变化规律时;

⑦ 需要测定参数的空间变化时,例如某一参数在水流或开阔水域的不同断面(或)深度的变化情况;

⑧ 在制订较大范围的采样方案前;

⑨ 测定某些不稳定的参数,例如溶解气体、余氯、可溶性硫化物、微生物、油脂、有机物和 pH 时。

(2) 周期水样(不连续)

①在固定时间间隔下采集周期样品（取决于时间）。通过定时装置在规定的时间间隔下自动开始和停止采集样品。通常在固定的期间内抽取样品，将一定体积的样品注入一个或多个容器中。时间间隔的大小取决于待测参数。人工采集样品时，按上述要求采集周期样品，即在规定的时间间隔下采集固定体积的样品。

②在固定排放量间隔下采集周期样品（取决于体积）。当水质参数发生变化时，采样方式不受排放流速的影响，此种样品归于流量比例样品。例如，液体流量的单位体积（如10000L）、所取样品量是固定的，与时间无关，即按照被测液体体积的比例采集样品。

③在固定排放量间隔下采集周期样品（取决于流量）。当水质参数发生变化时，采样方式不受排放流速的影响，水样可用此方法采集。在固定时间间隔下，抽取不同体积的水样，所采集的体积取决于流量，即按照被测液体流量的比例采集样品。

(3) 连续水样

①在固定流速下采集连续样品（取决于时间或时间平均值）。在固定流速下采集的连续样品，可测得采样期间存在的全部组分，但不能提供采样期间各参数浓度的变化。

②在可变流速下采集的连续样品（取决于流量或与流量成比例）。采集流量比例样品代表水的整体质量。即便流量和组分都在变化，而流量比例样品同样可以揭示利用瞬时样品所观察不到的变化。因此，对于流速和待测污染物浓度都有明显变化的流动水，采集流量比例样品是一种精确的采样方法。

(4) 混合水样　在同一采样点上以流量、时间、体积或是以流量为基础，按照已知比例（间歇的或连续的）混合在一起的样品，称为混合水样。混合水样可自动或人工采集。

混合水样是混合几个单独样品，可减少监测分析工作量，节约时间，降低试剂损耗。

混合样品可提供组分的平均值，因此在样品混合之前，应验证这些样品参数的数据，以确保混合后样品数据的准确性。如果测试成分在水样储存过程中易发生明显变化，则不适用混合水样，如测定挥发酚、油类、硫化物等。要测定这些物质，需采取单样储存方式。

下列情况适用混合水样：

①需测定平均浓度时；

②计算单位时间的质量负荷；

③为评价特殊的、变化的或不规则的排放和生产运转的影响。

(5) 综合水样　把从不同采样点同时采集的瞬时水样混合为一个样品（时间应尽可能接近，以便得到所需要的资料），称作综合水样。综合水样的采集包括两种情况：在特定位置采集一系列不同深度的水样（纵断面样品）；在特定深度采集一系列不同位置的水样（横截面样品）。综合水样是获得平均浓度的重要方式，有时需要把代表断面上的各点或几个污水排放口的污水按相对比例流量混合，取其平均浓度。

是否采集综合水样应视水体的具体情况和采样目的而定。如几条排污河渠建设综合污水处理厂，从各个河道取单样分析不如综合样更为科学合理，因为各股污水的相互反应可能对设施的处理性能及其成分产生显著的影响，由于不可能对相互作用进行数学预测，因此取综合水样可提供更加可靠的资料。而有些情况取单样比较合理，如湖泊和水库在深度和水平方向常常出现组分上的变化，此时大多数平均值或总值的变化不显著，局部变化明显。在这种情况下，综合水样就失去了意义。

(6) 大体积水样　有些分析方法要求采集大体积水样，范围从50L到几立方米。例如，要分析水体中未知的农药和微生物时，就需要采集大体积的水样。水样可用通常的方法采集到容器或样品罐中，采样时应确保采样器皿的清洁；也可以使样品经过一个体积计量计后，再通过一个吸收筒（或过滤器），可依据监测要求选定。

2. 采样类型

(1) 开阔河流的采样　在对开阔河流进行采样时，应包括几个基本点：①用水地点的采样；②污水流入河流后，应在充分混合的地点以及流入前的地点采样；③支流合流后，对充分混合的地点及混合前的主流与支流地点采样；④主流分流后地点的选择；⑤根据其他需要设定的采样地点。

各采样点原则上应在河流横向及垂向的不同位置采集样品。采样时间一般选择在采样前至少连续两天晴天、水质较稳定的时间（特殊需要除外）。采样时间是在考虑人类活动、工厂企业的工作时间及污染物到达时间的基础上确定的。另外，在潮汐区，应考虑潮的情况，确定把水质最坏的时刻包括在采样时间内。

(2) 水库和湖泊的采样　水库和湖泊的采样，由于采样地点不同和温度的分层现象可引起水质很大的差异。

在调查水质状况时，应考虑到成层期与循环期的水质明显不同。了解循环期水质，可采集表层水样；了解成层期水质，应按深度分层采样。

在调查水域污染状况时，需进行综合分析判断，抓住基本点，以取得代表性水样。如废水流入前、流入后充分混合的地点和用水地点、流出地点等，有些可参照开阔河流的采样情况，但不能等同而论。

在可以直接汲水的场合，可用适当的容器采样，如水桶。从桥上等地方采样时，可将系着绳子的聚乙烯桶或带有坠子的采样瓶投于水中汲水。要注意不能混入漂浮于水面上的物质。

在采集一定深度的水时，可用直立式或有机玻璃采水器。在这类装置下沉的过程中，水就从采样器中流过。当到达预定深度时，容器能够闭合而汲取水样。在水流动缓慢的情况下，采用上述方法时，最好在采样器下系上适宜重量的坠子；当水深流急时要系上相应重的铅鱼，并配备绞车。

(3) 注意事项　采样过程应注意：①采样时不可搅动水底部的沉积物。②采样时应保证采样点的位置准确，必要时使用 GPS 定位。③认真填写采样记录表，字迹应端正清晰。④保证采样按时、准确、安全。⑤采样结束前，应核对采样方案、记录和水样，如有错误和遗漏，应立即补采或重新采样。⑥如采样现场水体很不均匀，无法采到有代表性样品，则应详细记录不均匀的情况和实际采样情况，供使用数据者参考。⑦测定油类的水样，应在水面至水面下 300mm 采集柱状水样，并单独采样，全部用于测定。采样瓶不能用采集的水样冲洗。⑧测溶解氧、生化需氧量和有机污染物等项目时的水样，必须注满容器，不留空间，并用水封口。⑨如果水样中含沉降性固体，如泥沙等，应分离除去。分离方法为：将所采水样摇匀后倒入筒型玻璃容器，静置 30min，将已不含沉降性固体但含有悬浮性固体的水样移入盛样容器并加入保存剂。测定总悬浮物和油类的水样除外。⑩测定湖库水 COD、高锰酸盐指数、叶绿素 a、总氮、总磷的水样，静置 30min 后，用吸管一次或几次移取水样，吸管进水尖嘴应插至水样表层 50mm 以下位置，再加保存剂保存。测定油类、BOD_5、溶解氧、硫化物、余氯、粪大肠菌群、悬浮物、放射性等项目要单独采样。

二、采样设备与容器

1. 采样设备

所采集样品的体积应满足分析和重复分析的需要。采集的体积过小会使样品没有代表性。另外,小体积的样品也会因比表面积大而使其吸附严重。符合要求的采样设备应:①使样品和容器的接触时间降至最低;②使用不会污染样品的材料;③容易清洗,表面光滑,没有弯曲物干扰流速,尽可能减少旋塞和阀的数量;④有适合采样要求的系统设计。

(1) 瞬时非自动采样设备　瞬时采样采集表层样品时,一般用吊桶或广口瓶沉入水中,待注满水后,再提出水面。常见的瞬时采样器有单层采水器(见图2-3)、有机玻璃采水器(见图2-4)。

图 2-3　单层采水器

图 2-4　有机玻璃采水器

(2) 综合深度采样设备　综合深度法采样需要一套用以夹住瓶子并使之沉入水中的机械装置。配有重物的采样瓶以均匀的速度沉入水中,同时通过注入孔使整个垂直断面的各层水样进入采样瓶。为了在所有深度均能采得等分的水样,采样瓶沉降或提升的速度应随深度的不同作出相应的变化,或者采样瓶具备可调节的注孔,用以保持在水压变化的情况下,注水流量恒定。无上述采样设备时,可采用排空式采样器,分别采集每层深度的样品,然后混合。

排空式采样器是一种简便易行的手动采样器。此采样器是一种玻璃或塑料材质的圆筒式装置,两端开口,侧面带刻度、温度计,下侧端接有一胶管,底部加重物,顶端和底端各有同向向上开启的两个半圆盖子。当采样器沉入水中时,两端各自的两个半圆盖子随之向上开启,水不停留在采样器中,到达预定深度上提,两端半圆盖子随之盖住,即取到所需深度的样品。上述排空式采样器只是其中一种,其他只要能达到同等效果的采样器(如升降活塞式)均可使用。排空式采样器结构如图2-5所示。

(3) 选定深度定点采样设备　将配有重物的采样瓶瓶口塞住,沉入水中,当采样瓶沉到选定深度时,打开瓶塞,瓶内充满水样后又塞上。对于特殊要求的样品(如溶解氧)此法不适用,可采用颠倒式采水器、排空式采水器等。

(4) 自动采样设备　自动采样设备可以自动采集连续样品或一系列样品而不用人工参与,尤其是应用在采集混合样品和研究水质随时间的变化情况方面。

设备类型的选择取决于特定的采样情况,例如,为了评估一条江河或河川中微量溶解金属的平均组分(或负荷),最好使用一个连续流量比例设备,并利用一个蠕动泵系统。

自动采样器可以连续或不连续采样,也可以定时或定比例采样。

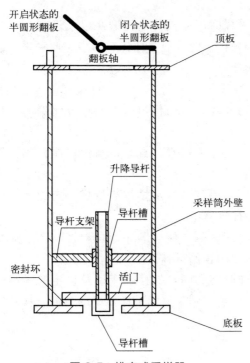

图 2-5 排空式采样器

自动采样设备可以被设定在预定的时间间隔内采样,或者由外部因素引发采样,例如,当降雨量超过界定限时产生一个信号引发采样。许多时间间隔采样器在一个周期内采集 24 个样品,通过对时间的设定可以在不同的时间周期内采集 24 个样品。常见的时间设定可以覆盖一昼夜 24h,也就是每隔 1h 采集一个样品;也可以覆盖 8h 工作日,也就是每隔 20min 采集一个样品;还可以覆盖一整周,也就是每隔 7h 采集一个样品。

如果采集后的样品需要留在采样器中一段时间,应确保样品不会分解,使用的自动采样设备不能污染所采集的样品。例如,如果要对样品进行金属元素分析,采样器中不能使用铜管,最好使用化学惰性材料,如聚四氟乙烯和不锈钢。安装在入口处的过滤器也要注意这一点。为了防止沉淀物沉淀下来,应在入口管处保持足够的流量,建议入口管的恒定内径大于 9mm。应能冲洗掉设备中残留的样品,采样器死体积(固定体积)要尽可能小。为了防止细菌大量繁殖,应定期清洗采样器,对于在线采样设备应在其采样间歇时清洗。目前一些先进的自动采样器可以自动清空残余样品并进行清洗,不需要测试的样品将被自动清空,采样可以连续进行而没有间歇。

(5) 非比例自动采样器

① 非比例等时不连续自动采样器:按设定采样时间间隔与储样顺序,自动将定量的水样从指定采样点分别采集到采样器的各储样容器中。

② 非比例等时连续自动采样器:按设定采样时间间隔与储样顺序,自动将定量的水样从指定采样点分别连续采集到采样器的各储样容器中。

③ 非比例连续自动采样器:自动将定量的水样从指定采样点连续采集到采样器的储样容器中。

④ 非比例等时混合自动采样器:按设定采样时间间隔,自动将定量的水样从指定采样

点采集到采样器的混合储样容器中。

⑤ 非比例等时顺序混合自动采样器：按设定采样时间间隔与储样顺序以及设定的样品个数，自动将定量的水样从指定采样点分别采集到采样器的各混合储样容器中。此种采样器应具有在单个储样容器中收集 2~10 次混合样的功能。

（6）比例自动采样器

① 比例等时混合自动采样器：按设定采样时间间隔，自动将与污水流量成比例的定量水样从指定采样点采集到采样器的混合样品容器中。

② 比例不等时混合自动采样器：每排放一次设定体积污水，自动将与污水体积成比例的定量水样从指定采样点采集到采样器的混合样品容器中。

③ 比例等时连续自动采样器：按设定采样时间间隔，与污水排放流量成一定比例，连续将水样从指定采样点分别采集到采样器中的各储样容器中。

④ 比例等时不连续自动采样器：按设定采样时间间隔与储样顺序，自动将与污水流量成比例的定量水样从指定采样点分别采集到采样器中的各储样容器中。

⑤ 比例等时顺序混合自动采样器：按设定采样时间间隔与储样顺序以及设定的样品个数，自动将与污水流量成比例的定量水样从指定采样点分别采集到采样器中的各混合样品容器中。

2. 样品容器

为评价水质，需对水中的化学组分进行分析。选择样品容器时应考虑到组分之间的相互作用、光分解等因素，应尽量缩短样品的存放时间，减少对光、热的暴露时间等。此外，还应考虑到生物活性。最常遇到的是清洗容器不当及容器自身材料对样品的污染和容器壁上的吸附作用。

在选择采集和存放样品的容器时，还应考虑容器适应温度急剧变化、抗破裂性、密封性能、体积、形状、质量、价格、清洗和重复使用的可行性等。

大多数含无机物的样品，多采用由聚乙烯、氟塑料和碳酸酯制成的容器。常用的高密度聚乙烯，适用于水中的二氧化硅、钠、总碱度、氯化物、氟化物、电导率、pH 和硬度的分析。对光敏物质可使用棕色玻璃瓶。溶解氧和 BOD_5 必须用专用的容器。不锈钢可用于高温或高压的样品，或用于微量有机物的样品。

一般玻璃瓶适用于有机物和生物样品。塑料容器适用于含放射性核素和玻璃主要组成元素的水样。采样设备经常用氯丁橡胶垫圈和油质润滑的阀门，这些材料均不适用于采集有机物和微生物样品。

选择采集和存放样品的容器，尤其是分析微量组分，应该遵循下述准则：

① 制造容器的材料应对水样的污染降至最小，例如玻璃（尤其是软玻璃）会溶出无机组分和塑料及合成橡胶会溶出有机化合物及金属（增塑的乙烯瓶盖衬垫、氯丁橡胶盖）。

② 清洗和处理容器壁的性能，以便减少微量组分，例如重金属或放射性核素对容器表面的污染。

③ 制造容器的材料在化学和生物方面应具有惰性，使样品组分与容器之间的反应减到最低限度。

④ 因待测物吸附在样品容器上也会引起误差，尤其是测痕量金属，其他待测物（如洗涤剂、农药、磷酸盐）也可引起误差。

三、采样污染的避免

为防止样品被污染,每个实验室之间应该像一般质量保证计划那样,实施一种行之有效的容器质量控制程序。随机选择清洗干净的瓶子,注入高纯水进行分析,以保证样品瓶不残留杂质。至于采样和存放程序中的质量保证也应该在采样后加入同分析样品相同试剂的步骤进行分析。

在采样期间必须避免样品受到污染。应该考虑到所有可能的污染来源,必须采取适当的控制措施以避免污染。

潜在的污染来源包括:①在采样容器和采样设备中残留的前一次样品的污染;②来自采样点位的污染;③采样绳(或链)上残留水的污染;④保存样品的容器的污染;⑤灰尘和水对采样瓶瓶盖及瓶口的污染;⑥手、手套和采样操作的污染;⑦采样设备内部燃烧排放废气的污染;⑧固定剂中杂质的污染。

控制采样污染常用的措施有:①尽可能使样品容器远离污染,以确保高质量的分析数据;②避免采样点水体的搅动;③彻底清洗采样容器及设备;④安全存放采样容器,避免瓶盖和瓶塞的污染;⑤采样后擦拭并晾干采样绳(或链),然后存放起来;⑥避免用手和手套接触样品,这一点对微生物采样尤为重要,微生物采样过程中不允许手和手套接触到采样容器及瓶盖的内部和边缘;⑦确保从采样点到采样设备的方向是顺风向,防止采样设备内部燃烧排放的废气污染采样点水体;⑧采样后应检查每个样品中是否存在巨大的颗粒物如叶子、碎石块等,如果存在,应弃掉该样品,重新采集。

实训操作：地表水水样现场采集

制订方案前，首先确定需要完成采样的所有断面的基本情况，必要时进行现场踏勘，确认断面采样方式，包括船只采样、桥梁采样、涉水采样、其他采样方法等。

1. 采样方法

（1）船只采样　湖库点位和水体较深的河流断面宜采用船只采样。采样机构需提前根据断面实际情况，确定需使用船只的规格，采样前准备好所需船只，并准备好救生衣等防护用品。如遇大风但未封航的情况，可选择使用更大的船只进行采样，以确保采样安全。上采样船前，采样人员要穿好救生衣、必要时系好安全绳，摆放并固定采样器、现场监测项目设备、静置桶、样品瓶、样品标签、固定剂、绞车等，确保采样人员和设备的安全。采样船应位于下游方向，船头朝向上游，关闭发动机（水流较急时除外），采样人员应在船前部采样，尽量使采样器远离船体，避免搅动底部沉积物造成水样污染。当船上不具备静置条件时间，应返回岸上后立即静置。

（2）桥梁采样　桥梁采样安全、可靠、方便，不受天气和洪水的影响，并能在横向和纵向准确控制采样点的位置，适合于频繁采样。桥梁采样时采样机构需初步了解桥与水面距离、断面所处河流深度以及河流宽度等信息，依据实际情况准备测量工具、采样工具和其他辅助工具等。采样前，在采样车后方摆放交通警示设备（如交通锥），人员在采样车前方进行采样。确认安全后，再有序摆好物资、穿上救生衣（天色较暗或能见度差时需要贴上反光条，加以警示），必要时系好安全绳。时刻注意来往车辆，确保采样人员和设备的安全。

（3）涉水采样　较浅的小河和靠近岸边水浅的采样点可涉水采样。涉水采样时采样人员应穿戴涉水服、救生衣，佩戴安全绳，采样人员应站在下游，向上游方向采集水样，采样时避免搅动沉积物而污染水样。

2. 采样前的准备

（1）确定采样人员　每个断面至少安排 2 名采样人员，并指定 1 名采样小组长。对于采样垂线数超过 3 条、水深超过 5m 需采集中下层水样或冰上作业的断面，需增加采样人员。

一般情况下，建议点位数 <4 个的断面至少安排 2 名采样人员，点位数为 4～6 个的断面应至少安排 3 名采样人员，点位数为 9 个的断面安排不少于 4 名采样人员。

（2）采样器　采样前，要根据监测项目的性质和采样方法的要求，选择适宜材质的盛水容器和采样器，并清洗干净。要求采样器具的大小和形状适宜，材质化学性能稳定，不吸附欲测组分，容易清洗并可反复使用。常见采水器如图 2-6 所示。

① 水桶、瓶子：采集表层水样。
② 单层采水器：采集水流平缓的深层水样。
③ 急流采水器：采集水流急、流量较大的水样。
④ 双层采样器：用于采集测定溶解性气体的水样。

此外，还有多种结构较复杂的采样器，例如，深层采水器、电动采水器、自动采水器、连续自动定时采水器等。

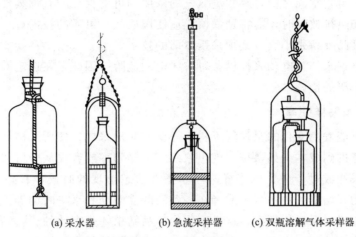

(a) 采水器　　　　(b) 急流采样器　　　(c) 双瓶溶解气体采样器

图 2-6　常见采水器

（3）其他　按照断面情况，组织专人准备采样器材、现场监测仪器、固定剂和纯水，并通知到采样小组长。每个采样小组根据所分配的断面情况，领取设备，做好领取记录，领取记录表格按照规定填写。现场监测仪器由专人完成校准并填写校准记录，校准记录随现场监测设备带至采样现场。由专人负责样品瓶的清洗与空白检验，固定剂、纯水的制备与检验。

3. 采样时的安全预防措施

采样机构需根据断面基本情况，采取相应的安全措施，确保采样人员和仪器安全。

船只采样，应选择较大且坚固的船只，严禁超载超员，船只上配备有救生衣、安全绳、医药箱等装备，在繁忙航道上采样时，船只应悬挂信号旗，要正确使用信号旗，以表明正在进行的工作性质，避免与其他过往船只发生碰撞；桥梁采样，应做好安全提示，密切注意来往车辆；涉水采样，采样人员应穿戴安全绳，密切注意河流水位情况，水位上涨应迅速返回岸上；冰封期采样，岸边须保证至少1名监视人员，要预先小心检查薄冰层位置和范围，做好标志，行走和采样时人员适当分散，防止采样人员掉入冰内。

在水体和底部沉积物中进行采样时，要采取措施避免吸入有毒气体，防止通过口腔和皮肤吸收有毒物质。负责设计采样方案和负责实施采样操作的人员，必须考虑相应的安全要求。在采样过程中采样人员应采取必要的防护措施。

为了保证工作人员、仪器的安全，必须考虑气象条件。在大面积和水较深的水体上采样时，要使用救生圈和救生绳。在冰层覆盖的水体采样之前，要仔细检查薄冰层的位置和范围。当采用水下整装呼吸装置或其他潜水器具时，则应经常检查和维护这些器具的可靠性。

尽可能避免从不安全的河岸等危险地点采样，如果不能避免，要采取相应的安全措施，并注意不要单人行动。如果河岸条件不是采样研究特殊要求的，应尽量采取在桥上采样来代替河岸边采样。

要选择任何气候条件下都能方便地进行频繁采样的地点，在某些情况下，必须考虑到可能的自然危害，如有毒的枝叶、兽类和爬行动物。危险物质应贴上标签。

为了防止一些偶然情况的出现，例如一些工业废水可能具有腐蚀性，或者含有有毒或易燃物质，污水中也可能含有危害的气体、微生物或动物。在采样期间，必须采取一些特殊的防护措施。

当采样人员进入有毒气体环境中时，要使用气体防毒面具、呼吸苏醒器和其他安全设备。此外，在进入封闭空间之前，要测量氧气的浓度和可能存在的有毒蒸气和毒气。

在采集蒸气和热排放物时，需特别谨慎。应使用成熟、可靠的技术。

处理放射性样品要特别小心，必须采用专门的技术。

在水中或者靠近水使用电动采样设备时有触电的危险。因此，在选定采样点、维护保养设备时，应采取必要的措施。

4. 采样时间和采样频率

为获得水质可能发生变化的全过程资料，需要不时地采样，使所采样品足以反映水质及其变化，但也要考虑到成本。如果按主观想象确定采样频率或者仅从分析和采样的工作量考虑，会导致盲目采样或过于频繁的采样。当非正常状态出现的时候，有必要增加采样的频次，例如，在植物开始生长的过程中或者在一条河的涨潮期和水华时期等。为了统计长时间的发展趋势，需要增加采样的频次，这样采集的样品结果才是有效的。

依据不同的水体功能、水文要素和污染源、污染物排放等实际情况，力求以最低的采样频次，取得最有时间代表性的样品，既要满足能反映水质状况的要求，又要切实可行。具体要求如下。

（1）饮用水源地、省（自治区、直辖市）交界断面中需要重点控制的监测断面每月至少采样一次。

（2）国控水系、河流、湖、库上的监测断面，逢单月采样一次，全年六次。

（3）水系的背景断面每年采样一次。

（4）受潮汐影响的监测断面的采样，每年采样三次，丰、平、枯水期各一次，每次采样两天，分别在大潮期和小潮期进行。每次采集涨、退潮水样分别测定。涨潮水样应在断面处水面涨平时采样，退潮水样应在水面退平时采样。

（5）如某必测项目连续三年均未检出，且在断面附近确定无新增排放源，而现有污染源排污量未增加的情况下，每年可采样一次进行测定。一旦检出，或在断面附近有新的排放源或现有污染源有新增排污量时，即恢复正常采样。

（6）国控监测断面（或垂线）每月采样一次，在每月5～10日内进行采样。

（7）遇有特殊自然情况，或发生污染事故时，要随时增加采样频次。

（8）在流域污染源限期治理、限期达标排放的计划中和流域受纳污染物的总量削减规划中，以及为此所进行的同步监测。

（9）为配合局部水流域的河道整治，及时反映整治的效果，应在一定时期内增加采样频次，具体由整治工程所在地方环境保护行政主管部门制定。

（10）较大水系干流和中小河流全年采样不少于六次。丰、枯和平水期，每期采样两次。

（11）流经城市工业区、污染较严重的河流、游览水域等每年采样不少于十二次，每月一次。

（12）湖泊、水库每年采样两次，枯、丰水期各一次。

（13）要了解一天或几天内水质变化，可以在一天（24h）内按一定时间隔或三天内分不同等份时间进行采样。遇到特殊情况时，增加采样次数。

（14）背景断面每年采样一次。

5. 水流的测量

（1）水质控制中流量测量的必要性 对污水和废水处理的控制及用数学模型管理天然水

体提高了流量测量的重要性。如不进行流量测量就不能评价污染负荷。

① 处理厂的负荷。评价工厂的处理负荷需要流量数据。流量数据可以在进入污水工程系统的排放点以及在污水厂内部测量得到。如果污水的流量或质量随时间变化，那么要确切估量工厂负荷，需要对排放量进行连续流量记录。根据采样时间记录到的流量将样品按比例混合制成混合样品。公共下水道中废水的收费与排放污染物的质量和数量成比例。

② 稀释效应。要控制向公共污水管道排放有毒有害的物质，以免工作人员和污水管线及工艺过程受到危害，与此同时要充分利用提供的稀释条件。在考虑排放对天然水道和水质限值可能产生的影响时，必须计算稀释能力。在上述情况下以及当系统中其他污水所产生的稀释作用很小时，有关排放的数据非常有价值。

③ 污染物通量的计算。通量的计算广泛地应用于确定允许排放量和评价河流宽窄对水质的影响。通量的计算是模拟整个河流和河口地区质量的基础。计算的依据是具有代表性的排放资料或者平均流量排放资料，而动态模拟技术需要测算连续流量数据的流量频率。

④ 污染物质的迁移和转化的速度。如果污染物的排放浓度随时间而变化，那么只有了解污染物从排放点迁移和转化的速度才能正确估计污染物的扩散和降解情况。因此，在确定河流或河口地区的采样方案时，应尽量在沿河道流动的同一水体中采样。当污染物偶然泄漏进入水体时，掌握污染物到达下游所需的时间对评估污染影响极其重要。

(2) 水流测量方法　水流测量包括三个方面：流向、流速、流量。

① 流向：大多数内陆水系的水流是不稳的，但流向是明显的，航道和排泄渠道水流的流向是随时间而变化的。测量水流方向是河口和沿海水体采样方案的主要部分。水流的方向和速度受潮流的影响，非常易变。而潮流又受到气象条件及其他因素的影响。

② 流速：可用来计算流量、计算平均速度和迁移时间（就水质而言，迁移时间是指某一水团通过一定距离所需要的时间）、评价湍流影响及由流速导致的水体混合。

③ 流量：指单位时间内流过某一点的流体的体积，有关流量平均值和极限值的资料对废水、污水和水处理工厂的设计、运转以及为保护天然水系制订合理的质量极限是不可缺少的。

水流测量可以是间断式的，如在河口用浮筒测量，在河流中使用直读式流量计；或者采用连续式的，如大多数排放流量计。

流向和流速的测定可以采用浮标、浮筒和其他漂移物、化学示踪剂（包括染料）、微生物示踪剂、放射性示踪剂等方法。

流速还可采用直读式和自动记录式流量计、流速仪、超声波技术、电磁技术、气动技术等来测量。

流量的测定可采用以下方法：

① 在已知横截面积的明渠中进行测定流速。

② 直接机械方式：如采用翻斗或标准水表。

③ 在水流中的某一构筑物上，进行水位的测量，如在水道堰上测定水位。采用的方法有：用规准尺进行目测和利用浮标、电阻变化、压力差、照相或声变方法进行自动测定。

6. 采样记录

现场记录在水质调查方案中非常重要，应从采样点到结束分析制表的过程中始终伴随着样品。采样标签上应记录样品的来源和采集时的状况（状态）以及编号等信息，然后将其粘贴到样品容器上。采样记录、交接记录与样品一同交给实验室。根据数据的最终用途确定所需要的采样资料。

地表水采样记录至少应该提供下列资料：①测定项目；②水体名称；③采样位置；④采样点；⑤采样方法；⑥水位或水流量；⑦气象条件；⑧水温；⑨保存方法；⑩样品的表观（悬浮物质、沉降物质、颜色等）；⑪有无臭气；⑫采样日期，采样时间；⑬采样人姓名。采样记录可参照表 2-4。

表 2-4　水质采样记录表

监测站名称＿＿＿＿＿＿＿＿＿＿＿＿＿＿　　　　年度＿＿＿＿＿＿＿＿＿

编号	河流(湖库)名称	采样月日	断面名称	采样位置			气象参数					流速/(m/s)	流量/(m³/s)	现场测定记录						备注
				断面号	垂线号	点位号	水深/m	气温/℃	气压/kPa	风向	风速/(m/s)	相对湿度/%			水温/℃	pH	溶解氧/(mg/L)	透明度/cm	电导率/(μS/cm)	感官指标描述	

采样人员：＿＿＿＿＿＿＿＿＿＿　　　　　　　　　　　记录人员：＿＿＿＿＿＿＿＿＿＿

任务三　样品保存

各种水质的水样，从采集到分析测定这段时间内，由于环境条件的变化，经物理、化学、生物作用，水样的某些物理参数和化学组分发生变化，为了使这种变化降到最低程度，必须在采样时对样品加以保护。

水样变化的原因有：

① 物理作用：光照、温度、静置或震动、敞露或密封等保存条件及容器材质都会影响水样的性质。如温度升高或强震动会使得一些物质如氧、氰化物及汞等挥发，长期静置会使 $Al(OH)_3$、$CaCO_3$、$Mg_3(PO_4)_2$ 等沉淀。某些容器的内壁能不可逆地吸附或吸收一些有机物或金属化合物等。

② 化学作用：水样及水样各组分可能发生化学反应，从而改变某些组分的含量与性质。例如空气中的氧能使二价铁、硫化物等氧化，聚合物解聚，单体化合物聚合等。

③ 生物作用：细菌、藻类以及其他生物体的新陈代谢会消耗水样中的某些组分，产生一些新组分，改变一些组分的性质。生物作用会对样品中待测的一些项目如溶解氧、二氧化碳、含氮化合物、磷及硅等的含量产生影响。

一、样品保存技术

水样在贮存期内发生变化的程度主要取决于水的类型及水样的化学性质和生物学性质，也取决于保存条件、容器材质、运输条件及气候变化等因素。样品常在很短的时间里明显地发生变化，因此必须采取必要的保存措施，并尽快地进行分析。保存措施在降低变化的程度或减缓变化的速度方面是有作用的，但到目前为止所有的保存措施还不能完全抑制这些变化。而且对于不同类型的水，产生的保存效果也不同，饮用水很易贮存，因其对生物或化学的作用很不敏感，一般的保存措施可有效贮存地表水和地下水，但对废水则不同。废水性质或废水采样地点不同，其保存的效果也就不同，如采自城市排水管网和污水处理厂的废水保存效果不同，采自生化处理厂的废水及未经处理的废水保存效果也不同。

分析项目决定废水样品的保存时间，有的分析项目要求单独取样，有的分析项目要求在现场分析，有些项目的样品能保存较长时间。由于采样地点和样品成分的不同，迄今为止还没有找到适用于一切场合和情况的绝对准则。在各种情况下，存储方法应与使用的分析技术相匹配。

1. 容器的选择

采集和保存样品的容器应充分考虑以下几方面（特别是被分析组分以微量存在时）：

（1）最大限度地防止容器及瓶塞对样品的污染。一般的玻璃在贮存水样时可溶出钠、钙、镁、硅、硼等元素，在测定这些项目时应避免使用玻璃容器，以防止新的污染。一些有色瓶塞含有大量的重金属，应根据实际情况合理选用。

（2）容器壁应易于清洗、处理，以减少如重金属或放射性核类的微量元素对容器的表面污染。

（3）容器或容器塞的化学和生物性质应该是惰性的，以防止容器与样品组分发生反应。如测氟时，水样不能贮于玻璃瓶中，因为玻璃与氟化物发生反应。

（4）要防止容器吸收或吸附待测组分，引起待测组分浓度的变化。微量金属易于受这些因素的影响，其他如清洁剂、杀虫剂、磷酸盐同样也会受到影响。

（5）测定天然水的理化参数，可使用聚乙烯和硼硅玻璃进行常规采样。此外，最好使用化学惰性材料。如果样品装在箱子中送往实验室分析，则箱盖设计必须可以防止瓶塞松动，防止样品溢漏或污染。

（6）深色玻璃能降低光敏作用。如水样中含有一些光敏物质，包括藻类，为防止光的照射，多采用不透明材料或有色玻璃容器，而且在整个存放期间，应放置在避光的地方。

（7）可溶气体或组分样品的容器：若采集和分析的样品中含溶解的气体，通过曝气会改变样品的组分，可使用细口溶解氧瓶。细口溶解氧瓶有锥形磨口玻璃塞，能使空气的吸收降到最低限度。在运送过程中要采用特别的密封措施。

（8）测定微量有机污染物样品的容器：一般情况下，使用的样品瓶为玻璃瓶。塑料容器会干扰高灵敏度的分析，对这类分析应采用玻璃或聚四氟乙烯瓶。

（9）检验微生物样品的容器：用于微生物样品容器的基本要求是能够经受冷冻或高温灭菌。在灭菌和样品存放期间，容器材料不应该产生和释放出抑制微生物生存能力或促进繁殖的化学物质。样品在运回实验室到打开前，应保持密封，并包装好，以防污染。

2. 容器的准备

所有的准备都应确保不发生正负干扰。

尽可能使用专用容器。如不能使用专用容器，那么最好准备一套容器进行特定污染物的测定，以减少交叉污染。同时应注意防止采集过高浓度分析物的容器因洗涤不彻底污染随后采集的低浓度污染物样品。

（1）新容器　一般应先用洗涤剂清洗，再用纯水彻底清洗。但是，用于清洁的清洁剂和溶剂可能引起干扰，例如当分析富营养物质时，会受到含磷酸盐清洁剂的污染。如果测定硅、硼和表面活性剂，则不能使用洗涤剂。所用的洗涤剂类型和选用的容器材质要随待测组分来确定。测磷酸盐不能使用含磷洗涤剂；测硫酸盐或铬则不能用铬酸-硫酸洗液。测重金属的玻璃容器及聚乙烯容器通常用盐酸或硝酸（1mol/L）洗净并浸泡1～2天后用蒸馏水或去离子水冲洗干净。

清洁剂清洗塑料或玻璃容器程序：①用水和清洗剂的混合稀释溶液清洗容器和容器帽；②用实验室用水清洗两次；③控干水并盖好容器帽。

溶剂洗涤玻璃容器程序：①用水和清洗剂的混合稀释溶液清洗容器和容器帽；②用自来水彻底清洗；③用实验室用水清洗两次；④用丙酮清洗并干燥；⑤用与分析方法匹配的溶剂清洗并立即盖好容器帽。

酸洗玻璃或塑料容器程序：①用自来水和清洗剂的混合稀释溶液清洗容器和容器帽；②用自来水彻底清洗；③用10%硝酸溶液清洗；④控干后，注满10%硝酸溶液；⑤密封，贮存至少24 h；⑥用实验室用水清洗，控干水并盖好容器帽。

（2）用于测定农药、除草剂等样品的容器　因除聚四氟乙烯材质外的塑料容器会对分析产生明显的干扰，故一般使用棕色玻璃瓶。按一般规则清洗（即用水及洗涤剂—铬酸-硫酸洗液—蒸馏水）后，在烘箱内180℃下4h烘干。冷却后再用纯化过的己烷或石油醚冲洗数次。

（3）用于微生物分析的样品　用于微生物分析的容器及塞子、盖子应经高温灭菌，灭菌温度应确保在此温度下不释放或产生任何能抑制生物活性、灭活或促进生物生长的化学物质。玻璃容器按一般清洗原则洗涤，用硝酸浸泡再用蒸馏水冲洗以除去重金属或铬酸盐残留物。在灭菌前可在容器里加入硫代硫酸钠（$Na_2S_2O_3$）以除去余氯对细菌的抑制作用（每125mL容器加入0.1mL的10mg/L $Na_2S_2O_3$）。

3. 容器的封存

对需要测定物理-化学分析物的样品，应使水样充满容器至溢流并密封保存，以减少因与空气中氧气、二氧化碳的反应干扰及样品运输途中的振荡干扰。但当样品需要被冷冻保存时，不应溢满封存。

4. 样品的冷藏、冷冻

在大多数情况下，从采集样品后到运输到实验室期间，在1～5℃冷藏并暗处保存。但冷藏并不适用长期保存，对废水的保存时间更短。

-20℃的冷冻温度一般能延长贮存期。分析挥发性物质不适用冷冻程序。如果样品包含细胞、细菌或微藻类，在冷冻过程中，会破裂、损失细胞组分，同样不适用冷冻。冷冻需要掌握冷冻和融化技术，以使样品在融化时能迅速、均匀地恢复其原始状态，用干冰快速冷冻是较好的方法。冷冻时一般选用塑料容器，推荐聚氯乙烯或聚乙烯等塑料容器。

5. 添加保存剂

（1）控制溶液pH值　测定金属离子的水样常用硝酸酸化至pH=1～2，既可以防止重金属的水解沉淀，又可以防止金属在器壁表面上的吸附，还能抑制生物的活动。用此法保存，大多数金属可稳定数周或数月。测定氰化物的水样需加氢氧化钠调pH至12。测定六价铬的水样应加氢氧化钠调pH至8，因在酸性介质中，六价铬的氧化电位高，易被还原。保存总铬的水样，则应加硝酸或硫酸至pH=1～2。

（2）加入抑制剂　为了抑制生物作用，可在样品中加入抑制剂。如在测氨氮、硝酸盐氮和COD的水样中，要加氯化汞或三氯甲烷、甲苯作防护剂以抑制生物对亚硝酸盐、硝酸盐、铵盐的氧化还原作用。在测酚水样中用磷酸调溶液的pH值，加入硫酸铜以控制苯酚分解菌的活动。

（3）加入氧化剂　水样中的痕量汞易被还原，引起汞的挥发性损失，加入硝酸-重铬酸钾溶液可使汞维持在高氧化态，改善汞的稳定性。

（4）加入还原剂　测定硫化物的水样，加入抗坏血酸对保存有利。含余氯的水样，能氧化氰离子，可使酚类、烃类、苯系物氯化生成相应的衍生物，为此在采样时加入适当的硫代硫酸钠予以还原，除去余氯干扰。

样品保存剂如酸、碱或其他试剂在采样前应进行空白试验，其纯度和等级必须达到分析的要求。加入一些化学试剂可固定水样中的某些待测组分，保存剂可事先加入空瓶中，亦可在采样后立即加入水样中。所加入的保存剂不能干扰待测成分的测定，如有疑义应先做必要的试验。加入保存剂的样品经过稀释后，在分析计算结果时要充分考虑样品体积变化。但如果加入足够浓的保存剂，因加入体积很小，可以忽略其稀释影响。固体保存剂会引起局部过热，影响样品，应该避免使用。

所加入的保存剂有可能改变水中组分的化学或物理性质，因此选用保存剂时一定要考虑到对测定项目的影响。如待测项目是溶解态物质，酸化会引起胶体组分和固体的溶解，则必须在过滤后再酸化保存。要充分考虑加入保存剂所引起待测元素含量的变化，例如，酸类会增加砷、铅、汞的含量。因此，必须要做保存剂空白试验，特别是对微量元素的检测。

6. 样品标签

水样采集后，往往根据不同的分析要求，分装成数份，并分别加入保存剂，对每一份样品都应附一张完整的水样标签。水样标签应事先设计打印，内容一般包括采样目的、项目唯一性编号、监测点数目和位置、采样时间和日期、采样人员、保存剂的加入量等。标签应用不褪色的墨水填写，并牢固地粘贴于盛装水样的容器外壁上。对于未知的特殊水样以及危险或潜在危险物质如酸，应用记号标出，并将现场水样情况作详细描述。

对需要现场测试的项目，如pH、电导率、温度、流量等应按表2-5的格式进行记录，并妥善保管现场记录。

表 2-5 采样现场数据记录表

项目名称：
样品描述：

采样地点	样品编号	采样日期	时间		pH	温度	其他参量	备注
			采样开始	采样结束				

采样人：　　　　　交接人：　　　　　复核人：　　　　　审核人：

注：备注中应根据实际情况填写水体类型、气象条件(气温、风向、风速、天气状态)、采样点周围环境状况、采样点经纬度、采样点水深、采样层次等信息。

7. 常用样品保存技术

保存水样的容器可能吸附欲测组分或者污染水样，因此要选择性能稳定、杂质含量低的材料制作的容器。常用的容器材质有硼硅玻璃、石英、聚乙烯和聚四氟乙烯。其中，石英和聚四氟乙烯杂质含量少，但价格昂贵，一般常规监测中广泛使用聚乙烯和硼硅玻璃材质的容器。不能及时运输或需尽快分析的水样，则应根据不同监测项目的要求，采取适宜的保存方法。水样的运输时间，通常以24h作为最大允许时间。最长保存时间一般为：清洁水样72h；轻污染水样48h；严重污染水样12h。水样的保存期限与多种因素有关，如组分的稳定性、浓度、水样的污染程度等。常用水样保存方法见表2-6。

表 2-6 常用水样保存方法

项目	采样容器	保存剂及用量	保存期	采样量/mL[①]	容器洗涤
浊度*	G.P.		12h	250	I
色度*	G.P.		12h	250	I
pH*	G.P.		12h	250	I
电导*	G.P.		12h	250	I
悬浮物**	G.P.		14d	500	I
碱度**	G.P.		12h	500	I
酸度**	G.P.		30d	500	I
COD	G.	加 H_2SO_4 至 $pH \leqslant 2$	2d	500	I
高锰酸盐指数**	G.		2d	500	I
DO*	溶解氧瓶	加入硫酸锰，碱性KI，叠氮化钠溶液，现场固定	24h	250	I

续表

项目	采样容器	保存剂及用量	保存期	采样量/mL[①]	容器洗涤
BOD_5 * *	溶解氧瓶		12h	250	I
TOC	G.	加 H_2SO_4 至 pH≤2	7d	250	I
F^- * *	P.		14d	250	I
Cl^- * *	G. P.		30d	250	I
Br^- * *	G. P.		14h	250	I
I	G. P.	加 NaOH 至 pH=12	14h	250	I
SO_4^{2-} * *	G. P.		30d	250	I
PO_4^{3-}	G. P.	加 NaOH、H_2SO_4 调 pH=7,加水样体积 0.5% 的 $CHCl_3$	7d	250	IV
总磷	G. P.	加 HCl、H_2SO_4 至 pH≤2	24h	250	IV
氨氮	G. P.	加 H_2SO_4 至 pH≤2	24h	250	I
NO_2^--N * *	G. P.		24h	250	I
NO_3^--N * *	G. P.		24h	250	I
总氮	G. P.	加 H_2SO_4 至 pH≤2	7d	250	I
硫化物	G. P.	1L 水样加 NaOH 至 pH=9,加入 5% 抗坏血酸 5mL,饱和 EDTA3mL,滴加饱和 $Zn(AC)_2$ 至胶体产生,常温避光	24h	250	I
总氰	G. P.	加 NaOH 至 pH≥9	12h	250	I
Be	G. P.	HNO_3,1L 水样中加浓 HNO_3 10mL	14d	250	III
B	P.	HNO_3,1L 水样中加浓 HNO_3 10mL	14d	250	I
Na	P.	HNO_3,1L 水样中加浓 HNO_3 10mL	14d	250	II
Mg	G. P.	HNO_3,1L 水样中加浓 HNO_3 10mL	14d	250	II
K	P.	HNO_3,1L 水样中加浓 HNO_3 10mL	14d	250	II
Ca	G. P.	HNO_3,1L 水样中加浓 HNO_3 10mL	14d	250	II
Cr(VI)	G. P.	加 NaOH 至 pH=7~9	14d	250	III
Mn	G. P.	HNO_3,1L 水样中加浓 HNO_3 10mL	14d	250	III
Fe	G. P.	HNO_3,1L 水样中加浓 HNO_3 10mL	14d	250	III
Ni	G. P.	HNO_3,1L 水样中加浓 HNO_3 10mL	14d	250	III
Cu	P.	HNO_3,1L 水样中加浓 HNO_3 10mL	14d	250	III
Zn	P.	HNO_3,1L 水样中加浓 HNO_3 10mL	14d	250	III
As	G. P.	HNO_3,1L 水样中加浓 HNO_3 10mL	14d	250	I
Se	G. P.	HNO_3,1L 水样中加浓 HNO_3 10mL	14d	250	III
Ag	G. P.	HNO_3,1L 水样中加浓 HNO_3 10mL	14d	250	III
Cd	G. P.	HNO_3,1L 水样中加浓 HNO_3 10mL[②]	14d	250	III
Sb	G. P.	加水样体积 0.2% 的 HCl(氢化物法)	14d	250	III
Hg	G. P.	如水样为中性,1L 水样中加浓 HCl 10mL	14d	250	III
Pb	G. P.	如水样为中性,1L 水样中加浓 HNO_3 10mL[②]	14d	250	III
油类	G.	加入 HCl 至 pH≤2	7d	250	II
农药类 * *	G.	加入抗坏血酸 0.01~0.02g 除去残余氯	24h	1000	I

续表

项目	采样容器	保存剂及用量	保存期	采样量/mL①	容器洗涤
除草剂类**	G.	(同上)	24h	1000	I
邻苯二甲酸酯类**	G.	(同上)	24h	1000	I
挥发性有机物**	G.	用1+10HCl调至pH=2,加入0.01~0.02g抗坏血酸除去残余氯	12h	1000	I
甲醛**	G.	加入0.2~0.5g/L硫代硫酸钠除去残余氯	24h	250	I
酚类**	G.	用H_3PO_4调至pH=2,用0.01~0.02g抗坏血酸除去残余氯	24h	1000	I
阴离子表面活性剂	G.P.		24h	250	IV
微生物**	G.	加入硫代硫酸钠至0.2~0.5g/L除去残余物,4℃保存	12h	250	I
生物**	G.P.	不能现场测定时用甲醛固定	12h	250	I

①为单项样品的最少采样量。②如用溶出伏安法测定,可改用1L水样中加19mL浓$HClO_4$。

注:1. *表示应尽量现场测定;** 表示低温(0℃~4℃)避光保存。
2. G. 为硬质玻璃瓶;P. 为聚乙烯瓶(桶)。
3. Ⅰ、Ⅱ、Ⅲ、Ⅳ表示四种洗涤方法,如下:
Ⅰ:洗涤剂洗一次,自来水三次,蒸馏水一次;
Ⅱ:洗涤剂洗一次,自来水洗二次,1+3HNO_3荡洗一次,自来水洗三次,蒸馏水一次;
Ⅲ:洗涤剂洗一次,自来水洗二次,1+3HNO_3荡洗一次,自来水洗三次,去离子水一次;
Ⅳ:铬酸洗液洗一次,自来水洗三次,蒸馏水洗一次。
如果采集污水样品可省去用蒸馏水、去离子水清洗的步骤。
4. 经160℃干热灭菌2h的微生物、生物采样容器,必须在两周内使用,否则应重新灭菌;经121℃高压蒸气灭菌15min的采样容器,如不立即使用,应于60℃将瓶内冷凝水烘干,两周内使用。细菌监测项目采样时不能用水样冲洗采样容器,不能采混合水样,应单独采样后2h内送实验室分析。

表2-6列出的内容只是有关水样保存技术的一般要求,并非绝对的准则。实际情况中,样品的保存时间、容器材质以及保存措施都取决于样品中的组分及样品的性质。由于天然水和废水的性质复杂,在分析之前,需要验证这些方法处理过的各类样品的稳定性,在制订分析方法标准时也应明确指出样品采集和保存的方法。此外,如果要采用的分析方法和使用的保存剂及容器之间有不相容的情况,则常需从同一水体中取数个样品,按几种保存措施分别进行分析以找出最适宜的保存方法和容器。

二、样品运输与接收

1. 样品运输

样品采集后应尽快运送至实验室分析,样品运输过程中应避免日光照射,并置4℃冷藏箱中保存,气温异常偏高或偏低时还应采取适当保温措施。

水样装箱前应将水样容器内外盖盖紧,对装有水样的玻璃磨口瓶应用聚乙烯薄膜覆盖瓶口并用细绳将瓶塞与瓶颈系紧。装箱时应用泡沫塑料或波纹纸板垫底和间隔防震,以防样品破损和倒翻。包装箱的盖子一般都衬有隔离材料,用以对瓶塞施加轻微的压力。

同一采样点的样品瓶尽量装在同一箱内,每个样品箱内应有相应的样品采样记录单或送样清单,与采样记录或样品交接单逐件核对,检查所采水样是否已全部装箱。应有专门人员运送样品,防止样品损坏或受污染,如非采样人员运送样品,则采样人员和运送样品人员之间应有样品交接记录。

2. 样品接收

样品送达实验室后，由样品管理员接收。样品管理员对样品进行符合性检查，检查内容包括：样品包装、标识及外观是否完好；对照采样记录单检查样品名称、采样地点、样品数量、形态等是否一致；核对保存剂加入情况；样品是否冷藏，冷藏温度是否满足要求；样品是否有损坏或污染。当样品有异常，或对样品是否适合测试有疑问时，样品管理员应及时向送样人员或采样人员询问，样品管理员应记录有关说明及处理意见，当明确样品有损坏或污染时须重新采样。

样品交实验室时，应有交接手续，应核对样品编号、样品名称、样品性状、样品数量、保存剂加入情况、采样日期、送样日期等信息，样品管理员确定样品符合样品交接条件后，进行样品登记，并由双方签字。

样品管理员负责保持样品贮存间清洁、通风、无腐蚀的环境，并对贮存环境条件加以维持和监控。样品贮存间应有冷藏、防水、防盗和门禁措施，以保证样品的安全性。样品流转过程中，除样品唯一性标识需转移和样品测试状态需标识外，任何人、任何时候都不得随意更改样品唯一性编号。分析原始记录应记录样品唯一性编号。在实验室测试过程中由测试人员及时做好分样、移样的样品标识转移，并根据测试状态及时作好相应的标记。水样送检表可参照表 2-7。

表 2-7 水样送检表

样品编号	采样河流(湖、库)	采样断面及采样点	采样时间(月、日)	添加剂种类	数量	分析项目	备注

送样人员：_____　　　接样人员：_____　　　送检时间：_____

3. 样品质量控制规定

样品保存剂如酸、碱或其他试剂在采样前应进行空白试验，其纯度和等级必须达到分析的要求。

实训操作：采样物品清单方案设计

1. 地表水采样物品清单方案设计的工作流程

（1）根据采样断面处河流的功能性质并结合实验室监测能力等实际条件，确定监测项目。

监测项目依据水体功能和污染源的类型不同而异，其数量繁多，但受人力、物力、经费等各种条件的限制，不可能也没有必要一一监测，而应根据实际情况，选择环境标准中要求控制的危害大、影响范围广，并已建立可靠分析测定方法的项目。我国环境监测总站提出了68种水环境优先监测污染物黑名单。

我国《环境监测技术规范》中地表水规定的监测项目见表2-8。

表2-8 地表水监测项目

	必测项目	选测项目
河流	水温、pH、溶解氧、高锰酸盐指数、化学需氧量、BOD_5、氨氮、总氮、总磷、铜、锌、氟化物、硒、砷、汞、镉、铬（六价）、铅、氰化物、挥发酚、石油类、阴离子表面活性剂、硫化物和粪大肠菌群	总有机碳、甲基汞，其他项目根据纳污情况由各级相关环境保护主管部门确定
集中式饮用水源地	水温、pH、溶解氧、悬浮物①、高锰酸盐指数、化学需氧量、BOD_5、氨氮、总氮、总磷、铜、锌、氟化物、铁、锰、硒、砷、汞、镉、铬（六价）、铅、氰化物、挥发酚、石油类、阴离子表面活性剂、硫化物、硫酸盐、氯化物、硝酸盐和粪大肠菌群	三氯甲烷、四氯化碳、三溴甲烷、二氯甲烷、1,2-二氯乙烷、环氧氯丙烷、氯乙烯、1,1-二氯乙烯、1,2-二氯乙烯、三氯乙烯、四氯乙烯、氯丁二烯、六氯丁二烯、苯乙烯、甲醛、乙醛、丙烯醛、三氯乙醛、苯、甲苯、乙苯、二甲苯、异丙苯、氯苯、1,2-二氯苯、1,4-二氯苯、三氯苯、四氯苯、六氯苯、硝基苯、二硝基苯、2,4-二硝基甲苯、2,4,6-三硝基甲苯、硝基氯苯、2,4-二硝基氯苯、2,4-二氯苯酚、2,4,6-三氯苯酚、五氯酚、苯胺、联苯胺、丙烯酰胺、丙烯腈、邻苯二甲酸二丁酯、邻苯二甲酸二(2-乙基己基)酯、水合肼、四乙基铅、吡啶、松节油、苦味酸、丁基黄原酸、活性氯、滴滴涕、林丹、环氧七氯、对硫磷、甲基对硫磷、马拉硫磷、乐果、敌敌畏、美曲膦酯、内吸磷、百菌清、甲萘威、溴氰菊酯、阿特拉津、苯并(a)芘、甲基汞、多氯联苯、微囊藻毒素-LR、黄磷、钼、钴、铍、硼、锑、镍、钡、钒、钛、铊

① 悬浮物在5mg/L以下时，测定浊度。

注：监测项目中，有的项目监测结果低于检出限，并确认没有新的污染源增加时可减少监测频次。根据各地经济发展情况不同，在有监测能力（配置GC/MS）的地区每年应监测1次选测项目。

（2）根据监测项目并结合实验室仪器设备条件和人员操作水平，确定每个监测项目的分析方法。

① 监测项目分析方法及适用标准的选用原则：应按国家环境保护标准、其他国家标准、国际标准的顺序进行选择。

② 无现行有效分析方法标准的选用原则：可选用实验室建立的分析方法或其他等效的非标准方法，但应验证其检出限、测定下限、准确度和精密度。

（3）获得分析方法的文本。

（4）根据分析方法文本的规定，制订详细的采样物品清单方案。

2. 采样物品清单方案

认真思考，填表，并写出书面采样物品清单方案，采样方案应包括：

（1）是为哪些监测项目采样，是怎么确定这些监测项目的。

（2）需准备哪些装水样的容器，详列清单并说明其材质、容积和数量。

（3）需准备哪些采样器具，详列清单并说明其规格和数量。

（4）需现场测定哪些项目，准备哪些测量器具，详列清单。

（5）需准备哪些样品保存所需化学试剂的品种和浓度，以及盛装样品的容器，按照表2-9、表2-10、表2-11和表2-12的格式详列清单。

表 2-9 监测项目清单

监测项目	分析方法	方法编号	与采样方案设计有关的条文编号	备注

表 2-10 采样器皿清单

器皿名称	作用	规格	数量	解释或依据

表 2-11 采样仪器清单

仪器或器具名称	作用	规格或型号	数量	解释或依据

表 2-12 采样固定剂清单

化学试剂名称	作用	浓度和数量	容器	解释或依据

思考与练习

1. 简要说明监测各类水体水质的主要目的和确定监测项目的原则。

2. 怎样制订地表水体水质的监测方案？以河流为例，说明如何制订监测方案？

3. 水样有哪几种保存方法？试举几个实例说明怎样根据被测物质的性质选用不同的保存方法。

4. 怎样采集和保存溶解氧、氨氮、六价铬、五日生化需氧量、化学需氧量、铅的水样？

5. 天然水中主要有哪些化学组分？简述它们的分布规律。

6. 什么是河水的自净作用？主要有哪几种？

7. 试述河流、地下水、湖、库及污水采样断面和站位、点位布设的基本原则和注意事项。以河流为例，说明如何设置监测断面和采样点？

8. 解释下列术语，说明各适用于什么情况。

瞬时水样；混合水样；综合水样；平均混合水样；平均比例混合水样。

项目三

地表水水质测定

 知识目标

1. 掌握地表水水质测定基本要求;
2. 掌握化学需氧量、五日生化需氧量、溶解氧、六价铬、氨氮、铜、锌、铅、镉的测定原理和方法;
3. 了解水温、色度、浊度、电导率、pH等现场监测项目;
4. 了解应急监测。

 能力目标

1. 学会氧化还原滴定、碘量法、分光光度法、原子吸收分光光度法的操作方法;
2. 学会鉴别药物的基本操作;
3. 学会制备阿司匹林、对乙酰氨基酚。

 素质目标

1. 培养合理支配时间、养成整洁有序的实验习惯;
2. 培养实验室安全意识,提高实验室安全工作能力。

任务一　现场监测

现场监测仪器设备应能快速鉴定、鉴别污染物，并能给出定性、半定量或定量的检测结果，直接读数，使用方便，易于携带，对样品的前处理要求低。

可根据本地实际和全国环境监测站建设标准要求，配置常用的现场监测仪器设备，如检测试纸、快速检测管和便携式监测仪器等快速检测仪器设备。需要时，配置便携式气相色谱仪、便携式红外光谱仪、便携式气相色谱/质谱分析仪等应急监测仪器。

凡具备现场测定条件的监测项目，应尽量进行现场测定。必要时，另采集一份样品送实验室分析测定，以确认现场的定性或定量分析结果。

现场监测记录应按格式规范记录，保证信息完整，可充分利用常规例行监测表格进行规范记录，主要包括环境条件、分析项目、分析方法、分析日期、样品类型、仪器名称、仪器型号、仪器编号、测定结果、监测断面（点位）示意图以及分析人员、校核人员、审核人员签名等，根据需要并在可能的情况下，同时记录风向、风速、水流流向、流速等气象水文信息。

现场监测人员必须注意自身的安全防护，配备必要的现场监测人员安全防护设备。常用的有：①测爆仪，一氧化碳、硫化氢、氯化氢、氯气、氨等现场测定仪等；②防护服、防护手套、胶靴等防酸碱、防有机物渗透的各类防护用品；③各类防毒面具、防毒呼吸器（带氧气呼吸器）及常用的解毒药品；④防爆应急灯、醒目安全帽、带明显标志的小背心（色彩鲜艳且有荧光反射物）、救生衣、防护安全带（绳）、呼救器等。现场监测时至少两人同行。在确认安全的情况下，按规定佩戴必需的防护设备（如防护服、防毒呼吸器等）。进入水体或登高采样，应穿救生衣或佩戴防护安全带（绳）。

一、水温

1. 表层温度计

表层温度计适用于测水的表层温度。水银温度计安装在特制金属套管内，套管开有可供温度计读数的窗孔，套管上端有一提环，以供系住绳索，套管下端紧悬着一只有孔的盛水金属圆筒，水温计的球部应位于金属圆筒的中央。测量范围为$-6\sim+40$℃，分度为0.2℃。表层温度计如图3-1所示。

2. 深水温度计

深水温度计是水文测验仪器，供河流、湖泊、水库、径流试验站等测量40m以内任意深度的水温，测量范围为$-6\sim+40$℃。由感应部件和盛水筒部件组成。深水温度计如图3-2所示。

感应部件包括水银温度计、固定圈、固定管和拉绳螺帽。水银温度计用弹性的固定圈固定在固定管内，固定管与盛水筒旋紧，使温度计的感应部分

深水温度计

位于盛水筒中间位置。固定管上旋有拉绳螺帽，螺帽上有一通孔，供吊挂仪器用。

盛水筒部件由上、下活门和盛水筒、进水口等件组成。盛水筒系用工程塑料注塑成型，温度计感应头插在筒的中央。筒的上端为挡水板，短支柱和固定板组成上活门。下端为活门板，中心轴与一直径为 150mm 的阻力盘组成下活门。

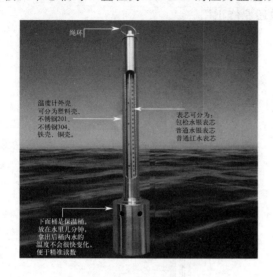
图 3-1　表层温度计

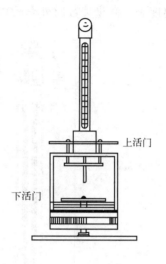
图 3-2　深水温度计

当仪器放入水中下降时，由于水的浮力和相对运动阻力的作用，盛水筒的上下活门同时开启。随着仪器下降，不同深度的水通过盛水筒。当仪器下降到预定深度停止下降时，上、下活门自动关闭，这时盛水筒中就装满了所测深度的水样。在仪器上提时，利用水的阻力将盛水筒牢牢地封闭，筒内的水样和筒外的水不发生交换。仪器提出水面后，即可通过温度计读出筒中水样的温度。仪器阻力盘的作用是加大运动阻力，使活门能在仪器下降时充分开启，上提时牢牢关闭。

将绳索的一端穿过拉绳螺帽上的通孔扣紧，在绳索上标注深度记号。注意仪器的入水深度是以盛水筒上端的挡水板位置为零点起算。

仪器入水前，要将仪器各联结部分检查一遍，并用护套将温度计玻璃管护住，以免碰撞损坏，然后将仪器放入水中。为保证仪器测温准确，要求在仪器下降到距预定测点 1～1.5m 时，加快仪器的下降速度（此时不得小于 0.5m/s），以保证仪器的上、下活门能充分开启。仪器下降到预定的深度并停留 1～2min 后即可上提，在上提时尽量使仪器匀速上升，避免中途停顿，以防筒内的水样和筒外的水发生交换。仪器提出水面后应抓紧时间观读，读到的温度值即为所测深度的水温。

3. 颠倒温度计

颠倒温度计有闭端（防压）和开端（受压）两种，均需配在颠倒采水器上使用。前者用于测量水温，后者与前者配合使用，确定仪器的沉放深度。

（1）结构　颠倒温度计结构如图 3-3 所示。

主温表是双端式水银温度表，由贮蓄泡、接受泡、毛细管和盲枝等部分组成。盲枝的作用是在颠倒温度表颠倒时，使主温度表中的水银总在其基部的断点处断开。圆环的作用是容纳因颠倒后温度升高而由储蓄泡中膨胀出来的水银。

颠倒温度计

贮蓄泡和玻璃套管之间充以水银，为避免深水水压影响主温表中水银柱的升降，特留有一定的空间。感温时，温度表的贮蓄泡向下，盲枝交叉点（断点）以上的水银柱高度取决于现场温度。当温度表颠倒时，水银柱便在断点处断开，从而保留了现场温度的读数，提出水面后即可读出。由于读数时环境温度与被测温度不同，使主温度表的示值发生变化，所以，备有副温度表，测量读数时外套管内的温度以做还原修正用。

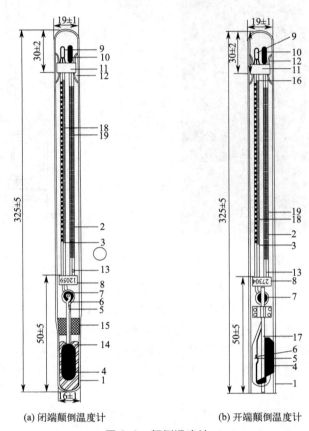

(a) 闭端颠倒温度计　　　　(b) 开端颠倒温度计

图 3-3　颠倒温度计

1—外套管；2—副温度表；3—主温度表；4—主温度表储蓄泡；5—盲枝；6—断点；7—圆环；
8—出厂编号及卡箍；9—主温度表接受泡；10—副温度表接受泡；11—卡箍；12—弹簧键；
13—副温度表安全泡；14—水银槽；15—软木塞；16—主温度表中间泡；
17—开端颠倒温度表的椭圆形弹簧键；18—主温度表毛细管；19—副温度表毛细管

（2）颠倒温度计的原理　闭端表外套管完全封闭，主副温度表水银柱高度不受水压影响，其主温度表示值仅决定于颠倒时的水体温度。开端表的外套管一端有开口，水银柱的高度取决于颠倒时的水体温度和压力。闭端与开端配合使用，即可测出颠倒时所处的温度和深度。

（3）使用方法　将装温度计的采水器从表层至深层逐层安放在采水器架上，根据测站水深确定观测层次，并将各层的采水器编号，颠倒温度计的器号和测量值记入颠倒温度计测温记录中。观测时将绳端系有重锤的钢丝绳移至舷外，将底层采水器挂在重锤以上 1m 的钢丝绳上，然后根据各观测水层之间的间距下放钢丝，并将采水器依次挂在钢丝绳上。若存在温跃层时，在温跃层适当增加测层。当水深在 100m 以内时，在悬挂表层采水器之前，应先测量钢丝绳倾角，倾角大于 10°时应求得倾角订正值，若订正值大于 5m，应每隔 5m 加挂一个采水器。当底层采水器离预定的底层 5m 以内时,再挂表层采水器,最后将其下放到表层水中。颠倒温度计在各水层感温 7min,测量钢丝倾角,投下"使锤"(连续观测时正点打锤),记下钢丝绳倾角和打锤时间,待各采水器全部颠倒后,依次提取采水器,并将其放回采水器架原来的位置上。立即读取各温度计的主辅值,记入颠倒温度计测量记录表内。如需取水样,待取完水样后,再次读取温度计的主辅温度值,并记入记录表的第二次记录栏内,第二次读数应换人复核。若同一支温度计的主温差别超过 0.02℃,应重新复核,以确认读数无误。若某预定水层的采水器未颠倒或某层水温可疑,应立即补测。若某水层的测量值经计算整理后,两支温度计之间的差值多次超过 0.06℃,应考虑更换其中可疑的温度计。

4. 现场测试步骤

根据监测断面实际水深选择合适的水温计。

(1) 表层温度计和深层温度计测定步骤　用绳子栓住表层温度计金属管上端的提环,将温度计投入水中下沉至待测深度处,感温 5min 后,迅速上提并立即读数。从温度计离开水面至读数完毕应不超过 20s。

遇到风浪较大等特殊情况时,可采用监测容器盛装水样进行监测,监测容器由不易传热的材料制成,感温及读数时间参照原位监测。

(2) 颠倒温度计测定步骤　南森采水器是采集预定深度的水样和固定颠倒温度表的器具,又称颠倒采水器、南森瓶,如图 3-4 所示。南森采水器为圆筒形,总长 65cm,容积约 1L,两端各有活门,由弹簧调节松紧,用杠杆与同一根连杆连接,使两个活门可同时启开或关闭,采水器配置了两支颠倒温度计。采水器上端装有释放器,包括撞击开关和挡片。采水器下端固定在

南森采水器

钢丝绳上,上端利用挡片扣在钢丝绳上,钢丝绳穿过一个重锤的孔。使用时用钢丝绳将采水器系放入水中,这时两端的活门因采水器的重力同时打开,水可自由出入。到达预定的深度后,在水面将重锤释放,自由下降的重锤将释放器上的撞击开关撞开,这时挡片也被移开,不再扣住钢丝绳,采水器上端脱开绳子倒转 180°,这时采水器的重力使两端的活门同时关闭。

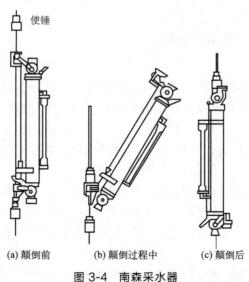

图 3-4　南森采水器

将安装有闭端式颠倒温度计的颠倒采水器，投入水中至待测深度，感温 10min 后，由"使锤"作用，打击采水器的"撞击开关"，使采水器完成颠倒动作。

感温时，温度计的贮泡向下，断点以上的水银柱高度取决于现场温度，当温度计颠倒时，水银在断点断开，分成上、下两部分，此时接受泡一端的水银柱示数即为所测温度。

提出水面立即读取水温（辅温读至一位小数，主温读至两位小数）。

5. 注意事项

测温要避开船只排水的影响。

监测人员手提水温计顶部，保持水温计垂直，读数时视线与水温计的毛细管顶端处在同一水平面，避免阳光的直接照射。

当现场气温高于 35℃ 时，水温计在水中的停留时间要适当延长，以达到温度平衡。当现场气温低于 -30℃ 时，从水温计离开水面至读数完毕应不超过 3s。

二、pH 值

用测量精度为 0.1 的 pH 计测定。测定前应清洗和校正仪器。

1. 试剂和材料

除非另有说明，分析时均使用符合国家标准的分析纯试剂。

（1）实验用水：新制备的去除二氧化碳的蒸馏水。将水注入烧杯中，煮沸 10min，加盖放置冷却。临用现制。

（2）标准缓冲溶液：购买市售合格标准缓冲溶液，按照说明书使用。pH 标准缓冲溶液发现有混浊、发霉或沉淀等现象时，不能继续使用。

（3）pH 广范试纸。

2. 仪器和设备

（1）采样瓶：聚乙烯瓶。

（2）酸度计：精度为 0.01 个 pH 单位，具有温度补偿功能，pH 值测定范围为 0~14。

（3）电极：分体式 pH 电极或复合 pH 电极。

（4）温度计：0~100℃。

（5）烧杯：聚乙烯或硬质玻璃材质。

3. 分析步骤

现场测定时必须使用带有自动温度补偿功能的仪器。带有自动温度补偿功能的仪器，无须将标准缓冲溶液与样品保持同一温度，按照仪器说明书进行操作。

按照使用说明书对电极进行活化和维护，确认仪器正常工作。现场测定应了解现场环境条件以及样品的来源和性质，初步判断是否存在强酸碱、高电解质、低电解质、高氟化物等干扰，并进行相应的准备。

使用 pH 广范试纸粗测样品的 pH 值，根据样品的 pH 值大小选择两种合适的校准用市售标准缓冲溶液。两种标准缓冲溶液 pH 值相差约 3 个 pH 单位。样品 pH 值尽量在两种标准缓冲溶液 pH 值范围之间，若超出范围，样品 pH 值至少与其中一个标准缓冲溶液 pH 值之差不超过 2 个 pH 单位。

采用两点校准法，按照仪器说明书选择校准模式，先用中性（或弱酸、弱碱）标准缓冲溶液，再用酸性或碱性标准缓冲溶液校准。

(1) 将电极浸入第一个标准缓冲溶液，缓慢水平搅拌，避免产生气泡，待读数稳定后（酸度计1min内读数变化小于0.05个pH单位即可视为读数稳定），调节仪器示值与标准缓冲溶液的pH值一致。

(2) 用蒸馏水冲洗电极并用滤纸边缘吸去电极表面水分，将电极浸入第二个标准缓冲溶液中，缓慢水平搅拌，避免产生气泡，待读数稳定后，调节仪器示值与标准缓冲溶液的pH值一致。

(3) 重复（1）操作，待读数稳定后，仪器的示值与标准缓冲溶液的pH值之差应≤0.05个pH单位，否则重复步骤（1）和（2），直至合格。

4. 样品测定

用蒸馏水冲洗电极并用滤纸边缘吸去电极表面水分，现场测定时根据使用的仪器取适量样品，将样品沿杯壁倒入烧杯中，立即将电极浸入样品中，缓慢水平搅拌，避免产生气泡；或在地表水中直接测定。待读数稳定后记下pH值。具有自动读数功能的仪器可直接读取数据。每个样品测定后用蒸馏水冲洗电极。

5. 结果表示

测定结果保留小数点后1位，并注明样品测定时的温度。当测量结果超出测量范围（0～14）时，以"强酸，超出测量范围"或"强碱，超出测量范围"报出。

三、溶解氧（DO）

溶解氧指溶解在水中的分子态氧，通常记作DO，用每升水中氧的含量（mg/L）和饱和度（%）表示。溶解氧的饱和含量与空气中氧的分压、大气压、水温和水质有密切的关系。现场监测用电化学探头法。

1. 方法原理

溶解氧电化学探头是一个用选择性薄膜封闭的小室，室内有两个金属电极并充有电解质。氧和一定数量的其他气体及亲液物质可透过这层薄膜，但水和可溶性物质的离子几乎不能透过这层膜。将探头浸入水中进行溶解氧的测定时，由于电池作用或外加电压在两个电极间产生电位差，使金属离子在阳极进入溶液，同时氧气通过薄膜扩散在阴极获得电子被还原，产生的电流与穿过薄膜和电解质层的氧的传递速度成正比，即在一定的温度下该电流与水中氧的分压（或浓度）成正比。溶解氧电极结构如图3-5所示。

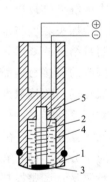

图 3-5 溶解氧电极结构
1—黄金阴极；2—银丝阳极；
3—薄膜；4—KCl溶液；5—壳体

2. 试剂和材料

除非另有说明，本标准所用试剂均使用符合国家标准的分析纯化学试剂，实验用水为新制备的去离子水或蒸馏水。

(1) 零点检查溶液：称取0.25g亚硫酸钠和约0.25mg钴（Ⅱ）盐，溶解于250mL蒸馏水中。临用时现配。

(2) 饱和溶氧水：在指定温度条件下，以1L/min的流量将空气通入蒸馏水并使其中的溶解氧达到饱和，静置一段时间使溶解氧达到稳定（通常，200mL水需要5～10min；

500mL 水需要 10~20min）。

（3）水饱和空气：在干净的 250mL 细口瓶中加入约 10mL 的蒸馏水，盖上瓶盖，快速摇晃 30s，之后在室温下平衡 30min 使溶解氧达到稳定。也可参照仪器说明书进行配制。

3. 仪器和设备

溶解氧测量仪包括测量探头和仪表。

（1）测量探头：原电池型（例如铅/银）或极谱型（例如银/金），探头上宜附有温度补偿装置。

（2）仪表：直接显示溶解氧的质量浓度或饱和度。

使用测量仪器时，应严格遵照仪器说明书的规定。

4. 仪器校准

优先按仪器说明书进行校准，也可按以下方式进行校准。

（1）仪器开机，等待仪器完成极化（极谱式电极），确保仪器能够正常工作。

（2）零点校准：当测量的溶解氧浓度水平低于 1mg/L（或 10% 饱和度）时，或者当更换溶解氧膜罩或内部的填充电解液时，需要进行零点检查和调整。将电极浸入零点检查溶液，将指示值调整为零点。若仪器具有零点补偿功能，则不必调整零点。

（3）饱和溶解氧校准：将电极浸入饱和溶氧水或水饱和空气中，在用磁力搅拌器搅拌（仅测定饱和溶氧水时）的同时，待仪器示值稳定后，测定饱和溶氧水或水饱和的空气温度（准确至 ±0.1℃）以及当前位置气压，根据饱和溶解氧浓度值调整显示值。

仪器 10s 内变化不超过 0.1mg/L 即可视为示值稳定。

5. 现场测试步骤

将溶解氧电极投入待测水体中，不能有空气泡截留在膜上，达到待测深度，停留足够的时间，待探头温度与水温达到平衡，且数字显示稳定时读数。必要时，根据所用仪器的型号及对测量结果的要求，检验水温、气压或含盐量，并对测量结果进行校正。

探头的膜接触样品时，样品要保持一定的流速，防止与膜接触的瞬间将该部位样品中的溶解氧耗尽，使读数发生波动。

对于流动样品（例如河水），应检查水样是否有足够的流速（不得小于 0.3m/s），若水流速低于 0.3m/s 需在水样中往复移动探头，或者取分散样品进行测定。

对于分散样品，容器应能密封以隔绝空气并带有搅拌器。将样品充满容器至溢出，密闭后进行测量。调整搅拌速度，使读数达到平衡后保持稳定，并不得夹带空气。

6. 结果计算

溶解氧的质量浓度以每升水中氧的含量（mg/L）表示。必要时进行温度校正、气压校正、盐度修正。

四、电导率（盐度）

1. 相关概念及测定原理

（1）电导率　电导率是以数字的形式表示溶液的导电能力，和电阻率互为倒数关系。水溶液的电导率取决于离子的性质和浓度、溶液的温度和黏度。电导率标准单位是 S/m（西门子/米），常用单位 $\mu S/cm$，换算关系为 $1S/m = 10000\mu S/cm$。当两个电极插入溶液中，可以测出两电极间的电阻 R，由于电导是电阻的倒数，因此根据欧姆定律，温度一定时，这个电阻值与电极的间距 L（cm）成正比，与电极的截面积 A（cm^2）成反比，即 $R=\rho L/A$。由于电极间距 L 和电极截面积 A 都是固定不变的，故 L/A 为常数，用 Q 表示，称为电导池常数。比例常数 ρ 称作电阻率，其倒数 $1/\rho$ 称为电导率，用 K 表示。

$$S=1/R=1/\rho Q$$

式中，S 表示电导度，反映导电能力的强弱。所以

$$K=QS=Q/R$$

已知电导池常数，测出电阻后，即可求得电导率。

（2）盐度　海水的绝对盐度（SA）是海水中溶质的质量与海水质量的比值，无法直接测量。因此引入由相对电导率计算盐度的定义，即采用高纯度的 KCl，用称量法制备成一定浓度32.4356‰的溶液，在15℃、101.325kPa 下作为盐度的准确参考标准，其盐度标记为35‰，实用盐度标记为35，无量纲。

2. 仪器校准

优先按仪器说明书进行校准，也可按以下方式进行校准。

（1）开机启动仪器，确认测试仪器可以正常开机。预热 10min。

（2）零点校准：取出电极，用纯水仔细冲洗电极并用滤纸吸干，然后将电极浸入装有纯水的聚乙烯烧杯中；将指示值调整为零点。

（3）量程校准：用滤纸吸干电极上的纯水，将电极浸入另一个装有电导率标准样品的聚乙烯烧杯中，将指示值调整至标准溶液标准值。每次更换标准溶液时应用纯水彻底冲洗电极并用滤纸吸干。仪器校准后应将电极用蒸馏水充分淋洗，然后用滤纸吸干，保存待用。

3. 现场测试步骤

优先按仪器说明书进行测定，也可按以下方式进行测定。

开机启动仪器，确认测试仪器可以正常开机。选择合适测试范围档位，并检查仪器其他参数设置是否正确，预热 10min。

选用接近于现场水样电导率水平的有证标准样品或标准物质（现场水样的 0.5～2 倍范围内，且与校准液不为同一品牌）对仪器进行核查，误差不应超过 ±1%，核查通过后方可使用。仪器示值 10 s 内读数变化不超过 1% 可视为示值稳定。

将电导率测试电极投入水中，达到待测深度，缓慢搅动电极，同时观察测量值，待仪器示值稳定后，记录电导率和盐度的测定值。

五、透明度

透明度是指水样的澄清程度，洁净的水是透明的，水中存在悬浮物和胶体时，透明度便降低。透明度与浊度相反，水中悬浮物越多，其透明度就越低。

透明度一般用塞氏盘法测定。透明度盘（又称塞氏圆盘）为直径 200mm 的白铁片圆板，板面从中心平分为四个部分，黑白相间，中心穿一带铅锤的铅丝，上面系一用 cm 标记的细绳。

测定时，将透明度盘平放入水中，逐渐下沉，到刚好看不到盘面的白色时，记录深度（cm），即为水的透明度。

现场测试步骤：监测人员裸眼视力或矫正视力须在 1.0 以上。测量时监测人员应尽可能

接近水面，不可在桥上或岸边测量。测量时应尽量避开水草、垃圾、油膜等杂物的干扰。测定透明度前需测定水深，并记录。将盘在背光处平放入水中，逐渐下沉，至不能看见盘面的白色。在"刚好看见"与"刚好不能看见"之间上下多次移动，以确认"刚好不能看见的位置"，记取其尺度，以 cm 为单位。重复测量两次，分别记录透明度测定值，上报平均值。透明度观测只在白天进行，观测地点应选在背阳光处。观测工作应在透明度盘的垂直上方进行，若水流较快导致盘面倾斜时，需增加配重，保证盘面水平、吊绳垂直。透明度盘如图 3-6 所示。

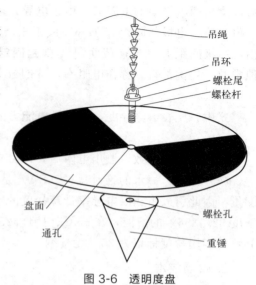

图 3-6 透明度盘

六、浊度

浊度也称浑浊度，是由于水中对光有散射作用物质的存在，而引起液体透明度降低的一种量度。水中悬浮物及胶体微粒会散射和吸收通过样品的光线，光线的散射现象产生浊度，利用样品中微粒物质对光的散射特性表征浊度，测量结果单位为 NTU（散射浊度单位）。

1. 方法原理

利用一束稳定光源光线通过盛有待测样品的样品池，传感器处在与发射光线垂直的位置上测量散射光强度。光束射入样品时产生的散射光的强度与样品中浊度在一定浓度范围内成比例关系。

2. 试剂和材料

除非另有说明，分析时均使用符合国家标准的分析纯试剂。

（1）实验用水：蒸馏水或其他纯水。其浊度应低于方法检出限，否则须经滤膜过滤后使用。

（2）浊度标准贮备液：4000NTU。称取 5.0g（准确至 0.01g）六次甲基四胺和 0.5g（准确至 0.01g）硫酸肼，分别溶解于 40mL 实验用水中，合并转移至 100mL 容量瓶中，用实验用水稀释定容至标线。在 25℃±3℃下水平放置 24h，制备成浊度为 4000NTU 的浊度标准贮备液。在室温条件下避光可保存 6 个月。也可购买市售有证标准样品。

（3）浊度标准使用液：400NTU。将浊度标准贮备液摇匀后，准确移取 10.00mL 至 100mL 容量瓶中，用实验用水稀释定容至标线，摇匀，制备成浊度为 400NTU 的浊度标准使用液。在 4℃以下冷藏条件下避光可保存 1 个月。

3. 仪器自检

按照仪器说明书打开仪器预热，仪器进行自检后，进入测量状态。

4. 校准

将实验用水倒入样品池内，对仪器进行零点校准。按照仪器说明书将浊度标准使用液稀释成不同浓度点，分别润洗样品池数次后，缓慢倒至样品池刻度线。按仪器提示或仪器使用说明书的要求进行标准系列校准。选择浊度值接近于待测水样的有证标准样品或标准物质

（100NTU 或 400NTU，且与校准液不为同一品牌）对仪器进行核查，误差不应超过±5%，核查通过后方可使用，并填写对应的记录。

5. 样品测定

将样品摇匀，待可见的气泡消失后，用少量样品润洗样品池数次。将完全均匀的样品缓慢倒入样品池内，至样品池的刻度线即可。持握样品池位置尽量在刻度线以上，用柔软的无尘布擦去样品池外的水和指纹。将样品池放入仪器读数时，应将样品池上的标识对准仪器规定的位置。按下仪器测量键，待读数稳定后记录。取三个平行样进行监测，三次监测结果相对偏差不应超过±5%，分别记录测定值，上报中位值。

超过仪器量程范围的样品，可用实验用水稀释后测量。

6. 空白测定

按照与样品测定相同的测量条件进行实验用水的测定。

7. 结果计算与表示

一般仪器都能直接读出测量结果，无需计算。经过稀释的样品，读数乘稀释倍数，即为样品的浊度值。

当测定结果小于 10NTU 时，保留小数点后一位；测定结果大于等于 10NTU 时，保留至整数位。

七、其他现场监测项目

1. 氧化还原电位

用铂电极和甘汞电极以 mV 计或 pH 计测定。

2. 水样感官指标的描述

颜色：用相同的比色管，分取等体积的水样和蒸馏水作比较，进行定性描述。

水的气味（嗅）、水面有无油膜等均应作现场记录。

3. 水文参数

水文测量应按 GB 50179《河流流量测验规范》进行。潮汐河流各点位采样时，还应同时记录潮位。

4. 气象参数

气象参数有气温、气压、风向、风速和相对湿度等。

实训操作：现场监测方案设计

1. 监测指标

（1）河流断面现场监测指标包括水温、pH、溶解氧、电导率和浊度。感潮断面增测盐度。

（2）湖库点位现场监测指标包括水温、pH、溶解氧、电导率、透明度和浊度。

2. 统一要求

原则上采用原位监测，受地形影响、水流流速大、线缆长度不足、恶劣天气等不利因素影响，无法实施原位监测的，可根据监测方案将样品采集后立刻进行现场测试。

取样监测时，取样用于监测的水样体积不小于5L，不得在采样器内进行监测。取样监测时优先监测溶解氧和浊度，然后测其他指标。现场采集样品时，如果环境温度过低，样品进入容器内即结冰，无法全部完成现场监测项目测定及其他现场操作，应立即将水样运送至采样车上或室内进行现场监测项目测定。采样器需提前洗净、干燥，现场不用水样荡洗，单独使用，不可与其他断面采样器混用，样品采集时不能曝气。

所有现场监测设备须由有资质的部门进行检定或校准，并在有效期内使用。所有现场监测设备需保证一用一备。

现场监测设备（水温计、透明度盘除外）校核通过后方可开展现场监测，并做好记录，随仪器携带。

原始记录填报数据不进行修约，直接上报仪器示值。

发现现场监测数据异常时，监测人员需按现场监测异常数据处置技术要求进行核实。现场监测异常数据处置技术要求见图3-7。

3. 现场监测设备管理

由于现场环境多变，监测设备的故障率要比实验室设备的故障率高很多，应指派专人来负责现场监测设备的维护与保养，定期开展现场监测设备校准、检定。

4. 现场监测人员的培训

监测前对现场监测人员进行监测技术规范、方法标准、现场监测仪器的正确使用、作业指导书等业务培训、岗位技能培训。

5. 现场监测数据的记录与审核

（1）原始记录填写质量控制　现场监测的条件较为恶劣且具有不确定性，现场应着重审核原始环境样品采样记录是否全面、及时、完整、规范地填写。

（2）现场监测数据的审核　现场监测结束后，现场监测数据需经过计算、校核与审核三个过程。

6. 监测过程中调整

当出现监测环境不安全、监测质量控制不满足、现场及周边干扰、监测过程中观察到异常情况、监测结果出现异常等情况时，及时对监测过程进行分析评估，按照安全第一、解决

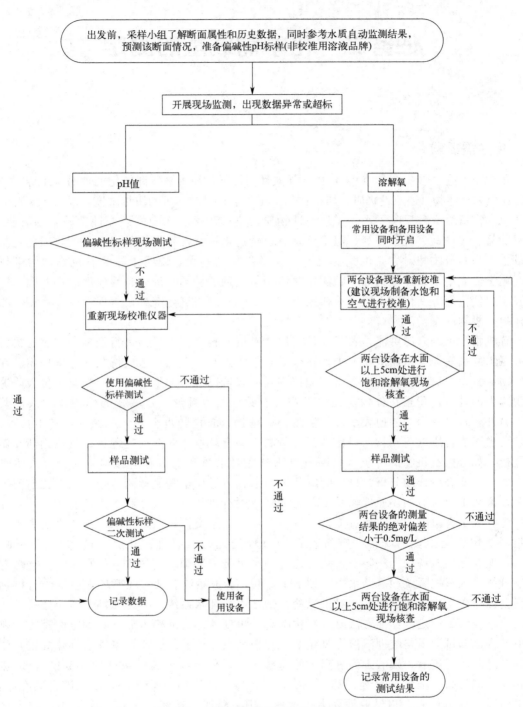

图 3-7 现场监测异常数据处置技术要求

问题、方便可行、变化影响小的原则及时调整解决,并立即实施。

7. 恢复监测现场

将监测过程中改变的现场环境,恢复到监测前状态。

任务二 化学需氧量的测定

一、化学需氧量

化学需氧量（通常记作 COD）：指在强酸性条件下，经重铬酸钾氧化处理时，水样中的溶解性物质和悬浮物（还原性物质）所消耗的重铬酸盐相对应的氧的质量浓度，以 mg/L 表示。

化学需氧量大致反映了水体受还原性物质污染的程度。水中的还原性物质包括有机物、亚硝酸盐、亚铁盐、硫化物等，但主要是有机物。水被有机物污染是很普遍的，因此化学需氧量也作为有机物相对含量的指标之一，化学需氧量越大，说明水体受有机物的污染越严重。化学需氧量是条件性指标，随测定时所用氧化剂的种类、浓度、反应温度和时间、溶液的酸度、催化剂等变化而不同。重铬酸钾（$K_2Cr_2O_7$）法氧化率高，再现性好，适用于测定水样中有机物的总量。

有机物污染的来源可能是农药、化工厂、有机肥料等。如果不进行处理，许多有机污染物可在水底被底泥吸附而沉积下来，在今后若干年内对水生生物造成持久的毒害作用。在水生生物大量死亡后，河中的生态系统即被摧毁。人若以水中的生物为食，则会大量吸收这些生物体内的毒素，积累在体内，这些毒物常有致癌、致畸形、致突变的作用，对人极其危险。另外，若以受污染的地表水进行灌溉，则植物、农作物也会受到影响，容易生长不良，而且人也不能食用这些作物。但化学需氧量高不一定就意味着有前述危害，具体判断要做详细分析，如分析有机物的种类，判断有机物到底对水质和生态有何影响，是否对人体有害等。如果不能进行详细分析，也可间隔几天对水样再做化学需氧量测定，如果对比前值下降很多，说明水中含有的还原性物质主要是易降解的有机物，对人体和生物危害相对较轻。

含有大量有机物的水在通过除盐系统时会污染离子交换树脂，特别容易污染阴离子交换树脂，使树脂交换能力降低。有机物在经过预处理时（混凝、澄清和过滤），约可减少 50%，但在除盐系统中无法除去，故常通过补给水带入锅炉，使炉水 pH 值降低。有时有机物还可能进入蒸汽系统和凝结水中，使 pH 降低，造成系统腐蚀。在循环水系统中有机物含量高会促进微生物繁殖。因此，对于除盐、炉水或循环水系统，COD 都是越低越好。

化学需氧量测定的标准方法要求氧化率高、再现性好、准确可靠，其测定原理为：在水样中加入已知量的重铬酸钾溶液为氧化剂，并在强酸（硫酸）介质下以银盐（硫酸银）作催化剂，经沸腾回流后，硫酸汞为氯离子的掩蔽剂，消解反应液硫酸浓度为 9mol/L，加热使消解反应液沸腾，消解温度为 148℃±2℃，以水冷却回流加热反应 2h，消解液自然冷却后，加水稀释至约 140mL，以试亚铁灵为指示剂，用硫酸亚铁铵滴定水样中未被还原的重铬酸钾，由消耗的重铬酸钾的量计算出消耗氧的质量浓度，即 COD 值。反应如下：

$$Cr_2O_7^{2-} + 14H^+ + 6Fe^{2+} = 2Cr^{3+} + 6Fe^{3+} + 7H_2O$$

然而这一经典标准方法还是存在不足之处，如：回流装置占的实验空间大，水、电消耗较大，试剂用量大，操作不便，难以大批量快速测定。经典 COD 测定冷凝回流装置如图 3-8 所示。

其他等效冷凝回流装置主要有两种，一是用上端带水冷球的刺型冷凝管冷凝、用自动温控电热板精确控温加热、采用风冷加水冷双重冷却方式等措施防止挥发性有机物损失，如图 3-9。另一种是用专用恒温加热器配专用加热管和空气冷凝管，如图 3-10 和图 3-11。

图 3-8　经典 COD 测定冷凝回流装置

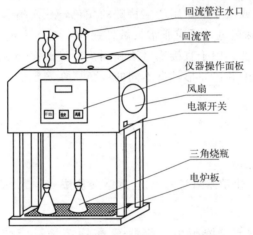

图 3-9　COD 测定等效冷凝回流装置

图 3-10　COD 恒温加热器

图 3-11　COD 加热管与空气冷凝管

二、氧化还原滴定

氧化还原滴定法是以溶液中氧化剂和还原剂之间的电子转移为基础的一种滴定分析方法。与酸碱滴定法和配位滴定法相比较，氧化还原滴定法应用非常广泛，不仅可用于无机分析，而且可以广泛用于有机分析，许多具有氧化性或还原性的有机化合物可以用氧化还原滴定法来加以测定。

氧化还原滴定法以氧化剂或还原剂为滴定剂，直接滴定一些具有还原性或氧化性的物质；或者间接滴定一些本身并没有氧化还原性，但能与某些氧化剂或还原剂起反应的物质。氧化滴定剂有高锰酸钾、重铬酸钾、硫酸铈、碘、碘酸钾、高碘酸钾、溴酸钾、铁氰化钾、氯胺等；还原滴定剂有亚砷酸钠、亚铁盐、氯化亚锡、抗坏血酸、亚铬盐、亚钛盐、亚铁氰化钾、肼类等。

在氧化还原滴定中，往往需要在滴定之前，先将被测组分氧化或还原到一定的价态，然后进行滴定。这一步骤称为预先氧化或还原处理。通常要求预处理时所用的氧化剂或还原剂与被测物质的反应进行完全，反应快，过量的试剂容易除去，并要求反应具有一定的选择性。

在氧化还原滴定法中，常用指示剂有三类：①自身指示剂，有些标准溶液本身具有颜色，滴定时无需再加指示剂，只要标准溶液稍微过量一点，根据标准溶液本身颜色的出现或消失，即可指示滴定终点的到达，例如 $KMnO_4$ 标准溶液；②特殊指示剂，本身不具备氧化还原性，但可以与氧化剂或还原剂作用产生特殊的颜色，从而指示滴定终点，例如淀粉指示剂，淀粉溶液遇 I_3^- 产生深蓝色，反应非常灵敏，在 5.0×10^{-6} mol/L I_3^- 溶液中也能呈现显著的蓝色，反应具有可逆性，用于直接碘量法和间接碘量法；③氧化还原指示剂，本身是一种氧化剂或还原剂，氧化形和还原形具有不同的颜色，在滴定中，因为被氧化或还原而发生颜色突变来指示滴定终点。

三、测定方法

1. 实验方法

HJ 828—2017《水质 化学需氧量的测定 重铬酸盐法》。

2. 仪器和试剂

酸式滴定管、回流装置、浓硫酸、硫酸-硫酸银溶液、硫酸汞、重铬酸钾标准溶液（0.250mol/L、0.0250mol/L）、硫酸亚铁铵溶液（待标定）、试亚铁灵指示液、人造沸石。

3. 实验步骤

（1）采样：采取具有代表性的水样，水样要采集在玻璃瓶中，尽快分析。

（2）回流：①清洗所用的仪器；②水样充分摇匀；③取混合均匀的水样至磨口回流锥形瓶中，加入重铬酸钾标准溶液及数粒小玻璃珠或沸石；④安装好回流装置（注意装置的稳定性、冷凝水的接口）；⑤将回流锥形瓶与磨口回流冷凝管相接，打开冷凝水进水开关，从冷凝管上口慢慢地加入硫酸-硫酸银溶液，轻轻摇动锥形瓶使溶液混合，加热回流 2h（自开始沸腾时计时）；⑥冷却后，用蒸馏水冲洗冷凝管壁，取下锥形瓶。（溶液总体积不得少于140mL，否则因酸度太大，滴定终点不明显）。

（3）水样滴定：溶液冷却至室温后，加试亚铁灵指示液，用硫酸亚铁铵溶液滴定，溶液的颜色由黄色经蓝绿色至红褐色即为终点，记录硫酸亚铁铵标准溶液的用量 V。

（4）空白实验：测定水样的同时，以蒸馏水，按同样操作步骤做空白试验。记录滴定空白时硫酸亚铁铵标准溶液的用量 V_0。

（5）硫酸亚铁铵浓度的标定。

（6）数据的处理。

实训操作：化学需氧量的测定

1. 试剂和材料

除非另有说明，实验时所用试剂均为符合国家标准的分析纯试剂，实验用水均为新制备的超纯水、蒸馏水或同等纯度的水。

(1) 硫酸（H_2SO_4）：$\rho=1.84g/mL$，优级纯。

(2) 重铬酸钾（$K_2Cr_2O_7$）：基准试剂，取适量重铬酸钾在105℃烘箱中干燥至恒重。

(3) 硫酸银（Ag_2SO_4）。

(4) 硫酸汞（$HgSO_4$）。

(5) 硫酸亚铁铵［$(NH_4)_2Fe(SO_4)_2 \cdot 6H_2O$］。

(6) 邻苯二甲酸氢钾（$KHC_8H_4O_4$）：基准试剂。

(7) 七水合硫酸亚铁（$FeSO_4 \cdot 7H_2O$）。

(8) 硫酸溶液：$1+9(V/V)$。

(9) 重铬酸钾标准溶液：

① 重铬酸钾标准溶液：$c(\frac{1}{6}K_2Cr_2O_7)=0.250mol/L$。

准确称取12.258g重铬酸钾溶于水中，定容至1000mL。

② 重铬酸钾标准溶液：$c(\frac{1}{6}K_2Cr_2O_7)=0.0250mol/L$。

将0.250mol/L重铬酸钾标准溶液稀释10倍。

(10) 硫酸银-硫酸溶液。

称取10g硫酸银，加到1L硫酸中，放置1~2d使之溶解，并混匀，使用前小心摇匀。

(11) 硫酸汞溶液：$\rho=100g/L$。

称取10g硫酸汞，溶于100mL硫酸溶液中，混匀。

(12) 硫酸亚铁铵标准溶液：

①硫酸亚铁铵标准溶液：$c[(NH_4)_2Fe(SO_4)_2 \cdot 6H_2O]\approx 0.05mol/L$。

称取19.5g硫酸亚铁铵溶解于水中，加入10mL硫酸，待溶液冷却后稀释至1000mL。

每日临用前，必须用重铬酸钾标准溶液准确标定硫酸亚铁铵溶液的浓度；标定时应做平行双样。

取5.00mL重铬酸钾标准溶液置于锥形瓶中，用水稀释至约50mL，缓慢加入15mL硫酸，混匀，冷却后加入3滴（约0.15mL）试亚铁灵指示剂，用硫酸亚铁铵溶液滴定，溶液的颜色由黄色经蓝绿色变为红褐色即为终点，记录硫酸亚铁铵溶液的消耗量V(mL)。硫酸亚铁铵标准溶液浓度按下式计算：

$$c(mol/L)=\frac{5.00mL\times 0.250mol/L}{V}$$

② 硫酸亚铁铵标准溶液：$c[(NH_4)_2Fe(SO_4)_2 \cdot 6H_2O]\approx 0.005mol/L$。

将0.05mol/L硫酸亚铁铵标准溶液稀释10倍，用重铬酸钾标准溶液标定，其滴定步骤及浓度计算与上同。每日临用前标定。

(13) 邻苯二甲酸氢钾标准溶液：$c(KHC_8H_4O_4) = 2.0824\text{mmol/L}$。

称取105℃干燥2h的邻苯二甲酸氢钾0.4251g溶于水，并稀释至1000mL，混匀。

以重铬酸钾为氧化剂，将邻苯二甲酸氢钾完全氧化的COD_{Cr}值为1.176g氧/g（即1g邻苯二甲酸氢钾耗氧1.176g），故该标准溶液的理论COD_{Cr}值为500mg/L。

(14) 试亚铁灵指示剂溶液。

溶解0.7g七水合硫酸亚铁于50mL水中，加入1.5g 1,10-菲绕啉（商品名为邻菲罗啉、1,10-菲罗啉等），搅拌至溶解，稀释至100mL。

(15) 防爆沸玻璃珠。

2. 仪器和设备

(1) 回流装置：带有250mL磨口锥形瓶的全玻璃回流装置，可选用水冷或风冷全玻璃回流装置，其他等效冷凝回流装置亦可。

(2) 加热装置：电炉或其他等效消解装置。

(3) 分析天平：感量为0.0001g。

(4) 酸式滴定管：25mL或50mL。

3. 样品采集与保存

采集水样的体积不得少于100mL。采集的水样应置于玻璃瓶中，并尽快分析。如不能立即分析，应加入硫酸至pH<2，置于4℃下保存，保存时间不超过5d。

4. 分析步骤

(1) COD_{Cr}浓度≤50mg/L的样品

① 样品测定。取10.0mL水样于锥形瓶中，依次加入硫酸汞溶液、0.0250mol/L重铬酸钾标准溶液5.00mL和几颗防爆沸玻璃珠，摇匀。硫酸汞溶液按质量比$m(HgSO_4):m(Cl^-)\geqslant 20:1$的比例加入，最大加入量为2mL。

将锥形瓶连接到回流装置冷凝管下端，从冷凝管上端缓慢加入15mL硫酸银-硫酸溶液，以防止低沸点有机物的逸出，不断旋动锥形瓶使之混合均匀。自溶液开始沸腾起保持微沸回流2h。若为水冷装置，应在加入硫酸银-硫酸溶液之前通入冷凝水。回流并冷却后，自冷凝管上端加入45mL水冲洗冷凝管，取下锥形瓶。

溶液冷却至室温后，加入3滴试亚铁灵指示剂溶液，用0.005mol/L硫酸亚铁铵标准溶液滴定，溶液的颜色由黄色经蓝绿色变为红褐色即为终点。记录硫酸亚铁铵标准溶液的消耗体积V_1。

注：样品浓度低时，取样体积可适当增加，同时其他试剂量也应按比例增加。

② 空白试验。按上述相同的步骤以10.0mL实验用水代替水样进行空白试验，记录空白滴定时消耗硫酸亚铁铵标准溶液的体积V_0。

注：空白试验中硫酸银-硫酸溶液和硫酸汞溶液的用量应与样品中的用量保持一致。

(2) COD_{Cr}浓度>50 mg/L的样品

① 样品测定。取10.0mL水样于锥形瓶中，依次加入硫酸汞溶液、0.250mol/L重铬酸钾标准溶液5.00mL和几颗防爆沸玻璃珠，摇匀。其他操作与上相同。

待溶液冷却至室温后，加入3滴试亚铁灵指示剂溶液，用0.05mol/L硫酸亚铁铵标准溶液滴定，溶液的颜色由黄色经蓝绿色变为红褐色即为终点。记录硫酸亚铁铵标准溶液的消耗体积V_1。

注：对于污染严重的水样，可选取所需体积1/10的水样放入硬质玻璃管中，加入1/10的试剂，摇匀

后加热至沸腾数分钟，观察溶液是否变成蓝绿色。如呈蓝绿色，应再适当少取水样，直至溶液不变蓝绿色为止，从而可以确定待测水样的稀释倍数。

② 空白试验。按上述相同步骤以 10.0mL 实验用水代替水样进行空白试验，记录空白滴定时消耗硫酸亚铁铵标准溶液的体积 V_0。

5. 结果计算与表示

(1) 结果计算　按下式计算样品中化学需氧量的质量浓度 ρ(mg/L)。

$$\rho = \frac{C \times (V_0 - V_1) \times 8000}{V_2} \times f$$

式中　C——硫酸亚铁铵标准溶液的浓度，mol/L；

　　　V_0——空白试验所消耗的硫酸亚铁铵标准溶液的体积，mL；

　　　V_1——水样测定所消耗的硫酸亚铁铵标准溶液的体积，mL；

　　　V_2——加热回流时所取水样的体积，mL；

　　　f——样品稀释倍数；

　　8000——$\frac{1}{4}O_2$ 的摩尔质量以 mg/L 为单位的换算值。

(2) 结果表示　当 COD_{Cr} 测定结果小于 100mg/L 时保留至整数位；当测定结果大于或等于 100mg/L 时，保留三位有效数字。

6. 注意事项

(1) $K_2Cr_2O_7$ 氧化性很强，可将大部分有机物氧化，但吡啶不被氧化，芳香族有机物不易被氧化。挥发性直链脂肪族化合物、苯等有机物存在于蒸气相，不能与氧化剂液体接触，氧化不明显。在硫酸银催化作用下，直链脂肪族化合物可有效地被氧化。

(2) 氯离子能被 $K_2Cr_2O_7$ 氧化，并与硫酸银作用生成沉淀，影响测定结果，因此在回流前要加入适量的硫酸汞去除。若氯离子含量过高应先稀释水样。

(3) 无机还原性物质如亚硝酸盐、硫化物和二价铁盐等将使测定结果增大，其需氧量也是 COD 的一部分。

(4) 硫酸汞属于剧毒化学品，硫酸也具有较强的化学腐蚀性，操作时应在通风橱内进行操作，按规定要求佩戴防护器具，避免接触皮肤和衣服，若含硫酸溶液溅出，应立即用大量清水清洗；检测后的残渣残液应做妥善的安全处理。

(5) 采用浓硫酸和重铬酸盐处理和消解样品，需穿防护衣，佩戴防护手套，保护好面部。当溶液泼洒时，即刻用大量清水冲洗。

(6) 溶液消解时应保证消解装置均匀加热，使溶液缓慢沸腾，但不宜爆沸。如出现爆沸，说明溶液中出现局部过热，会导致测定结果有误。爆沸的原因可能是加热过于激烈，或是防爆沸玻璃珠的效果不好；如消解过程中未出现沸腾，溶液可能未被完全消解，可能会导致测定结果有误。

(7) 试亚铁灵的加入量虽然不影响临界点，但还是应该尽量一致。当溶液的颜色先变为蓝绿色再变到红褐色即达到终点，但还会存在几分钟后重现蓝绿色的情况，此时需补充滴定，直至红褐色达到终点。

(8) 要充分保证冷凝效果，冷却出水时用手摸冷凝管上段不能有温感，否则测定结果会偏低。

任务三 五日生化需氧量的测定

生化需氧量（BOD）是水中有机物等需氧污染物质含量的一个综合指标，说明水中有机物由于微生物的生化作用进行氧化分解，无机化或气体化时所消耗水中溶解氧的总量。一般有机物都可以被微生物所分解，但微生物分解水中的有机化合物时需要消耗氧，如果水中的溶解氧不足以供给微生物的需要，水体就处于污染状态。

五日生化需氧量

BOD是反映水体被有机物污染程度的综合指标，也是研究污水的可生化降解性和生化处理效果，以及生化处理污水工艺设计和动力学研究中的重要参数。BOD测定结果有助于决定氧的总体吸收模式。这可让操作者评估污水处理厂运行效率和决定正确的处理程序。

BOD就是水中有机物在好氧微生物生物化学氧化作用下所消耗的溶解氧的量，以氧的mg/L表示。水体发生生物化学过程必备的条件是好氧微生物、足够的溶解氧、能被微生物利用的营养物质。有机物在微生物作用下好氧分解分为两个阶段，第一阶段称为含碳物质氧化阶段，主要是含碳有机物氧化为二氧化碳和水；第二阶段称为硝化阶段，主要是含氮有机物在硝化菌的作用下分解为亚硝酸盐和硝酸盐。两个阶段分主次且同时进行，硝化阶段大约在5~7d甚至10d以后才显著进行，故目前国内外广泛采用在20℃五天培养法，其测定的消耗氧量称为五日生化需氧量，即BOD_5。

生化需氧量是指在规定的条件下，微生物分解水中的某些可氧化的物质，特别是分解有机物的生物化学过程消耗的溶解氧。通常情况下是指水样充满完全密闭的溶解氧瓶中，在（20±1）℃的暗处培养5d±4h或(2+5)d±4h[先在0~4℃的暗处培养2d，接着在（20±1）℃的暗处培养5d，即培养(2+5)d]，分别测定培养前后水样中溶解氧的质量浓度，由培养前后溶解氧的质量浓度之差，计算每升样品消耗的溶解氧量，以BOD_5形式表示。

若样品中的有机物含量较多，BOD_5的质量浓度大于6mg/L，样品需适当稀释后测定；对不含或含微生物少的工业废水，如酸性废水、碱性废水、高温废水、冷冻保存的废水或经过氯化处理等的废水，在测定BOD_5时应进行接种，以引进能分解废水中有机物的微生物。当废水中存在难以被一般生活污水中的微生物以正常速度降解的有机物或含有剧毒物质时，应将驯化后的微生物引入水样中进行接种。

一、稀释水与接种稀释水

1. 稀释水

特制的、用于稀释水样的水通称为稀释水，是专门为满足水体生物化学过程的三个条件而配制的。配制时，取一定体积的蒸馏水，加氯化钙、氯化铁、硫酸镁等用于微生物繁殖的营养物，用磷酸盐缓冲液调 pH 值至 7.2，充分曝气，使溶解氧近饱和，达 8mg/L 以上。

2. 接种液

可选择以下任一方法以获得适用的接种液：

（1）城市污水，一般采用生活污水，在室温下放置一昼夜，取上清液供用。

（2）表层土壤浸出液，取 100g 花园或动植物生长土壤加入 1L 水，混合并静置 10min，取上清液供用。

（3）含城市污水的河水或湖水。

（4）污水处理厂的出水。

（5）对于某些含有不易被一般微生物所分解的有机物的工业废水，需要进行微生物的驯化。这种驯化的微生物种群最好从接种污水的水体中取得。为此可以在排水口以下 3～8km 处取得水样，经培养接种到稀释水中；也可用人工方法驯化，采用一定量的生活污水，每天加入一定量的待测污水，连续曝气培养，直至培养出含有可分解污水中有机物的微生物种群为止。

3. 接种稀释水

分取适量接种液，加入稀释水中，混匀。每升稀释水中接种液加入量为：生活污水 1～10mL，或表层土壤浸出液 20～30mL，或河水、湖水 10～100mL。接种稀释水配制后应立即使用。

二、培养与测定

1. 实验方法

HJ 505—2009《水质　五日生化需氧量（BOD_5）的测定　稀释与接种法》。

2. 仪器和试剂

恒温培养箱、溶解氧瓶、滴定装置、虹吸管、硫酸锰溶液、碱性碘化钾溶液、硫代硫酸钠溶液。

3. 实验步骤

（1）用双层采样器采集有代表性的水样。

（2）用虹吸法将水样转移到溶解氧瓶内，注意不要产生气泡，并水封，共装两瓶；在瓶上贴好标签。

（3）将其中一瓶放入恒温培养箱中（20℃±1℃），培养五天，五天后测水样的溶解氧 DO_2。

（4）立即测定另外一瓶水样的溶解氧 DO_1。

三、溶解氧的测定

溶解于水中的分子态氧称为溶解氧。水中溶解氧的含量与大气压力、水温及含盐量等因素有关。大气压力下降、水温升高、含盐量增加，都会导致溶解氧含量降低。清洁地表水溶解氧接近饱和。当有大量藻类繁殖时，溶解氧可能过饱和；当水体受到有机物质、无机还原物质污染时，会使溶解氧含量降低，甚至趋于零，此时厌氧细菌繁殖活跃，水质恶化。水中溶

溶解氧样品采集

解氧低于 3～4mg/L 时，许多鱼类呼吸困难；继续减少，则会使鱼类窒息死亡。一般规定水体中的溶解氧至少在 4mg/L 以上。在废水生化处理过程中，溶解氧也是一项重要控制指标。

在水样中加入硫酸锰和碱性碘化钾，水中的溶解氧将二价锰氧化成四价锰，并生成氢氧化物沉淀。加酸后，沉淀溶解，四价锰又可氧化碘离子而释放出与溶解氧量相当的游离碘。以淀粉为指示剂，用硫代硫酸钠标准溶液滴定释放出的碘，可计算出溶解氧含量。反应式如下：

$$MnSO_4 + 2NaOH =\!=\!= Na_2SO_4 + Mn(OH)_2 \downarrow （白色）$$
$$2Mn(OH)_2 + O_2 =\!=\!= 2MnO(OH)_2 \downarrow （棕色沉淀，即亚锰酸 H_2MnO_3）$$
$$MnO(OH)_2 + 2H_2SO_4 =\!=\!= Mn(SO_4)_2 + 3H_2O$$
$$Mn(SO_4)_2 + 2KI =\!=\!= MnSO_4 + K_2SO_4 + I_2$$
$$2Na_2S_2O_3 + I_2 =\!=\!= 2NaI + Na_2S_4O_6（连四硫酸钠）$$

1. 仪器和试剂准备

（1）细口玻璃瓶（溶解氧瓶）：容量在 250～300mL 之间，校准至 1mL，每一个瓶和盖要有相同的号码。用称量法来测定每个细口瓶的体积。溶解氧瓶如图 3-12，双盖溶解氧瓶如图 3-13。

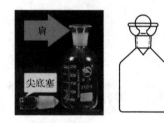

图 3-12　溶解氧瓶

图 3-13　双盖溶解氧瓶

（2）硫酸溶液（1+5）。

（3）硫酸锰溶液：无水硫酸锰 340g/L（或一水硫酸锰溶液 380g/L）。

（4）碱性碘化钾溶液：称取 500g 氢氧化钠溶解于 300～400mL 水中；另称取 150g 碘化钾溶于 200mL 水中，待氢氧化钠溶液冷却后，将两溶液合并，混匀，用水稀释至 1000mL。如有沉淀，则放置过夜后，倾出上层清液，贮于棕色瓶中，用橡皮塞塞紧，避光保存。此溶液酸化后，遇淀粉应不呈蓝色。

（5）硫代硫酸钠标准滴定液：$c(Na_2S_2O_3) \approx 10mmol/L$。将 2.5g 五水硫代硫酸钠溶解于新煮沸并冷却的水中，再加 0.4g 的氢氧化钠（NaOH），并稀释至 1000mL。溶液贮存于深色玻璃瓶中。

（6）10g/L 淀粉溶液：称取 1g 可溶性淀粉，用少量水调成糊状，再用刚煮沸的水稀释至 100mL。冷却后，加入 0.1g 水杨酸或 0.4g 氯化锌防腐。

（7）碘酸钾 $c\left(\dfrac{1}{6}KIO_3\right) = 10mmol/L$ 标准溶液。在 180℃ 干燥数克碘酸钾（KIO_3），称量 $3.567g \pm 0.003g$ 溶解在水中并稀释到 1000mL。将上述溶液吸取 100mL 移入 1000mL 容量瓶中，用水稀释至标线。

2. 实操步骤

（1）标定　在锥形瓶中用 100～150mL 的水溶解约 0.5g 的碘化钾或碘化钠（KI 或 NaI），加入 5mL 的（1+5）硫酸溶液，混合均匀，加 20.00mL 标准碘酸钾溶液，稀释至约 200mL，立即用硫代硫酸钠溶液滴定释放出的碘，当接近滴定终点时，溶液呈浅黄色，加 1mL 淀粉溶液，再滴定至完全无色。

每日标定一次溶液。

（2）溶解氧的固定　最好在现场立即向盛有样品的细口瓶中加 1mL 二价硫酸锰溶液和 2mL 碱性试剂。使用细尖头的移液管，将试剂加到液面以下，小心盖上塞子，避免把空气泡带入。将细口瓶上下颠倒转动几次，使瓶内的成分充分混合，静置沉淀最少 5min，然后再重新颠倒混合，保证混合均匀。

（3）游离碘　确保所形成的沉淀物已沉降在细口瓶下三分之一部分。

慢速加入 2mL 硫酸，盖上细口瓶盖，然后摇动瓶子，要求瓶中沉淀物完全溶解，并且碘已均匀分布。

（4）滴定　将细口瓶内的组分或其部分体积（V_1）转移到锥形瓶内，用硫代硫酸钠滴定，在接近滴定终点时，加 1mL 淀粉溶液，再滴定至完全无色。

3. 数据处理

（1）硫代硫酸钠浓度 c（单位：mmol/L）　由下式求出：

$$c = \frac{6 \times 20 \times 1.66}{V}$$

式中，V 为硫代硫酸钠溶液滴定量，mL。

（2）溶解氧含量 c_1（单位：mg/L）　由下式求出：

$$c_1 = \frac{M_r V_2 c f_1}{4 V_1}$$

式中　M_r——氧的分子量，$M_r = 32$；

V_1——滴定时样品的体积，mL，一般取 $V_1 = 100.00$mL；若滴定细口瓶内试样，则 $V_1 = V_0$；

V_2——滴定试样用去的硫代硫酸钠溶液的体积，mL；

c——硫代硫酸钠溶液的实际浓度，mol/L；

f_1——修正系数。

（3）修正系数 f_1　由下式求出：

$$f_1 = \frac{V_0}{V_0 - V'}$$

式中　V_0——细口瓶的体积，mL；

V'——硫酸锰溶液（1mL）和碱性试剂（2mL）体积的总和。

（4）细口瓶体积 V_0（mL）　由下式：

$$V_0 = m_1 - m_2$$

式中　m_1——水和瓶总质量的值；

m_2——空瓶质量的值。

（5）实验报告　结果取一位小数。填写表 3-1。

表 3-1　溶解氧测定实验数据记录表

	序号	1	2	3
标定	V			
	c			
	平均			
测定	瓶号			
	m_1			
	m_2			
	V_0			
	f			
	f_1			
	V_1			
	c_1			
	平均			

4. 注意事项

(1) 直接倾注会使样品接触空气，液面扰动时氧气容易溶入水样中，故采样时应该用软管（或虹吸管）插入溶解氧瓶底部，注入水样至水向外溢流瓶容积的 1/3～1/2（持续 10s 左右）；操作如图 3-14 所示。

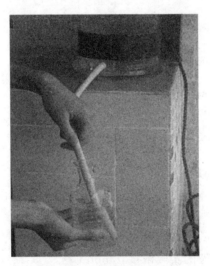

图 3-14　溶解氧样品采集

(2) 水样注满溶解氧瓶后应先盖好瓶塞并确认瓶内没有气泡，再翻转溶解氧瓶倾尽瓶肩内的水，之后才能打开瓶塞加入硫酸锰和碱性碘化钾。

(3) 为保证修正准确，应该用移液管准确加入 1mL 硫酸锰和 2mL 碱性碘化钾。

实训操作：五日生化需氧量的测定

1. 试剂和材料

所用试剂除非另有说明，分析时均使用符合国家标准的分析纯化学试剂。

(1) 水　实验用水为符合 GB/T 6682 规定的三级蒸馏水，且水中铜离子的质量浓度不大于 0.01mg/L，不含有氯或氯胺等物质。

(2) 接种液　可购买接种微生物用的接种物质，接种液的配制和使用按说明书的要求操作。也可按以下方法获得接种液：①未受工业废水污染的生活污水：化学需氧量不大于 300mg/L，总有机碳不大于 100mg/L。②含有城镇污水的河水或湖水。③污水处理厂的出水。④分析含有难降解物质的工业废水时，在其排污口下游适当处取水样作为废水的驯化接种液。也可取中和或经适当稀释后的废水进行连续曝气，每天加入少量该种废水，同时加入少量生活污水，使适应该种废水的微生物大量繁殖。当水中出现大量的絮状物时，表明微生物已繁殖，可用作接种液。一般驯化过程需 3~8d。

(3) 盐溶液

① 磷酸盐缓冲溶液。将 8.5g 磷酸二氢钾（KH_2PO_4）、21.8g 磷酸氢二钾（K_2HPO_4）、33.4g 七水合磷酸氢二钠（$Na_2HPO_4 \cdot 7H_2O$）和 1.7g 氯化铵（NH_4Cl）溶于水中，稀释至 1000mL，此溶液在 0~4℃可稳定保存 6 个月。此溶液的 pH 值为 7.2。

② 硫酸镁溶液。$\rho(MgSO_4)$＝11.0g/L：将 22.5g 七水合硫酸镁（$MgSO_4 \cdot 7H_2O$）溶于水中，稀释至 1000mL，此溶液在 0~4℃可稳定保存 6 个月，若发现任何沉淀或微生物生长应弃去。

③ 氯化钙溶液。$\rho(CaCl_2)$＝27.6g/L：将 27.6g 无水氯化钙（$CaCl_2$）溶于水中，稀释至 1000mL，此溶液在 0~4℃可稳定保存 6 个月，若发现任何沉淀或微生物生长应弃去。

④ 氯化铁溶液。$\rho(FeCl_3)$＝0.15g/L：将 0.25g 六水合氯化铁（$FeCl_3 \cdot 6H_2O$）溶于水中，稀释至 1000mL，此溶液在 0~4℃可稳定保存 6 个月，若发现任何沉淀或微生物生长应弃去。

(4) 稀释水　在 5~20L 的玻璃瓶中加入一定量的水，控制水温在 (20±1)℃，用曝气装置至少曝气 1h，使稀释水中的溶解氧达到 8mg/L 以上。使用前每升水中加入上述四种盐溶液各 1.0mL，混匀，20℃保存。在曝气的过程中防止污染，特别是防止带入有机物、金属、氧化物或还原物。稀释水中氧的质量浓度不能过饱和，使用前需开口放 1h，且应在 24h 内使用。剩余的稀释水应弃去。

(5) 接种稀释水　根据接种液来源的不同，每升稀释水中加入适量接种液：城市生活污水和污水处理厂出水加 1~10mL，河水或湖水加 10~100mL，将接种稀释水存放在 (20±1)℃的环境中，当天配制当天使用。接种的稀释水 pH 值为 7.2，BOD_5 应小于 1.5mg/L。

(6) 盐酸溶液　$c(HCl)$＝0.5mol/L：将 40mL 浓盐酸 (HCl) 溶于水中，稀释至 1000mL。

(7) 氢氧化钠溶液　$c(NaOH)$＝0.5mol/L：将 20g 氢氧化钠溶于水中，稀释至 1000mL。

(8) 亚硫酸钠溶液　$c(Na_2SO_3)$＝0.025mol/L：将 1.575g 亚硫酸钠（Na_2SO_3）溶于水中，稀释至 1000mL。此溶液不稳定，需现用现配。

（9）葡萄糖-谷氨酸标准溶液　将葡萄糖（$C_6H_{12}O_6$，优级纯）和谷氨酸（HOOC—CH_2—CH_2—$CHNH_2$—COOH，优级纯）在130℃干燥1h，各称取150mg溶于水中，在1000mL容量瓶中稀释至标线。此溶液的BOD_5为（210±20）mg/L，现用现配。该溶液也可少量冷冻保存，融化后立刻使用。

（10）丙烯基硫脲硝化抑制剂　$\rho(C_4H_8N_2S)=1.0$g/L：溶解0.20g丙烯基硫脲（$C_4H_8N_2S$）于200mL水中混合，4℃保存，此溶液可稳定保存14d。

（11）乙酸溶液　1+1。

（12）碘化钾溶液　$\rho(KI)=100$g/L：将10g碘化钾（KI）溶于水中，稀释至100mL。

（13）淀粉溶液　$\rho=5$g/L：将0.50g淀粉溶于水中，稀释至100mL。

2. 仪器和设备

除非另有说明，分析时均使用符合国家A级标准的玻璃量器。本标准使用的玻璃仪器须清洁、无毒性和可生化降解的物质。

（1）滤膜　孔径为1.6μm。

（2）溶解氧瓶　带水封装置，容积250～300mL。

（3）稀释容器　1000～2000mL的量筒或容量瓶。

（4）虹吸管　供分取水样或添加稀释水。

（5）溶解氧测定仪。

（6）冷藏箱　0～4℃。

（7）冰箱　有冷冻和冷藏功能。

（8）带风扇的恒温培养箱　（20±1）℃。

（9）曝气装置　多通道空气泵或其他曝气装置；曝气可能带来有机物、氧化剂和金属，导致空气污染，如有污染，空气应过滤清洗。

3. 样品

（1）采集与保存　采集的样品应充满并密封于棕色玻璃瓶中，样品量不小1000mL，在0～4℃的暗处运输和保存，并于24h内尽快分析。24h内不能分析，可冷冻保存（冷冻保存时避免样品瓶破裂），冷冻样品分析前需解冻、均质化和接种。

（2）前处理

① pH值调节。若样品或稀释后样品pH值不在6～8范围内，应用盐酸溶液或氢氧化钠溶液调节其pH值至6～8。

② 余氯和结合氯的去除。若样品中含有少量余氯，一般在采样后放置1～2h，游离氯即可消失。对在短时间内不能消失的余氯，可加入适量亚硫酸钠溶液去除样品中存在的余氯和结合氯，加入亚硫酸钠溶液的量由下述方法确定。

取已中和好的水样100mL，加入乙酸溶液10mL、碘化钾溶液1mL，混匀，暗处静置5min。用亚硫酸钠溶液滴定析出的碘至淡黄色，加入1mL淀粉溶液呈蓝色。再继续滴定至蓝色刚刚褪去，即为终点，记录所用亚硫酸钠溶液体积，由亚硫酸钠溶液消耗的体积，计算出水样中应加亚硫酸钠溶液的体积。

③ 样品均质化。含有大量颗粒物、需要较大稀释倍数的样品或经冷冻保存的样品，测定前均需将样品搅拌均匀。

④ 样品中有藻类。若样品中有大量藻类存在，BOD_5的测定结果会偏高。当分析结果

精度要求较高时，测定前应用滤孔为 1.6μm 的滤膜过滤，检测报告中注明滤膜滤孔的大小。

⑤ 含盐量低的样品。当样品含盐量低，非稀释样品的电导率小于 125μS/cm 时，需加入适量相同体积的四种盐溶液，使样品的电导率大于 125μS/cm。每升样品中至少需加入各种盐的体积按下式计算：

$$V=(\Delta K-12.8)/113.6$$

式中 V——需加入各种盐的体积，mL；

ΔK——样品需要提高的电导率值，μS/cm。

4. 分析步骤

(1) 非稀释法　非稀释法分为两种情况：非稀释法和非稀释接种法。

如样品中的有机物含量较少，BOD_5 的质量浓度不大于 6mg/L，且样品中有足够的微生物，用非稀释法测定。若样品中的有机物含量较少，BOD_5 的质量浓度不大于 6mg/L，但样品中无足够的微生物，如酸性废水、碱性废水、高温废水、冷冻保存的废水或经过氯化处理等的废水，采用非稀释接种法测定。

① 试样的准备。

待测试样：测定前待测试样的温度达到 (20±2)℃，若样品中溶解氧浓度低，需要用曝气装置曝气 15min，充分振摇赶走样品中残留的空气泡；若样品中氧过饱和，将容器 2/3 体积充满样品，用力振荡赶出过饱和氧，然后根据试样中微生物含量情况确定测定方法。非稀释法可直接取样测定；非稀释接种法每升试样中加入适量的接种液，待测定。若试样中含有硝化细菌，有可能发生硝化反应，需在每升试样中加入 2mL 丙烯基硫脲硝化抑制剂。

空白试样：非稀释接种法，每升稀释水中加入与试样中相同量的接种液作为空白试样，需要时每升试样中加入 2mL 丙烯基硫脲硝化抑制剂。

② 试样的测定。将试样充满两个溶解氧瓶中，使试样少量溢出，防止试样中的溶解氧质量浓度改变，使瓶中存在的气泡靠瓶壁排出。将一瓶盖上瓶盖，加上水封，在瓶盖外罩上一个密封罩，防止培养期间水封水蒸发干，在恒温培养箱中培养 5d±4h 或 (2+5)d±4h 后测定试样中溶解氧的质量浓度。另一瓶 15min 后测定试样在培养前溶解氧的质量浓度。

空白试样的测定方法同上。

(2) 稀释与接种法　稀释与接种法分为两种情况：稀释法和稀释接种法。

若试样中的有机物含量较多，BOD_5 的质量浓度大于 6mg/L，且样品中有足够的微生物，采用稀释法测定；若试样中的有机物含量较多，BOD_5 的质量浓度大于 6mg/L，但试样中无足够的微生物，采用稀释接种法测定。

① 试样的准备。待测试样的温度达到 (20±2)℃，若试样中溶解氧浓度低，需要用曝气装置曝气 15min，充分振摇赶走样品中残留的气泡；若样品中氧过饱和，将容器的 2/3 体积充满样品，用力振荡赶出过饱和氧，然后根据试样中微生物含量情况确定测定方法。稀释倍数按表 3-2 和表 3-3 方法确定，稀释法用稀释水稀释；稀释接种法用接种稀释水稀释样品。若样品中含有硝化细菌，有可能发生硝化反应，需在每升试样培养液中加入 2mL 丙烯基硫脲硝化抑制剂。

a. 稀释倍数的确定：样品稀释的程度应使消耗的溶解氧质量浓度不小于 2mg/L，培养后样品中剩余溶解氧质量浓度不小于 2mg/L，且试样中剩余溶解氧的质量浓度为开始浓度的 1/3~2/3 为最佳。稀释倍数可根据样品的总有机碳（TOC）、高锰酸盐指数（I_{Mn}）或化学需氧量（COD_{Cr}）的测定值，按照表 3-2 列出的 BOD_5 与总有机碳（TOC）、高锰酸盐指数（I_{Mn}）或化学需氧量（COD_{Cr}）的比值 R 估计 BOD_5 的期望值（R 与样品的类型有关），再根据表 3-3 确定稀释倍数。当不能准确地选择稀释倍数时，一个样品做 2~3 个不同的稀释倍数。

表 3-2　典型的比值 R

水样的类型	总有机碳 $R(BOD_5/TOC)$	高锰酸盐指数 $R(BOD_5/I_{Mn})$	化学需氧量 $R(BOD_5/COD_{Cr})$
未处理的废水	1.2~2.8	1.2~1.5	0.35~0.65
生化处理的废水	0.3~1.0	0.5~1.2	0.20~0.35

由表 3-2 中选择适当的 R 值，按下式计算 BOD_5 的期望值：

$$\rho = RY$$

式中　ρ——五日生化需氧量浓度的期望值，mg/L；

Y——总有机碳（TOC）、高锰酸盐指数（I_{Mn}）或化学需氧量（COD_{Cr}）的值，mg/L。

由估算出的 BOD_5 的期望值，按表 3-3 确定样品的稀释倍数。

表 3-3　BOD_5 测定的稀释倍数

BOD_5 的期望值/(mg/L)	稀释倍数	水样类型
6~12	2	河水，生物净化的城市污水
10~30	5	河水，生物净化的城市污水
20~60	10	生物净化的城市污水
40~120	20	澄清的城市污水或轻度污染的工业废水
100~300	50	轻度污染的工业废水或原城市污水
200~600	100	轻度污染的工业废水或原城市污水
400~1200	200	重度污染的工业废水或原城市污水
1000~3000	500	重度污染的工业废水
2000~6000	1000	重度污染的工业废水

按照确定的稀释倍数，将一定体积的试样或处理后的试样用虹吸管加入已加部分稀释水或接种稀释水的稀释容器中，加稀释水或接种稀释水至刻度，轻轻混合避免残留气泡，待测定。若稀释倍数超过 100 倍，可进行两步或多步稀释。

若试样中有微生物毒性物质，应配制几个不同稀释倍数的试样，选择与稀释倍数无关的结果，并取其平均值。试样测定结果与稀释倍数的关系确定如下：当分析结果精度要求较高或存在微生物毒性物质时，一个试样要做两个以上不同的稀释倍数，每个试样每个稀释倍数做平行双样同时进行培养。测定培养过程中每瓶试样氧的消耗量，并画出氧消耗量对每一稀释倍数试样中原样品的体积曲线。若此曲线呈线性，则此试样中不含有任何抑制微生物的物质，即样品的测定结果与稀释倍数无关；若曲线仅在低浓度范围内呈线性，取线性范围内稀释比的试样测定结果计算平均 BOD_5 值。

b. 空白试样：稀释法的空白试样为稀释水，需要时每升稀释水中加入 2mL 丙烯基硫脲硝化抑制剂；稀释接种法的空白试样为接种稀释水，必要时每升接种稀释水中加入 2mL 丙烯基硫脲硝化抑制剂。

② 试样的测定。试样和空白试样的测定方法与非稀释法相同。

5. 结果计算

（1）非稀释法　非稀释法按下式计算样品 BOD_5 的测定结果：

$$\rho = \rho_1 - \rho_2$$

式中　ρ——五日生化需氧量质量浓度，mg/L；
　　　ρ_1——水样在培养前的溶解氧质量浓度，mg/L；
　　　ρ_2——水样在培养后的溶解氧质量浓度，mg/L。

(2) 非稀释接种法　非稀释接种法按下式计算样品 BOD_5 的测定结果：

$$\rho = (\rho_1 - \rho_2) - (\rho_3 - \rho_4)$$

式中　ρ——五日生化需氧量质量浓度，mg/L；
　　　ρ_1——接种水样在培养前的溶解氧质量浓度，mg/L；
　　　ρ_2——接种水样在培养后的溶解氧质量浓度，mg/L；
　　　ρ_3——空白样在培养前的溶解氧质量浓度，mg/L；
　　　ρ_4——空白样在培养后的溶解氧质量浓度，mg/L。

(3) 稀释与接种法　稀释法与稀释接种法按下式计算样品 BOD_5 的测定结果：

$$\rho = \frac{\rho_1 - \rho_2 - (\rho_3 - \rho_4)f_1}{f_2}$$

式中　ρ——五日生化需氧量质量浓度，mg/L；
　　　ρ_1——接种稀释水样在培养前的溶解氧质量浓度，mg/L；
　　　ρ_2——接种稀释水样在培养后的溶解氧质量浓度，mg/L；
　　　ρ_3——空白样在培养前的溶解氧质量浓度，mg/L；
　　　ρ_4——空白样在培养后的溶解氧质量浓度，mg/L；
　　　f_1——接种稀释水或稀释水在培养液中所占的比例；
　　　f_2——原样品在培养液中所占的比例。

BOD_5 测定结果以氧的质量浓度（mg/L）报出。对稀释与接种法，如果有几个稀释倍数的结果满足要求，结果取这些稀释倍数结果的平均值。结果小于 100mg/L，保留一位小数；100~1000mg/L，取整数位；大于 1000mg/L 以科学记数法报出。结果报告中应注明样品是否经过过滤、冷冻或均质化处理。

6. 质量保证和质量控制

(1) 空白试样　每一批样品做两个分析空白试样，稀释法空白试样的测定结果不能超过 0.5mg/L，非稀释接种法和稀释接种法空白试样的测定结果不能超过 1.5mg/L，否则应检查可能的污染来源。

(2) 接种液、稀释水质量的检查　每一批样品要求做一个标准样品，样品的配制方法如下：取 20mL 葡萄糖-谷氨酸标准溶液于稀释容器中，用接种稀释水稀释至 1000mL，测定 BOD_5，结果应在 180~230mg/L 范围内，否则应检查接种液、稀释水的质量。

(3) 平行样品　每一批样品至少做一组平行样，计算相对百分偏差 RP。当 BOD_5 小于 3mg/L 时，RP 值应≤±15%；当 BOD_5 为 3~100mg/L 时，RP 值应≤±20%；当 BOD_5 大于 100mg/L 时，RP 值应≤±25%。计算公式如下：

$$RP = \frac{\rho_1 - \rho_2}{\rho_1 + \rho_2} \times 100\%$$

式中　RP——相对百分偏差，%；
　　　ρ_1——第一个样品 BOD_5 的质量浓度，mg/L；

ρ_2——第二个样品 BOD_5 的质量浓度，mg/L。

7. 实验结果的评价

实验结果按表 3-4 的标准进行评分。

表 3-4 BOD_5 测定评分表

班级＿＿＿＿＿ 姓名＿＿＿＿＿ 成绩＿＿＿＿＿

考核项目	考核内容	考核记录		扣分	分值	备注
水样的采集(10)	采样方法	规范			5	
		不规范				
	装水样的容器选择	正确			5	
		不正确				
水样的DO测定(35)	溶解氧固定方法	正确			10	
		不正确				
	滴定操作方法	规范			10	
		不规范				
	培养箱的调节	正确			5	
		不正确				
	终点控制	正确			10	
		不正确				
记录与报告(45)	原始记录填写格式	规范			4	
		不规范				
	原始记录填写内容	完整			5	
		不完整				
	原始数据记录	及时、合理			5	
		不符合要求				
	报告单	规范、正确			10	
		不规范、错误				
	计算公式	正确			5	
		不正确				
	计算结果	正确			5	
		不正确				
	数据处理方法	正确			6	
		不正确				
	测定结果表述	正确			5	
		不正确				
文明操作(10)	清洗玻璃仪器、放回原处	已进行			5	
		未进行				
	关闭培养箱	已进行			5	
		未进行				

任务四　六价铬的测定

铬是生物体所必须的微量元素之一。水中铬有三价、六价两种价态，在水体中，六价铬一般以 $Cr_2O_4^{2-}$、$HCr_2O_7^-$、$Cr_2O_7^{2-}$ 三种阴离子形式存在，受水体 pH 值、温度、氧化还原物质、有机物等因素的影响，三价铬和六价铬化合物可以互相转化。三价铬能参与正常的糖代谢过程，而六价铬有强毒性，为致癌物质，并易被人体吸收而在体内蓄积。通常认为对人来讲六价比三价毒性大 100 倍，但是对于鱼类三价比六价毒性高。当水中六价铬浓度达 1mg/L 时，水呈黄色并有涩味；三价铬浓度达 1mg/L 时，水的浊度明显增加。陆地天然水中一般不含铬；海水中铬的平均浓度为 $0.05\mu g/L$；饮用水中铬含量更低。

六价铬为吞入性毒物/吸入性极毒物，皮肤接触可能导致过敏，更可能造成遗传性基因缺陷，吸入可能致癌，对环境有持久危险性。六价铬是很容易被人体吸收的，可通过消化、呼吸道、皮肤及黏膜侵入人体。呼吸的空气中含有不同浓度的铬酸酐时会起不同程度的沙哑、鼻黏膜萎缩，严重时还可使鼻中隔穿孔和支气管扩张等。经消化道侵入时可引起呕吐、腹疼。经皮肤侵入时会产生皮炎和湿疹。危害最大的是长期或短期接触或吸入时有致癌危险。

六价铬化合物在体内具有致癌作用，还会引起诸多的其他健康问题，短期大剂量的接触，在接触部位会产生不良后果，如吸入某些较高浓度的六价铬化合物会引起流鼻涕、打喷嚏、瘙痒、鼻出血、溃疡和鼻中隔穿孔。摄入超大剂量的铬会导致肾脏和肝脏的损伤、恶心、胃肠道刺激、胃溃疡、痉挛甚至死亡。皮肤接触会造成溃疡或过敏反应（六价铬是最易导致过敏的金属之一，仅次于镍）。据实验研究表明，大剂量饲喂小鼠，六价铬会对小鼠的繁殖产生影响，造成每窝仔鼠的数量减少和胎鼠体重下降。危害最大的是长期或短期接触或吸入时有致癌危险。

过量的（超过 10mg/L）六价铬对水生物有致死作用。实验显示受六价铬污染的饮用水可致癌。动物喝下含有六价铬的水后，六价铬会被体内许多组织和器官的细胞吸收。

铬的工业污染源主要来自铬矿石的加工、金属表面处理、皮革加工、印染、照相材料、皮革鞣制等行业。皮革中残留的六价铬可以通过皮肤、呼吸道吸收，引起胃道及肝、肾功能损害，还可能伤及眼部，出现视网膜出血、视神经萎缩等。

铬是水质污染控制的一项重要指标。饮用水标准限值为 $\leqslant 0.05mg/L$。

一、分光光度法相关知识

1. 分光光度法中的空白

通常将分光光度法中的空白分为四种。

① 溶剂空白：当试样、显色剂及所有其他试剂在测定波长处都无吸收时，可采用纯溶剂（如蒸馏水）做为溶剂空白。

分光光度法中的参比、空白和零浓度

② 试剂空白：若显色剂有颜色，并且在测量波长处有吸收，但试样在测量条件下没有吸收，在这种情况下，可用含显色剂和其他所有试剂而不含试样的溶液作为试剂空白。

③ 试样空白：显色剂没有颜色而试样有颜色，或者说在测量波长处，显色剂无吸收，试样有吸收时，应采用加试样并加其他所有试剂、但不加显色剂的溶液作为试样空白。

④ 褪色空白：当试样、显色剂及所有其他试剂在测定波长处都有吸收时，如果一种褪色剂能够选择性地与被测的有色络合物作用，使络合物破坏而褪色，则以显色后又被褪色的溶液作为褪色空白。

其中，溶剂空白（如蒸馏水）现在在新标准方法中基本都作为参比；而褪色空白很少用到；试剂空白最常见，且与化学分析中对空白的定义相同，即除了不加样品外，按照样品分析的操作步骤和条件（采用与正式试验相同的器具、试剂和操作分析方法）对一种假定不含待测物质的空白样品（如用蒸馏水代替样品）进行实验得到的分析结果；本节实训操作中"色度校正"即为试样空白。

2. 分光光度法中的取适量试样

分光光度法中朗伯比尔定律的应用条件是校准曲线相关系数＞0.999，但校准曲线的相关系数是在配制的标准溶液浓度范围内获得的，不能保证在标准溶液浓度范围以外仍服从朗伯比尔定律，因此，应该保证在分光光度计上被测试份的浓度处于标准溶液浓度范围内。

判断"取适量试样"的方法是：试样显色后用目视比色法比较试样比色管的颜色与标准溶液最大浓度比色管的颜色，若试样比色管的颜色深，则说明被测试份的浓度超出了标准溶液浓度范围，应适当稀释保证试样比色管的颜色处于合适的深度。

3. 分光光度法中的吸光度范围及其控制方法

为减小读数误差，分光光度法一般要求吸光度在 0.2~0.8 之间，而根据朗伯比尔定律：$A=\varepsilon bc$，控制吸光度可以有几种方式，即：①保持 ε 和 b 不变，选择合适的样品浓度 c；②保持 ε 和 c 不变，选择合适的吸收光程（比色皿厚度）b；③保持 c 和 b 不变，选择合适的摩尔吸光系数（入射光波长）ε。

二、测定方法

1. 实验方法

GB 7467—87《水质　六价铬的测定　二苯碳酰二肼分光光度法》。

2. 原理

在酸性介质中，六价铬与二苯碳酰二肼（DPC）反应生成紫红色配合物，于 540nm 波长处测定吸光度，求出水样中六价铬的含量。反应过程如下。

$$\underset{(DPC)}{\underset{}{O=C}\Big\langle\begin{array}{l}NH-NH-C_6H_5\\NH-NH-C_6H_5\end{array}} + Cr^{6+} \longrightarrow \underset{(苯肼羟基偶氮苯)}{O=C\Big\langle\begin{array}{l}NH-NH-C_6H_5\\N=N-C_6H_5\end{array}} + Cr^{3+} \longrightarrow 紫红色络合物$$

3. 适用范围

适用于地表水和工业废水。

方法的最低检出浓度为 0.004mg/L（取 50mL 水样，10mm 比色皿），测定上限为

1mg/L。

4. 实验步骤

（1）采集有代表性水样。

（2）校准曲线绘制。

（3）试样测定。取适量清洁水样或经过预处理的水样，与标准溶液同样操作，将测得的吸光度经空白校正后，从标准曲线上查得并计算原水样中六价铬含量。

（4）计算数据。

实训操作：六价铬的测定

1. 试剂

测定过程中，除非另有说明，均使用符合国家标准或专业标准的分析纯试剂和蒸馏水或同等纯度的水，所有试剂应不含铬。

（1）丙酮。

（2）硫酸，$\rho=1.84\text{g/mL}$，优级纯。

（3）1+1硫酸溶液：将硫酸（H_2SO_4，$\rho=1.84\text{g/mL}$，优级纯）缓缓加入到同体积的水中，混匀。

（4）磷酸：1+1磷酸溶液：将磷酸（H_3PO_4，$\rho=1.69\text{g/mL}$，优级纯）与水等体积混合。

（5）氢氧化钠：4g/L，将1g氢氧化钠（NaOH）溶于水并稀释至250mL。

（6）氢氧化锌共沉淀剂：

① 80g/L硫酸锌溶液：称取硫酸锌（$ZnSO_4 \cdot 7H_2O$）8g溶于100mL水中；

② 20g/L氢氧化钠溶液：称取2.4g氢氧化钠，溶于120mL水中。

用时将两溶液混合。

（7）高锰酸钾：40g/L溶液。称取高锰酸钾（$KMnO_4$）4g，在加热和搅拌下溶于水，最后稀释至100mL。

（8）铬标准贮备液：称取于110℃干燥2h的重铬酸钾（$K_2Cr_2O_7$，优级纯）0.2829±0.0001g，用水溶解后，移入1000mL容量瓶中，用水稀释至标线，摇匀，此溶液1mL含0.10mg六价铬。

（9）铬标准溶液（Ⅰ）：吸取5.00mL铬标准贮备液置于500mL容量瓶中，用水稀释至标线，摇匀。此溶液1mL含$1.00\mu g$六价铬。使用当天配制此溶液。

（10）铬标准溶液（Ⅱ）：吸取25.00mL铬标准贮备液置于500mL容量瓶中，用水稀释至标线，摇匀。此溶液1mL含$5.00\mu g$六价铬。使用当天配制此溶液。

（11）200g/L尿素溶液 将20g尿素$[(NH_2)_2CO]$溶于水并稀释至100mL。

（12）20g/L亚硝酸钠溶液 将2g亚硝酸钠（$NaNO_2$）溶于水并稀释至100mL。

（13）显色剂（Ⅰ）：称取二苯碳酰二肼（$C_{13}H_{14}N_4O$）0.2g，溶于50mL丙酮中，加水稀释至100mL，摇匀。贮于棕色瓶，置冰箱中。色变深后，不能使用。

（14）显色剂（Ⅱ）：称取二苯碳酰二肼（$C_{13}H_{14}N_4O$）1g，溶于50mL丙酮中，加水稀释至100mL，摇匀。贮于棕色瓶，置冰箱中。色变深后，不能使用。

2. 操作步骤

（1）样品的预处理

① 样品中不含悬浮物、低色度的清洁地表水可直接测定。

② 色度校正。如样品有色但不太深时，按测定步骤另取一份试样以2mL丙酮代替显色剂，其他步骤同测定。试份测得的吸光度扣除此色度，校正吸光度后再行计算。

③ 锌盐沉淀分离法。对混浊、色度较深的样品可用此法前处理。

取适量样品（含六价铬少于$100\mu g$）于150mL烧杯中，加水至50mL。滴加氢氧化钠溶液，调节溶液 pH 值为 7～8。在不断搅拌下，滴加氢氧化锌共沉淀剂至溶液 pH 值为 8～9。将此溶液转移至 100mL 容量瓶中，用水稀释至标线。用慢速滤纸干过滤，弃去 10～20mL 初滤液，取其中 50.0mL 滤液供测定。

注：当样品经锌盐沉淀分离法前处理后仍含有机物干扰测定时，可用酸性高锰酸钾氧化法破坏有机物后再测定。即取 50.0mL 滤液于 150mL 锥形瓶中，加入几粒玻璃珠，加入 0.5mL（1+1）硫酸溶液，0.5mL（1+1）磷酸溶液，摇匀。加入 2 滴 40g/L 高锰酸钾溶液，如紫红色消褪，则应添加高锰酸钾溶液保持紫红色。加热煮沸至溶液体积约剩 20mL，取下稍冷，用定量中速滤纸过滤，用水洗涤数次，合并滤液和洗液至 50mL 比色管中。加入 1mL 尿素溶液，摇匀。用滴管滴加亚硝酸钠溶液，每加一滴充分摇匀，至高锰酸钾的紫红色刚好褪去。稍停片刻，待溶液内气泡逸尽，用水稀释至标线，供测定用。

(2) 空白试验　按同试样完全相同的处理步骤进行空白试验，仅用 50mL 水代替试样。

(3) 测定　取适量（含六价铬少于 $50\mu g$）无色透明试份，置于 50mL 比色管中，用水稀释至标线，加入 0.5mL 硫酸溶液和 0.5mL 磷酸溶液，摇匀。加入 2mL 显色剂（Ⅰ）或显色剂（Ⅱ），摇匀，5～10min 后，在 540nm 波长处，用 10mm 或 30mm 的比色皿，以水做参比，测定吸光度，扣除空白试验测得的吸光度后，从校准曲线上查得六价铬含量。

(4) 校准　向一系列 50mL 比色管中分别加入 0.00、0.20、0.50、1.00、2.00、4.00、6.00、8.00 和 10.00mL 铬标准溶液用水稀释至标线，然后按照测定试样的步骤进行处理。

测得的吸光度减去零浓度试验的吸光度后，绘制以六价铬含量对校正吸光度的曲线。

3. 结果计算

六价铬含量 c(mg/L) 按下式计算：

$$c = \frac{m}{V}$$

式中　m——由校准曲线查得的试份含六价铬量，μg；
　　　V——试份的体积，mL。

六价铬含量低于 0.1mg/L，结果以三位小数表示；六价铬含量高于 0.1mg/L，结果以三位有效数字表示。

4. 实验结果的评价

实验结果按表 3-5 的标准进行评分。

表 3-5　六价铬测定评分表

班级＿＿＿＿＿　姓名＿＿＿＿＿　成绩＿＿＿＿＿

考核项目	考核内容	考核记录		扣分	分值	备注
水样的采集(10)	采样方法	规范			5	
		不规范				
	装水样的容器选择	正确			5	
		不正确				
标准曲线的绘制(30)	移液操作	规范			8	
		不规范				
	定容操作	规范			5	
		不规范				
	标准曲线绘制方法	正确			5	
		不正确				
	标准曲线线性	好			10	一点不好扣 2 分
		不好				

续表

考核项目	考核内容	考核记录	扣分	分值	备注
标准曲线的绘制(30)	图上注明项目	全		2	每缺一项扣0.5分
		未注或缺项			
样品的测定(20)	吸光度测定	正确		10	
		不正确			
	标准曲线使用方法	正确		5	
		不正确			
	结果计算公式	正确		2	
		不正确			
	计算结果	准确		3	
		不准确			
结果评价(22)	结果精确度	好		20	$-2\%\sim2\%$
		较好		15	$\pm(2\%\sim3\%)$
		一般		10	$\pm(3\%\sim5\%)$
		较差		5	$\pm(5\%\sim8\%)$
		差		0	小于-8%,大于8%
	测定结果表述	正确		2	
		不正确			
记录(4)	原始记录填写格式	规范		2	
		不规范			
	原始记录填写内容	完整		2	
		不完整			

任务五　氨氮的测定

一、氨氮与富营养化

1. 氨氮

自然地表水体和地下水体中的氨氮是指以游离氨（也称非离子氨）和离子氨形式存在的氮。对地表水，常要求测定非离子氨。水中氨氮主要来源于生活污水中含氮有机物受微生物作用的分解产物，焦化、合成氨等工业废水，以及农田排水等。氨氮是水体中的营养素，可导致水体富营养化现象产生，是水体中的主要耗氧污染物，含量较高时对鱼类及某些水生生物有毒害作用，对人体也有不同程度的危害。

富营养化

含氮化合物包括有机氮和无机氮。有机氮在微生物作用下，逐渐分解变成无机氮。动物性有机物的含氮量一般比植物性有机物高。人畜粪便中含氮有机物很不稳定，容易分解成氨。氨氮以游离氨和铵盐的形式存在于水体中，当pH高时，游离氨比例较高，当pH偏低时，铵盐比例较高。

2. 富营养化

富营养化是一种氮、磷等植物营养物质含量过多所引起的水质污染现象。

实际上，湖泊水库等水体的富营养化在自然条件下也是存在的，随着河流夹带冲积物和水生生物残骸在湖底不断沉降淤积，湖泊会从平营养湖过渡为富营养湖，进而演变为沼泽和陆地，这是一种极为缓慢的过程，即地理学意义上的富营养化。

在人类活动的影响下，生物所需的氮、磷等营养物质大量进入湖泊、河口、海湾等缓流水体，特别是在平原区域，人口密集，工农业发达，大量污水进入水体，带入大量的营养物质，极大地加速了水体富营养化进程，引起藻类及其他浮游生物迅速繁殖、水体溶解氧量下降、水质恶化、鱼类及其他生物大量死亡的现象。

人为排放含营养物质的工业废水和生活污水所引起的水体富营养化则可以在短时间内出现。水体出现富营养化现象时，浮游藻类大量繁殖，形成水华。因占优势的浮游藻类颜色不同，水面往往呈现蓝色、绿色、红色、棕色、乳白色等。

水体富营养化会对水体的水质造成影响，使水的透明度降低，阳光难以穿透水层，从而影响水中植物的光合作用，还可能造成溶解氧的过饱和状态，对水生动物构成危害，造成鱼类大量死亡等。同时，富营养化的水体表面会生长着以蓝藻、绿藻为优势种的大量水藻，形成一层"绿色浮渣"，致使底层堆积的有机物质在厌氧条件分解产生的有害气体和一些浮游生物产生的生物毒素也会伤害鱼类。因为富营养化的水中含有硝酸盐和亚硝酸盐，人畜长期饮用这些物质含量超过一定标准的水，也会中毒致病。水体富营养化会加速湖泊的衰退，使之向沼泽化发展。如果氮、磷等植物营养物质大量而连续地进入湖泊、水库及海湾等缓流水体，将促进各种水生生物的活性，刺激它们异常繁殖（主要是藻类），这样就会带来一系列严重后果：

① 藻类在水体中占据的空间越来越大，使鱼类活动的空间越来越小；衰死藻类将沉积塘底。

② 藻类种类逐渐减少，并由以硅藻和绿藻为主转为以蓝藻为主，而有些蓝藻具有胶质膜，不适于作鱼饵料，其中有一些种属是有毒的。

③ 藻类过度生长繁殖，将造成水中溶解氧的急剧变化，藻类的呼吸作用和死亡藻类的分解作用会消耗大量的氧，有可能在一定时间内使水体处于严重缺氧状态，严重影响鱼类的生存。水体富营养化现象一旦出现，水就不能被人畜直接利用。大量生物和有机物残体沉积于水的底层，在缺氧情况下，会被一些微生物分解，产生甲烷、硫化氢等有害气体。出现富营养化现象的水体，不仅影响水体的处理和利用，造成水生经济生物（如鱼类）的损失，而且恢复水体的清洁需要相当长的时间。

二、分光光度法中的参比、空白和零浓度

1. 区别与联系

在分光光度法中，参比、空白和零浓度是很重要的概念，参比、空白、零浓度的对比见表 3-6。

表 3-6 参比、空白、零浓度的对比

对比项目	参比	空白	零浓度
概念	在光度分析中用作调零点的任何溶液称参比溶液,简称参比	分析溶液中所含来自试剂、环境、器皿等外来因素的被测成分称空白	标准溶液系列中浓度为 0 的那个点
具体操作方法	以参比溶液来调节透射比为 $100\%(A=0)$	与试样的操作过程完全相同只是用水代替试样	与标准溶液的操作过程完全相同只是用水代替标准物质
应用范围	针对整个实验过程,或针对仪器	一般情况下是针对试样,又叫"试样空白"	只针对标准溶液
可能的溶液	所有溶液	特定溶液	特定溶液
关联性	空白和零浓度都可以作参比	试样无预处理过程时与零浓度相同	相当于标准溶液的空白

2. 空白

在分光光度法中，如表 3-6 中所述，零浓度相当于标准溶液的空白，因此，针对标准溶液的操作中所说"空白"应该专指"零浓度"，而针对试样的操作中所说的"空白"才等同于化学分析中的"试样空白"。当然，标准分析方法中所说"空白"既可以针对试样也可以针对标准溶液，本身并无错误，但应注意操作条件，严格区分。

有的方法中对标准溶液操作的表述为"减去零浓度空白管的吸光度"或"扣除试剂空白（零浓度）"，比较严谨明确。

3. 参比

标准方法中常提到"以试剂空白为参比"，具体操作是在测定试样时以"试样空白"作参比，而在绘制标准曲线时以"零浓度"作参比；标准方法中也常提到"以水为参比"，那么对于绘制标准曲线还要将测得的吸光度减去零浓度空白管的吸光度，得到"校正吸光度"，

以"校正吸光度"为纵坐标来绘制。

理论上,两种方法的测定结果没有区别。但"以水为参比"可以获得"试样空白"和"零浓度"的吸光度,而"试样空白"和"零浓度"的吸光度对误差控制有相当大的意义,通常"试样空白"和"零浓度"的吸光度不能过高,否则应查找原因。

4. 特殊情况

在分光光度法中,当试样无预处理过程时,"试样空白"与"零浓度"的操作是相同的。特别地,如果此时"以试剂空白为参比",则参比、空白和零浓度全部一样。

三、测定方法

方法:HJ 535—2009《水质 氨氮的测定 纳氏试剂分光光度法》。

原理:在水样中加入碘化钾和碘化汞的强碱性溶液(纳氏试剂),与氨反应生成黄棕色胶态化合物,此颜色在较宽的波长范围内具有强烈吸收。通常于 420nm 波长处测吸光度,求出水样中氨氮含量。反应如下:

$$2K_2[HgI_4]+3KOH+NH_3 \longrightarrow \underset{(黄棕色)}{NH_2Hg_2IO}+7KI+2H_2O$$

方法的最低检出浓度为 0.025mg/L,测定上限为 2mg/L。

水样的预处理:水样有色或浑浊及含其他一些干扰物质,影响氨氮的测定。对于较清洁的水,采用絮凝沉淀法,在水样中加入适量硫酸锌溶液和氢氧化钠溶液,生成氢氧化锌沉淀,经过滤即可除去颜色和浑浊等。也可以在水样中加入氢氧化铝悬浮液,过滤除去颜色和浑浊。

测定:用目视比色法或分光光度法定量。

适用范围:地表水、地下水、生活污水和工业废水。

注意事项:

① 脂肪胺、芳香胺、醛类、丙酮、醇类和有机氯胺等有机化合物以及铁、锰、镁和硫等无机离子,因产生异色或浑浊干扰测定,预处理去除;易挥发的还原性物质,在酸性条件下加热去除;金属离子,加入适当掩蔽剂去除。

② 碘化汞与碘化钾的比例对显色反应灵敏度有影响。

③ 纳氏试剂有毒,操作时要小心。

实训操作：氨氮的测定

1. 仪器和试剂准备

（1）分光光度计。

（2）纳氏试剂。

① 氯化汞-碘化钾-氢氧化钾（$HgCl_2$-KI-KOH）。

称取15g氢氧化钾（KOH），溶于50mL水中，冷至室温。

称取5g碘化钾（KI），溶于10mL水中，在搅拌下，将2.5g氯化汞（$HgCl_2$）粉末分次少量加入碘化钾溶液中，直到溶液呈深黄色或出现淡红色沉淀溶解缓慢时，充分搅拌混合，并改为滴加氯化汞饱和溶液，当出现少量朱红色沉淀不再溶解时，停止滴加。

注：纳氏试剂的配制过程对空白的吸光度有较大影响，配制过程中，汞盐溶液要多搅拌，让其尽可能溶解后静置，底层不溶性残渣弃掉，静置期间要对容器密封，防止空气中氨的溶解而导致空白升高；氢氧化钠（钾）溶液一定要溶解至室温后再和汞盐溶液混合，混合时一定要缓缓将汞盐溶液和碱液混合，边加入边搅拌，保证生成的沉淀及时溶解。

在搅拌下，将冷却的氢氧化钾溶液缓慢地加入上述氯化汞和碘化钾的混合液中，并稀释至100mL，于暗处静置24h，倾出上清液，贮于聚乙烯瓶中，用橡皮塞或聚乙烯盖子盖紧，存放暗处，此试剂可稳定一个月。

注：为了保证纳氏试剂有良好的显色能力，配制$HgCl_2$-KI-KOH溶液时务必控制$HgCl_2$的加入量，至微量HgI_2红色沉淀不再溶解时为止；配制100mL纳氏试剂所需$HgCl_2$与KI的用量之比约为2.3∶5；在配制时为了加快反应速度、节省配制时间，可低温加热进行，防止HgI_2红色沉淀的提前出现。

② 碘化汞-碘化钾-氢氧化钠（HgI_2-KI-NaOH）。

称取16g氢氧化钠（NaOH），溶于50mL水中，冷至室温。

称取7g碘化钾（KI）和10g碘化汞（HgI_2），溶于水中，然后将此溶液在搅拌下，缓慢地加入到氢氧化钠溶液中，并稀释至100mL。贮于聚乙烯瓶内，用橡皮塞或聚乙烯盖子盖紧。于暗处存放，有效期可达一年。

（3）酒石酸钾钠溶液　称取50g酒石酸钾钠（$KNaC_4H_6O_6 \cdot 4H_2O$），溶于100mL水中，加热煮沸，以驱除氨，充分冷却后稀释至100mL。

（4）氨氮标准溶液 $C_N = 1.000$mg/mL　称取（3.819±0.004）g氯化铵（NH_4Cl，优级纯，在100～105℃干燥2h），溶于水中，移入1000mL容量瓶中，稀释至刻度。

（5）氨氮标准使用溶液　$c_N = 10\mu g/mL$　吸取10.00mL氨氮标准溶液于1000mL容量瓶中，稀释至刻度。临用前配制。

（6）100g/L硫酸锌溶液　称取10g硫酸锌（$ZnSO_4 \cdot 7H_2O$）溶于水中，稀释至100mL。

（7）250g/L氢氧化钠溶液　称取25g氢氧化钠（NaOH）溶于水中，冷至室温，稀释至100mL。

（8）3.5g/L硫代硫酸钠溶液　3.5g硫代硫酸钠（$Na_2S_2O_3$）溶于水中，再稀释至1000mL。

（9）淀粉-碘化钾试纸　称取1.5g可溶性淀粉于烧杯中，用少量水调成糊状，加入200mL沸水，搅拌混匀放冷。加0.5g碘化钾（KI）和0.5g碳酸钠（Na_2CO_3），用水稀释至250mL。将滤纸条浸渍后，取出晾干，装棕色瓶中密封保存。

2. 实操步骤

（1）预处理 样品中含有悬浮物、余氯、钙镁等金属离子、硫化物和有机物时，对比色测定有干扰，处理方法如下：

① 除余氯。加入适量的硫代硫酸钠溶液，每 0.5mL 可除去 0.25mg 余氯。用淀粉-碘化钾试纸检验是否除尽余氯。

② 絮凝沉淀。100mL 样品中加入 1mL 硫酸锌溶液和 0.1～0.2mL 氢氧化钠溶液，调节 pH 约为 10.5，混匀放置使之沉淀，倾取上清液作试份。必要时用经水冲洗过的中速滤纸过滤，弃去初滤液 20mL。

注：建议絮凝沉淀后样品经过滤纸过滤或离心分离，以免取样时会带入絮状物。因离心比滤纸过滤干扰小，推荐离心分离，样品絮凝沉淀后转入 100mL 离心管进行离心处理（4000r/min，5min），取上清液分析。

③ 络合掩蔽。加入酒石酸钾钠溶液，可消除钙镁等金属离子的干扰。

（2）测定 取试份于 50mL 比色管中，加入 1mL 酒石酸钾钠溶液，摇匀，再加入纳氏试剂 1.5mL（①）或 1.0mL（②），摇匀。放置 10min 后进行比色，若色度很低采用目视比色，一般在波长 420nm 下，用光程长 20mm 比色皿，以水作参比，测定试份的吸光度。

注：当水样中存在细小颗粒时，易使纳氏试剂反应生成物沉淀，故应预先过滤除去。滤纸中含有一定量的可溶性铵盐，定量滤纸中含量高于定性滤纸，建议采用定性滤纸过滤，过滤前用无氨水少量多次淋洗（一般为 100mL）。也可在准备阶段，用无氨水浸泡滤纸 30min 左右，临用时再用无氨水多次淋洗，这样可减少或避免滤纸引入的测量误差。

（3）空白试验 用 50mL 水代替试份，按预处理步骤进行处理。

注：此步骤只用于分光光度法。

（4）校准

① 目视比色法。在 6 个 50mL 比色管中，分别加入 0mL、0.10mL、0.30mL、0.50mL、0.70mL、1.00mL 氨氮标准使用溶液，再加水至刻度，显色后进行目视比色。

② 分光光度法。在 8 个 50mL 比色管中，分别加入 0mL、0.50mL、1.00mL、2.00mL、3.00mL、5.00mL、7.00mL、10.00mL 氨氮标准使用溶液，再加水至刻度，显色后进行分光光度测定。

将上面系列标准溶液测得的吸光度扣除试剂空白（零浓度）的吸光度，便得到校正吸光度，以校正吸光度为纵坐标，氨氮质量 m_N 为横坐标，绘制校准曲线。

3. 数据处理

（1）目视比色法 将试份的色度与标准溶液的色度比较后，得到试份中的氨氮质量 m_N，除以试份的体积 V，便可得到试份的氨氮含量 c_N（单位：mg/L）。

（2）分光光度法 试份中氨氮吸光度 A_r 用下式计算：

$$A_r = A_s - A_b$$

式中 A_s——试份测定吸光度；

A_b——空白试验吸光度。

氨氮含量 c_N（单位：mg/L）用下式计算：

$$c_N = \frac{m_N}{V}$$

式中 m_N——氨氮质量，μg，由 A_r 值和相应比色皿光程的校准曲线确定；

V——试份体积，mL。

注：标准曲线斜率范围 0.0060～0.0078，截距 $\leqslant \pm 0.005$。

任务六 铜、锌、铅、镉的测定

一、重金属污染

重金属污染是指由密度在 $5g/cm^3$ 以上的金属或其化合物造成的环境污染,主要由采矿、废气排放、污水灌溉和使用重金属制品等人为因素所致。

重金属污染的主要来源是工业污染,其次是交通污染和生活垃圾污染。工业污染大多通过废渣、废水、废气排入环境,在人和动物、植物中富集,从而对环境和人的健康造成很大的危害,通过一些技术方法、管理措施可以治理工业污染,最终达到国家的污染物排放标准;交通污染主要是汽车尾气的排放,国家制定了一系列的管理办法,例如使用乙醇汽油、安装汽车尾气净化器等;生活污染主要是一些生活垃圾的污染,如废旧电池、破碎的照明灯、没有用完的化妆品、上彩釉的碗碟等。对于重金属污染可以从其来源加以控制。

(1) 铜污染 指铜(Cu)及其化合物在环境中所造成的污染。主要污染来源是铜锌矿的开采和冶炼、金属加工、机械制造、钢铁生产等。冶炼排放的烟尘是大气铜污染的主要来源。

(2) 锌污染 指锌及其化合物所引起的环境污染。主要污染源有锌矿开采、冶炼加工、机械制造以及镀锌、仪器仪表、有机物合成和造纸等工业的排放。汽车轮胎磨损以及煤燃烧产生的粉尘、烟尘中均含有锌及其化合物。工业废水中锌常以锌的羟基络合物存在。

(3) 铅污染 铅是可在人体和动物组织中积蓄的有毒金属,主要来源于各种油漆、涂料、蓄电池、冶炼、五金、机械、电镀、化妆品、染发剂、釉彩碗碟、餐具、燃煤、膨化食品、自来水管等。铅可通过皮肤、消化道、呼吸道进入体内与多种器官亲和,主要毒性效应是贫血症、神经机能失调和肾损伤,易受害的人群有儿童、老人、免疫低下人群。铅对水生生物的安全浓度为 $0.16mg/L$,用含铅 $0.1\sim4.4mg/L$ 的水灌溉水稻和小麦时,作物中铅含量明显增加。人体内正常的铅含量应该在 $0.1mg/L$,如果含量超标,容易引起贫血,损害神经系统。而幼儿大脑对铅的毒性要比成人敏感得多,一旦血铅含量超标,应该采取积极的排铅毒措施。儿童可服用排铅口服液或借助其他产品进行排铅。

(4) 镉污染 镉不是人体的必要元素。镉的毒性很大,在人体内主要积蓄在肾脏,引起泌尿系统的功能变化。镉的主要来源有电镀、采矿、冶炼、燃料、电池和化学工业等排放的废水,废旧电池中镉含量较高;镉也存在于水果和蔬菜中,尤其是蘑菇,在奶制品和谷物中也有少量存在。镉能够取代骨中钙,使骨骼严重软化,骨头寸断,还会引起胃脏功能失调,干扰人体和生物体内锌的酶系统,导致高血压。易受害的人群是矿业工作者、免疫力低下人群。水中含镉 $0.1mg/L$ 时,可轻度抑制地表水的自净作用;镉对白鲢鱼的安全浓度为 $0.014mg/L$;用含镉 $0.04mg/L$ 的水进行灌溉时,土壤和稻米受到明显污染,农灌水中含镉 $0.007mg/L$ 时,即可造成污染。正常人血液中的镉浓度小于 $5\mu g/L$,尿中小于 $1\mu g/L$。

重金属污染与其他有机化合物的污染不同。不少有机化合物可以通过自然界本身物理的、化学的或生物的净化，使有害性降低或解除。而重金属具有富集性，很难在环境中降解。如今中国由于在重金属的开采、冶炼、加工过程中，造成不少重金属如铅、汞、镉、钴等进入大气、水、土壤引起严重的环境污染。随废水排出的重金属，即使浓度小，也可在藻类和底泥中积累，被鱼和贝类体表吸附，产生食物链浓缩，从而造成公害。水体中金属有利或有害不仅取决于金属的种类、理化性质，而且还取决于金属的浓度及存在的价态和形态，即使有益的金属元素浓度超过某一数值也会有剧烈的毒性，使动植物中毒，甚至死亡。金属有机化合物（如有机汞、有机铅、有机砷、有机锡等）比相应的金属无机化合物毒性要强得多；可溶态的金属又比颗粒态金属的毒性要大。

重金属在人体内能和蛋白质及各种酶发生强烈的相互作用，使它们失去活性；也可能在人体的某些器官中富集，如果超过人体所能耐受的限度，会造成人体急性中毒、亚急性中毒、慢性中毒等，对人体会造成很大的危害。例如日本发生的水俣病（汞污染）和骨痛病（镉污染）等公害病，都是由重金属污染引起的。

重金属在大气、水体、土壤、生物体中广泛分布，而底泥往往是重金属的储存库和最后的归宿。当环境变化时，底泥中的重金属形态会发生转化并释放造成污染。重金属不能被生物降解，但具有生物累积性，可以直接威胁高等生物包括人类。有关专家指出，重金属对土壤的污染具有不可逆转性，已受污染土壤没有治理价值，只能调整种植品种来加以回避。因此，底泥重金属污染问题日益受到人们的重视。

二、火焰原子吸收相关知识

1. 最佳实验条件

火焰原子吸收光谱法工作条件的选择对原子吸收光谱分析很重要，虽然由于仪器型号不同，其他实验条件可能不同，但从理论上讲，同种元素至少燃助比应该一样，即同种元素原子化时对火焰氛围的要求应该是一样的；特别的，同种元素不同分析线的最佳实验条件应该是完全一致的。但目前很多研究的结论相互矛盾，应该围绕气体流量和灯电流两个关键因素来设计条件选择实验。

燃助比与气体流量直接相关，燃助比决定火焰氛围进而影响原子化效率，根据原子化原理，燃助比是火焰原子吸收光谱法工作条件的选择实验结论中最重要也是最稳定的参数。

改变助燃气流量会改变雾化器喷嘴气体流速，从而改变提升量，由于提升量的改变，雾化效率和原子化效率也要改变，提升量的改变还会引起自由原子浓度和火焰温度的改变，影响因素复杂；目前火焰原子吸收最佳工作条件的实验方法都是在固定助燃气流量、改变燃气流量的条件下测量不同燃助比的吸光度变化来选择燃助比。但是这种实验方法在改变燃气流量时会使火焰高度和火焰温度发生明显改变，火焰高度的剧烈改变会使基态原子高浓度区域发生改变，从而使吸光度发生明显改变；火焰温度的改变会改变原子化效率，改变基态原子浓度，也会引起吸光度明显改变；也就是说，改变燃气流量会导致多个实验条件改变，而这些影响因素无规律可循。

实际上，国家标准中对燃助比选择方法的叙述是："固定助燃气（或燃气）的流量，改变燃气（或助燃气）流量，测量标准溶液在不同流量时的吸光度。"只是因为固定助燃气流量的实验容易操作，所以无人选择固定燃气流量的方法。

从乙炔燃烧方程：

$$2C_2H_2 + 5O_2 \longrightarrow 4CO_2 + 2H_2O$$

我们知道，理论上计量火焰的燃助比（乙炔与空气流量之比）应该是 1:12.5，这与实际工作中使用的计量火焰燃助比 1:4 相差很大，原因是燃烧中的氧气主要还是由火焰外围空气自然补充，只要燃气流量固定，无论使用什么燃助比，外围空气都可保证燃气完全燃烧，因此，燃气流量不变则火焰高度和火焰温度不变，基态原子高浓度区域和原子化效率不变，这样实验中测得的吸光度改变才完全是由燃助比的变化引起的。

燃气流量不变则需用改变助燃气流量来改变燃助比，而助燃气流量的改变也将改变以下几方面的实验条件：

① 提升量、雾化效率和单位进样量吸光度：助燃气流量改变则雾化器喷嘴空气速度改变，从而改变提升量，且一般认为提升量小时雾化效率高，提升量大时雾化效率低，没有规律可循，无法在不同燃助比下比较吸光度来选择最佳实验条件，因此，经典实验方法中不采用改变助燃气流量的方法。但是，在实验中只要在改变助燃气流量的同时测定相应的提升量和废液排放量，二者之差就是实际进样量，然后用不同助燃气流量下的吸光度除以实际进样量，得到单位进样量吸光度，比较单位进样量吸光度，单位进样量吸光度最大的燃助比为最佳燃助比。这种实验方法可解决助燃气流量改变引起提升量和雾化效率改变的问题。

② 气体流速和雾滴直径：助燃气流量改变对雾化效率和雾滴直径的影响是很复杂的，目前火焰原子化器都有预混室，根据斯托克斯沉降方程进入燃烧头的雾滴直径只与预混室内气体流速有关，虽然改变助燃气流量会明显改变雾化器喷嘴处气流速度，但预混室截面积比雾化器喷嘴大得多，预混室内气体流速变化不大且处于湍流状态，助燃气流量改变对预混室去除大雾滴的效果影响不大，因此最后进入燃烧头的雾滴直径变化不大；从原子化过程可知，雾滴直径决定雾滴脱溶剂、融熔、气化、原子化的时间，也就决定试样原子化时在火焰中的高度，因此，雾滴直径分布决定火焰中原子高浓度区域的位置，也就是说雾滴直径占比最高的部分决定火焰中原子高浓度区域的位置，而改变助燃气流量不会改变雾滴直径分布，因此改变助燃气流量不会改变火焰中原子高浓度区域的位置。

③ 火焰温度和原子化效率：一般认为提升量改变会引起火焰温度改变，但通常溶剂汽化热约占乙炔燃烧总热量的 5% 以下，提升量对火焰温度和原子化效率的影响是比较小的。

综上所述，一方面随着助燃气流量的增加，火焰中气体流速增加以及提升量增加，这会导致试样在火焰中的运动速度增加、火焰温度下降，从而导致原子化效率下降和火焰中原子高浓度区域位置上升；另一方面，随着助燃气流量的增加，火焰温度却会相应提高，又会导致原子化效率上升和火焰中原子高浓度区域位置下降。两种影响都不大且互相抵消，可以近似认为助燃气流量改变，不会引起原子化效率和火焰中原子高浓度区域位置改变。因此，用改变助燃气流量方式选择燃助比是可行的。

2. 基体干扰检查方法

此方法适用于有一定浓度的样品。取两份相同水样，其中一份稀释 5 倍（1+4），稀释样品的测定值（不得小于检出限的 10 倍）乘以稀释倍数与未稀释样品测定值作比较，相对偏差在 ±10% 范围内视为无干扰。否则，表明有化学或物理干扰存在，可采取稀释或标准加入法消除。

当样品浓度低于上述要求，可用标准加入法曲线斜率与标准曲线斜率作比较，相对偏差在 ±5% 范围内视为无干扰。否则，表明有基体干扰存在。

3. 标准加入法

（1）校准曲线的绘制　分别量取四份等量的待测试样，配制总体积相同的四份溶液。第 1 份不加标准溶液，第 2、3、4 份分别按比例加入不同浓度的标准溶液，四份溶液的浓度分别为：C_X、C_X+C_0、C_X+2C_0、C_X+3C_0；加入标准溶液 C_0 的浓度应约等于 0.5 倍量的试样浓度即 $C_0 \approx 0.5 C_X$。用空白溶液调零，在相同测定条件下依次测定四份溶液的吸光度。以吸光度为纵坐标，加入标准溶液的浓度为横坐标，绘制校准曲线，曲线反向延伸与浓度轴的交点即为待测试样的浓度。待测试样浓度与对应吸光度的关系见附图 3-15。

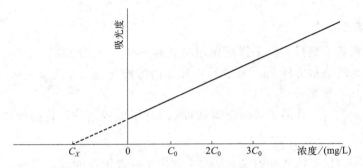

图 3-15　待测试样浓度与对应吸光度的关系图

（2）注意事项　本方法只适用于待测样品浓度与吸光度呈线性的区域。

加入标准溶液后所引起的体积误差不应超过 0.5%。

本方法只能消除基体效应带来的影响，不能消除背景吸收的影响。

干扰效应须不随待测元素与基体浓度比值的变化而变化。加入的标准与待测元素在所选的测量条件下应有相同的分析响应。

4. 标准加入法的适用性判断

测定待测试样的吸光度为 A，从校准曲线上查得浓度为 x。再向待测试样中加入标准溶液，加标浓度为 s，测定其吸光度为 B，从校准曲线上查得浓度为 y。按照下式计算待测试样的含量 c：

$$c = \frac{s}{y-x} \times x$$

当不存在基体效应时，$s/(y-x)$ 应为 1，即 $c=x$，此时可用标准溶液校准曲线法。当存在基体效应时，$s/(y-x)$ 在 0.5~1.5 之间，可用标准加入法，$s/(y-x)$ 超出此范围时，标准加入法不适用，必须预先分离基体后才能进行测定。

实训操作：铜、锌、铅、镉的测定

1. 定义

溶解的金属：未酸化的样品中能通过滤膜的金属成分。

金属总量：未经过滤的样品经强烈消解后测得的金属浓度或样品中溶解和悬浮的两部分金属浓度的总量。

2. 采样和样品

用聚乙烯塑料瓶采集样品。采样瓶先用洗涤剂洗净，再在硝酸溶液中浸泡，使用前用水冲洗干净。分析金属总量的样品，采集后立即加硝酸酸化至pH为1～2，正常情况下，每1000mL样品加2mL硝酸。

分析溶解的金属时，样品采集后立即通过0.45μm滤膜过滤，得到的滤液再酸化。

3. 适用范围

测定浓度范围与仪器的特性有关，表3-7列出了一般仪器的测定范围。

表3-7 仪器的测定范围

元素	浓度范围/(mg/L)	元素	浓度范围/(mg/L)
铜	0.05～5	铅	0.2～10
锌	0.05～1	镉	0.05～1

地下水和地表水中的共存离子和化合物在常见浓度下不干扰测定。但当钙的浓度高于1000mg/L时，抑制镉的吸收；浓度为2000mg/L时，信号抑制达19%。铁的含量超过100mg/L时，抑制锌的吸收。当样品中含盐量很高，特征谱线波长又低于350nm时，可能出现非特征吸收。如高浓度的钙，因产生背景吸收，使铅的测定结果偏高。

4. 原理

将样品或消解处理过的样品直接吸入火焰，在火焰中形成的原子对特征电磁辐射产生吸收，将测得的样品吸光度和标准溶液的吸光度进行比较，确定样品中被测元素的浓度。

5. 试剂

除非另有说明，分析时均使用符合国家标准或专业标准的分析纯试剂，去离子水或同等纯度的水。

(1) 硝酸　优级纯。

(2) 硝酸　分析纯。

(3) 高氯酸　优级纯。

(4) 燃料　乙炔，用钢瓶气或由乙炔发生器供给，纯度不低于99.6%。

(5) 氧化剂　空气，一般由气体压缩机供给，进入燃烧器以前应经过适当过滤，以除去其中的水、油和其他杂质。

(6) 1+1硝酸溶液　用分析纯硝酸配制。

(7) 1+499硝酸溶液　用优级纯硝酸配制。

(8) 金属贮备液 1.000g/L 称取1.000g光谱纯金属,准确到0.001g,用优级纯硝酸溶解,必要时加热,直至溶解完全,然后用水稀释定容至1000mL。

(9) 中间标准溶液 用1+499硝酸溶液稀释金属贮备液配制,此溶液中铜、锌、铅、镉的浓度分别为50.00mg/L、10.00mg/L、100.0mg/L和10.00mg/L。

6. 仪器

一般实验室仪器和原子吸收分光光度计及相应的辅助设备,配有乙炔-空气燃烧器;光源选用空心阴极灯或无极放电灯。仪器操作参数可参照厂家的说明进行选择。

注:实验用的玻璃或塑料器皿用洗涤剂洗净后,在1+1硝酸溶液中浸泡,使用前用水冲洗干净。

7. 步骤

(1) 校准 参照表3-8,在100mL容量瓶中,用1+499硝酸溶液稀释中间标准溶液,配制至少4个工作标准溶液,其浓度范围应包括样品中被测元素的浓度。

表3-8 工作标准溶液配制

中间标准溶液加入体积/mL		0.50	1.00	3.00	5.00	10.0
工作标准溶液浓度/(mg/L)	铜	0.25	0.50	1.50	2.50	5.00
	锌	0.05	0.10	0.30	0.50	1.00
	铅	0.50	1.00	3.00	5.00	10.0
	镉	0.05	0.10	0.30	0.50	1.00

注:定容体积为100mL。

测定金属总量时,如果样品需要消解,则工作标准溶液也按相同的步骤进行消解。

注:在测定过程中,要定期地复测空白和工作标准溶液,以检查基线的稳定性和仪器的灵敏度是否发生了变化。

(2) 测定 加入5mL优级纯硝酸,在电热板上加热消解,确保样品不沸腾,蒸至10mL左右,加入5mL优级纯硝酸和2mL高氯酸,继续消解,蒸至1mL左右。如果消解不完全,再加入5mL优级纯硝酸和2mL高氯酸,再蒸至1mL左右。取下冷却,加水溶解残渣,通过中速滤纸(预先用酸洗)滤入100mL容量瓶中,用水稀释至标线。

选择波长并调节火焰,吸入1+499硝酸溶液,将仪器调零。吸入空白、工作标准溶液或样品,记录吸光度。

根据扣除空白吸光度后的样品吸光度,在校准曲线上查出样品中的金属浓度。

(3) 空白 在测定样品的同时,测定空白。取100.0mL的1+499硝酸溶液代替样品。

(4) 结果的表示 实验室样品中的金属浓度按下式计算:

$$c = \frac{1000W}{V}$$

式中 c——实验室样品中的金属浓度,$\mu g/L$;

W——试份中金属含量,μg;

V——试份的体积,mL。

报告结果时,要指明测定的是溶解的金属还是金属总量。

任务七 水质应急监测

一、应急监测

突发环境事件是指由于污染物排放或自然灾害、生产安全事故等因素,导致污染物或放射性物质等有毒有害物质进入大气、水体、土壤等环境介质,突然造成或可能造成环境质量下降,危及公众身体健康和财产安全,或者造成生态环境破坏,或者造成重大社会影响,需要采取紧急措施予以应对的事件。

环境突发事件应急监测流程

应急监测指突发环境事件发生后至应急响应终止前,对污染物、污染物浓度、污染范围及其动态变化进行的监测。应急监测包括污染态势初步判别和跟踪监测两个阶段。突发环境事件应急监测流程见图 3-16 所示。

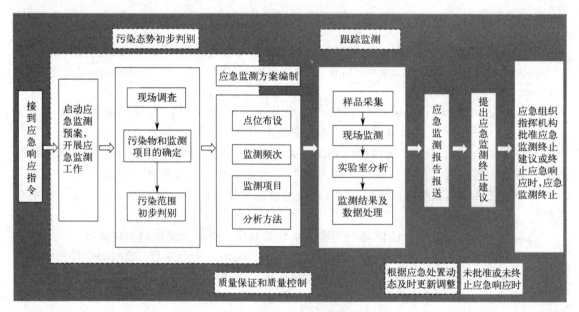

图 3-16 突发环境事件应急监测流程示意图

1. 应急监测工作原则

(1)及时性 接到应急响应指令时,应做好相应记录并立即启动应急监测预案,开展应急监测工作。

(2)可行性 突发环境事件发生后,应急监测队伍应立即按照相关预案,在确保安全的前提下,开展应急监测工作。突发环境事件应急监测预案内容包括但不限于总则、组织体系、应急程序、保障措施、附则、附件等部分,具体内容由生态环境监测机构根据自身组织管理方式细化。

(3) 代表性　开展应急监测工作，应尽可能以足够的具有时空代表性的监测结果，尽快为突发环境事件应急决策提供可靠依据。在污染态势初步判别阶段，应以第一时间确定污染物种类、监测项目、大致污染范围及程度为工作原则；在跟踪监测阶段，应以快速获取污染物浓度及其动态变化信息为工作原则。

2. 污染态势初步判别

污染态势初步判别是突发环境事件应急监测的第一阶段，突发环境事件发生后，确定污染物种类、监测项目及大致污染范围和污染程度的过程。

(1) 现场调查　现场调查可包括如下内容：事件发生的时间和地点，必要的水文气象及地质等参数，可能存在的污染物名称及排放量，污染物影响范围，周围是否有敏感点，可能受影响的环境要素及其功能区划等；污染物特性的简要说明；其他相关信息（如盛放有毒有害污染物的容器、标签等信息）。

(2) 污染物和监测项目的确定

① 污染物和监测项目的确定原则。优先选择特征污染物和主要污染因子作为监测项目，根据污染事件的性质和环境污染状况确认在环境中积累较多、对环境危害较大、影响范围广、毒性较强的污染物，或者为污染事件对环境造成严重不良影响的特定项目，并根据污染物性质（自然性、扩散性或活性、毒性、可持续性、生物可降解性或积累性、潜在毒性）及污染趋势，按可行性原则（尽量有监测方法、评价标准或要求）进行确定。

② 已知污染物监测项目的确定。

③ 未知污染物监测项目的确定。可根据现场调查结果，结合突发环境事件现场的一些特征及感官判断，如气味、颜色、挥发性、遇水的反应特性、人员或动植物的中毒反应症状及对周围生态环境的影响，初步判定特征污染物和监测项目。

可通过事件现场周围可能产生污染的排放源的生产、运输、安全及环保记录，初步判定特征污染物和监测项目。

可利用相关区域或流域的环境自动监测站和污染源在线监测系统等现有仪器设备的监测结果，初步判定特征污染物和监测项目。

可通过现场采样分析，包括采集有代表性的污染源样品，利用检测试纸、快速检测管、便携式监测仪器、流动式监测平台等现场快速监测手段，初步判定特征污染物和监测项目。若现场快速监测方法的定性结果为检出，需进一步采用不同原理的其他方法进行确认。

可现场采集样品（包括有代表性的污染源样品）送实验室分析，确定特征污染物和监测项目。

3. 应急监测方案

(1) 应急监测方案内容　应急监测方案是指跟踪监测阶段的应急监测方案。

根据污染态势初步判别结果，编制应急监测方案。应急监测方案应包括但不限于突发环境事件概况、监测布点及距事发地距离、监测断面（点位）经纬度及示意图、监测频次、监测项目、监测方法、评价标准或要求、质量保证和质量控制、数据报送要求、人员分工及联系方式、安全防护等方面内容。

(2) 点位布设　采样断面（点）的设置一般以突发环境事件发生地及可能受影响的环境区域为主，同时应注重人群和生活环境、事件发生地周围重要生态环境保护目标及环境敏感点，重点关注对饮用水水源地、人群活动区域的空气、农田土壤、自然保护区、风景名胜区及其他需要特殊保护的区域的影响，合理设置监测断面（点），判断污染团（带）位置、反映污染变化趋势、了解应急处置效果。应根据突发环境事件应急处置情况动态及时更新调整布设点位。

对被突发环境事件所污染的地表水、大气、土壤和地下水应设置对照断面（点）、控制断面（点），对地表水和地下水还应设置削减断面（点），布点要确保能够获取足够的有代表性的信息，同时应考虑采样的安全性和可行性。

（3）监测频次　监测频次主要根据现场污染状况确定。事件刚发生时，监测频次可适当增加，待摸清污染变化规律后，可适当减少监测频次。依据不同的环境区域功能和现场具体污染状况，力求以最合理的监测频次，取得具有足够时空代表性的监测结果，做到既有代表性、能满足应急工作要求，又切实可行。

4. 跟踪监测

跟踪监测是突发环境事件应急监测的第二阶段，指污染态势初步判别阶段后至应急响应终止前，开展的确定污染物浓度、污染范围及其动态变化的环境监测活动。

（1）样品采集　参照相应监测技术规范执行。

（2）现场监测　现场监测仪器设备的选用宜以便携式、直读式、多参数的现场监测仪器为主，要求能够通过定性半定量的监测结果，对污染物进行快速鉴别、筛查及监测。

可根据本地实际和全国环境监测站建设标准要求，配置常用的现场监测仪器设备，如检测试纸、快速检测管和便携式监测仪器等快速检测仪器设备。需要时，配置便携式气相色谱仪、便携式红外光谱仪、便携式气相色谱/质谱分析仪等应急监测仪器。有条件的可使用整合便携式/车载式监测仪器设备的水质和大气应急监测车等装备。

使用后的检测试纸、快速检测管、试剂及废弃物等应按相关要求妥善处置。

应及时进行现场监测记录，并确保信息完整。可利用日常监测记录表格进行记录，主要包括监测时间、监测断面（点位）、监测断面（点位）示意图、必要的环境条件、样品类型、监测项目、监测分析方法、仪器名称、仪器型号、仪器编号、仪器校准或核查、监测结果、监测人员及校核人员的签名等，同时记录必要的水文气象及地质等参数。

（3）实验室分析　参照相应监测技术规范执行。

（4）监测结果及数据处理　突发环境事件应急监测结果可用定性、半定量或定量的监测结果来表示。定性监测结果可用"检出"或"未检出"来表示；半定量监测结果可给出测定结果或测定结果范围；定量监测结果应给出测定结果并注明其检出限，超出相应评价标准或要求的，还应明确超标倍数。

二、现场快速监测示例

现以水质中氨氮的测定（分光光度法）为例介绍现场快速监测。

1. 方法原理

仪器将试样和试剂按比例顺序注射自动载入前处理装置中，在碱性条件下通过加热蒸馏，可将待测组分自动快速吹脱至吸收液中，在亚硝基铁氰化钠存在下，铵与水杨酸盐和次氯酸离子反应生成蓝色化合物，在655nm波长处测量吸光度。在一定浓度范围内，试样中待测物浓度与吸光度呈线性关系，仪器根据工作曲线计算氨氮测试结果。氨氮现场快速监测方法原理如图3-17所示，氨氮现

氨氮现场快速监测

场快速监测工作原理如图 3-18 所示。

图 3-17 氨氮现场快速监测方法原理图

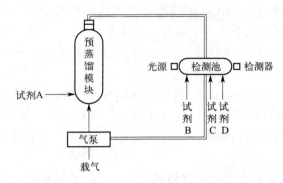

图 3-18 氨氮现场快速监测工作原理图
试剂 A—中和液；试剂 B—吸收液；试剂 C—氧化剂；试剂 D—显色剂

2. 试剂和材料

分析时，盐酸、硫酸使用优级纯试剂，其余均使用符合国家标准的分析纯试剂；在制备时要注意环境的通风，在不影响测定结果的条件下进行。

(1) 实验用水　实验用水为新鲜制备、电阻率大于 $10M\Omega \cdot cm$ 的无氨水。

(2) 硫酸　$\rho(H_2SO_4)=1.84g/mL$，优级纯。

(3) 盐酸（HCl）　优级纯。

(4) 氢氧化钠（NaOH）。

(5) 乙二胺四乙酸二钠（Na_2EDTA，$C_{10}H_{14}O_8N_2Na_2$）。

(6) 氯化钾（KCl）。

(7) 酒石酸钾钠（$NaKC_4H_4O_6 \cdot 4H_2O$）。

(8) 水杨酸钠（$C_7H_5O_3Na$）。

(9) 酒石酸（$C_4H_6O_6$）。

(10) 二氯异氰尿酸钠（$C_3O_3N_3Cl_2Na$）。

(11) 亚硝基铁氰化钠（$Na_2[Fe(CN)_5NO] \cdot 2H_2O$）。

(12) 氯化铵（NH_4Cl）。

(13) 中和液　往 400mL 水中加入 15g 氢氧化钠和 5g 乙二胺四乙酸二钠，使之完全溶解，定容至 500mL，密闭贮存于塑料瓶中。30g/L 的氢氧化钠和 10g/L 乙二胺四乙酸二钠可混合为一种试剂使用，也可单独作为两种试剂，测试过程中自动混合。该溶液常温下保存，可稳定 2 个月。

注：海水等高盐度水样测定时中和液采用如下配方：往 400mL 水中加入 50g 氢氧化钠、110g 氯化钾和 10g 酒石酸钾钠，使之完全溶解，定容至 500mL，密闭贮存于塑料瓶中。每次消耗 1.5mL。50g 氢氧化钠、110g 氯化钾和 10g 酒石酸钾钠可混合为一种试剂使用，也可单独作为三种试剂，测试过程中自动混合。

（14）吸收液　称取30g水杨酸钠至1L烧杯中，加300mL水搅拌溶解后，再加入0.5g酒石酸，溶解完全后，定容至500mL，密闭贮存于塑料瓶中。该溶液常温下保存，可稳定2个月。

注：60g/L的水杨酸钠和1g/L酒石酸可混合为一种试剂使用，也可单独作为两种试剂，测试过程中自动混合。酒石酸也可用酒石酸钾或酒石酸钠代替，但要保证吸收液pH值在3.5~4.5之间。

（15）氧化剂　称取20g氢氧化钠于1L烧杯中，溶于200mL水后加入1.5g二氯异氰尿酸钠，搅拌溶解后，定容至500mL，密闭贮存于黑色塑料瓶中。配制过程有氯气释放，需在通风柜中配制。该溶液常温下保存，可稳定2个月。

（16）显色剂　称取5.0g亚硝基铁氰化钠溶于500mL水中，密闭储存于黑色塑料瓶中。该溶液常温下保存，可稳定2个月。

（17）氨氮贮备液（1000mg/L）　称取3.8190g氯化铵（NH_4Cl，优级纯，在100~105℃干燥2h），用200mL水溶解后，转入1000mL容量瓶中，加入5mL盐酸，用水稀释至标线，密闭、低温贮存于塑料瓶中。该溶液在4℃下保存，可稳定6个月，或直接购买国家有证标准物质。

（18）标准使用液　各浓度标液通过稀释氨氮贮备液来配制。每次稀释不要超过100倍。

3. 仪器和设备

氨氮现场快速监测仪：进样管路（标样管、水样管及试剂管路）、进样计量单元（电磁阀组、液位管、泵等组成）、预蒸馏单元（加热单元、冷凝装置）、检测单元（光源、检测器、石英检测池）、流路控制模块、数据处理、显示及存储单元等。

一般实验室常用仪器和设备。

4. 样品

（1）样品的采集与保存　当样品含有肉眼可见的固体或悬浮物时，测试前应采用0.45μm滤网/滤膜过滤。

在采样前，用水冲洗所有接触样品的器皿，样品采集于清洗过的聚乙烯或玻璃瓶中。样品应尽快现场测定，不需要添加固定剂。如需保存，可加入硫酸至pH≤2，常温可保存24h；可于−20℃冷冻，保存期1个月。

（2）样品的准备　样品上机测试前，应充分摇匀。

根据仪器测量范围0.12~2.00mg/L，如超出范围可人工进行稀释或仪器自动稀释。

5. 分析步骤

（1）仪器参考条件

预蒸馏条件：①加热温度：60℃；②吹脱时间：10min。

载气流量：（350±50）mL/min。

显色条件：①显色温度：45℃；②显色时间：3min。

检测波长：$\lambda = 655$nm。

（2）仪器预备及开启　将仪器各管路外壁用实验用水清洗好并用洁净滤纸擦干。按照仪器流路标识，将各管路依次插入对应试剂、废液，连接好实验用水。开启仪器，仪器进入自检程序，必要时会进行初始化以保证仪器正常待机。

（3）工作曲线的建立　按照氨氮标准使用液的配置方法，配制6个浓度点的标准系列溶液，浓度依次为0.00mg/L、0.40mg/L、0.80mg/L、1.20mg/L、1.60mg/L、2.00mg/L。

将配制好的标准系列样品混匀,按照仪器参考条件,在仪器的校准工作曲线界面输入标准系列浓度,并启动仪器完成测试,依次完成所有标准系列的测试。仪器自动生成校准工作曲线及相应的曲线方程和线性相关系数。

(4) 样品的测定　根据样品预估浓度,如需稀释应选择合适的稀释倍数,通过人工稀释或仪器自动稀释后进行测定,计算结果乘以稀释倍数或仪器自动计算测试结果。如待测水样pH<4 需调节水样 pH 至中性后再进行测试。

(5) 空白试验　用实验用水代替样品,按照与样品测定相同的仪器条件进行空白样品的测定。

6. 结果计算与表示

(1) 结果计算　样品中氨氮的质量浓度按照下式进行计算。

$$\rho = (\rho_1 - \rho_0) F$$

式中　ρ——样品中氨氮的质量浓度,mg/L;

ρ_1——仪器测定样品计算出的氨氮浓度,mg/L;

ρ_0——仪器测定空白计算出的氨氮浓度,mg/L;

F——样品稀释倍数。

(2) 结果表示　测定结果的小数点后位数的保留与方法检出限一致,最多保留三位有效数字。

7. 质量保证和质量控制

每批次应分析一个空白样,空白样测定结果应低于检出限,试剂空白的吸光度应不超过 0.030(光程 10mm 比色皿)。

每批样品至少测定 10%的平行双样,样品数量少于 10 个时,至少测定一个平行双样,水样测定结果等于或低于测定下限(0.12mg/L)时,相对偏差应在±20%以内,测定结果大于测定下限时,相对偏差应在±10%以内。

每次监测应采用有证标准样品对分析结果准确性进行质量控制,其测定结果的相对偏差应在±5%以内,或每批次样品应至少测定 10%的加标样品,样品数量少于 10 个时,应至少测定一个加标样品,加标回收率应在 80%~120%之间。若超出范围,应重新绘制标准曲线。

各工作曲线应至少包括 6 个浓度点(含零浓度点),相关系数≥0.995。

8. 废物处理

现场实验中产生的有害废液和废物应集中收集,带回实验室,委托有资质的单位进行处理。

思考与练习

1. 溶解氧采样现场如何将水样引入细口瓶?为什么要将移液管尖放在液面下加液?

2. 溶解氧采样细口瓶装满水样后是直接向瓶内加入硫酸锰和碱性碘化钾溶液,还是先盖紧盖子再打开盖子,然后加入,为什么?

3. 溶解氧测定过程中每次向溶解氧瓶内加入试剂后再盖紧盖子,会有液体溢出吗?会影响测定吗？

4. 碘量法为什么要先滴定至溶液浅黄色再加淀粉指示剂？如何判断浅黄色？

5. 溶解氧采样时为什么要用虹吸法将虹吸管放在溶解氧瓶底部导入水样，并满溢一定时间？

6. 分光光度法为什么在测定过程中样品要取适量？多少是适量，为什么不能多取，尽量少取些行不行？

7. 由于学生实验试剂用量少，在六价铬测定中重铬酸钾可否称取 0.1415g 配制成 500mL，为什么？可否吸取 1.00mL 铬标准贮备液置于 100mL 容量瓶中配制铬标准使用液（Ⅰ），为什么？可否吸取 5.00mL 铬标准贮备液置于 100mL 容量瓶中配制铬标准使用液（Ⅱ），为什么？

8. 六价铬测定中"加入 0.5mL 硫酸溶液和 0.5mL 磷酸溶液"和"加入 2mL 显色剂"，分别应该怎么操作（是用吸量管还是量筒或滴管），为什么？

9. 六价铬测定中"用 10 或 30mm 的比色皿"，到底用哪种比色皿，在什么情况下用，为什么？

10. 分光光度法中"以水做参比"这句话落实到具体操作，到底是怎么做的？

11. 分光光度法中的"校正吸光度"具体是怎么计算得来的（哪个测量值减哪个测量值），如果以零浓度为参比直接测定得到的测定结果是不是和"校正吸光度"一致，如果是一致的为什么还要多此一举去计算"校正吸光度"呢？

12. 教材中常有"标准曲线"和"工作曲线"，本节内容中说"校准曲线"，请问三者有什么区别和联系？

13. 25℃时，Br_2 在 CCl_4 和水中的分配比为 29.0，试问：(1) 水溶液中的 Br_2 用等体积的 CCl_4 萃取；(2) 水溶液中的 Br_2 用 1/2 体积 CCl_4 萃取；其萃取率各为多少？

14. 说明测定水样 BOD_5 的原理，怎样估算水样的稀释倍数？怎样应用和配制稀释水和接种稀释水？

15. 在水环境监测项目和监测频次确定时，应坚持哪些原则和注意事项？

项目四

大气环境监测

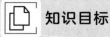 **知识目标**

1. 掌握大气污染样品的采集方法及采样点布设的原则和方法；
2. 掌握甲醛和颗粒物的测定原理和方法；
3. 了解采样器的选择；
4. 了解自动连续监测和固定源废气监测。

 能力目标

1. 学会制订大气监测采样方案；
2. 学会甲醛和颗粒物的测定操作。

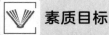 **素质目标**

1. 锻炼社会实践能力，培养团队协作精神；
2. 培养理论联系实际的能力，实事求是的工作态度。

任务一　大气采样点布设

"大气"和"空气"在自然科学中没有本质区别，常常作同义词使用。但在研究大气环境问题时根据表示范围大小，习惯上如用于小范围空间（如起居室、车间）时，称"空气"，而用于大范围（某城市、某地区等）时，称"大气"。

大气的组成是十分复杂的，它是多种物质的混合物。清洁干燥的大气有固定的组成。在漫长的地质历史时期中，自有生物以来，生物和人类逐渐适应了这个大气环境，大气环境也为人和生物的生活和生存提供了必要的环境条件。

然而，随着经济的发展和科学技术的进步，人类对自然界的破坏力加大，大量的有害物质如烟尘、二氧化硫、氮氧化物、一氧化碳等排放到大气中，使局部地区大气中这些物质的浓度有所增加。尽管这些有害物浓度很小，但其危害是很大的。人类活动打破了自然界中大气、生物、陆地、海洋这一体系固有的动态平衡，特别是当有害物质的浓度超过了大气环境所能允许的极限，并持续一段时间时，就造成大气质量向恶化方向发展，从而危害人类的生活和健康，危害其他生物的生活和生存，也使建筑物及设施等直接或间接地被破坏。

一、大气扩散规律

1. 大气污染物

大气污染通常是指由于人类活动或自然过程引起某种物质进入大气中，呈现出足够的浓度，达到了足够的时间并因此而危害了人体的舒适、健康和福利或危害了生态环境的现象。

由于人类活动所产生的某些有害颗粒物和废气进入大气层，给大气增添了许多种引起大气污染的有害物质，这些物质称为大气污染物。大气污染物很多，已被发现有危害作用的达一百多种，其中多为有机物。大气中污染物质的存在状态是由其自身的理化性质及形成过程决定的，气象条件也起一定的作用。

按大气污染物形成过程，大气污染物分为：一次污染物，即直接从污染源排放到大气中的有害物质；二次污染物，即进入大气的一次污染物间相互作用或与大气原组分发生反应所产生的新的污染物。

按其存在状态可将大气污染物分为分子状态污染物和粒子状态污染物。

（1）分子状态污染物　指常温常压下以气体或蒸汽形式（苯、苯酚）分散在大气中的污染物质。这类污染物有 SO_2、CO、NO_2、HCN 等，由于它们的沸点都很低，在常温下只能以气体分子的形态存在，因此，当它们从污染源散发到大气中时，仍然以单分子的气态存在。有些物质，如苯和汞等，虽然沸点比较高，在常温下是液体，但因其挥发性强，受热时容易形成蒸气进入大气中。根据化学形态，可将其分为五类：①含硫化合物：SO_2、H_2S；SO_3、硫酸、硫酸盐；②含氮化合物：NO、NO_2、NH_3、硝酸、硝酸盐；③碳氢化合物：$C_1 \sim C_5$ 化合物、醛、酮、过氧乙酰硝酸酯（PAN）；④碳氧化合物：CO、

CO_2；⑤卤素化合物：HF、HCl。

(2) 粒子状态污染物　即颗粒物，是分散在大气中的微小固体和液体颗粒，粒径多在 $0.01 \sim 100 \mu m$ 之间，是一个复杂的非均匀体系。通常根据颗粒物的重力沉降特性分为降尘和飘尘。降尘指粒径大于 $10 \mu m$ 的颗粒，如水泥粉尘、金属粉尘、飞尘等，一般颗粒大，比重也大，在重力作用下易沉降，危害范围较小。飘尘指粒径小于 $10 \mu m$ 的粒子，粒径小，比重也小，可长期漂浮在大气中，易随呼吸进入人体，危害健康，因此也称可吸入颗粒物（PM_{10}）。粒径小于 $10 \mu m$ 的颗粒物还具有胶体的特性，有时也称气溶胶。它包括平常所说的雾、烟和尘。雾是液态分散型气溶胶和液态凝结型气溶胶的统称，粒径一般为 $10 \mu m$。形成液态分散性气溶胶的物质在常温下是液体，当它们因飞溅、喷射等原因被雾化后，即形成微小的液滴分散在大气中。液态凝结型气溶胶则是由于加热使液体变为蒸气散发在大气中，遇冷后凝结成微小的液滴悬浮在大气中。烟是指燃煤时所产生的煤烟和高温熔炼时产生的烟气等，是固态凝结型气溶胶，生成这种气溶胶的物质在通常情况下是固体，在高温下由于蒸发或升华作用变成气体逸散到大气中，遇冷凝结成微小的固体颗粒，悬浮在大气中构成烟。烟的粒径一般在 $0.01 \sim 1 \mu m$ 之间。平常所说的烟雾，具有烟和雾的特性，是固、液混合气溶胶。一般烟和雾同时形成时就构成烟雾。尘是固体分散性微粒，包括交通车辆行驶时带起的扬尘，粉碎、爆破时产生的粉尘等。

2. 大气污染物的时空分布

大气污染物的时空分布及其浓度与污染物排放源的分布、排放量及地形、地貌、气象等条件密切相关。同一污染源对同一地点在不同时间所造成的地面空气污染浓度往往相差数倍至数十倍；同一时间不同地点也相差甚大。

(1) 时间性　大气中一次污染物和二次污染物的浓度由于受气象条件的影响，在一天内的变化也不同。一次污染物因受逆温层、气温、气压等的限制，在清晨和黄昏时浓度较高，中午即降低；而二次污染物如光化学烟雾等由于是靠太阳光能形成的，故在中午时浓度增加，清晨和夜晚时降低。

(2) 空间性　大气污染物的空间分布与污染源种类、分布情况和气象条件等因素有关。如：烟尘的排放市区比郊区多，郊区比农村多。因此采样时除了注意选择适当时间外，还应选择合适的采样点，使结果更具代表性。

3. 大气扩散规律

高斯扩散模型适用于均一的大气条件以及地面开阔平坦的地区，可看作是点源的扩散模式，如图 4-1 所示。排放大量污染物的烟囱、放散管、通风口等，虽然大小不一，但是只要不是讨论烟囱底部很近距离的污染问题，均可视其为点源。大量的实验和理论研究证明，特别是对于连续源的平均烟流，其浓度分布是符合正态分布的。因此我们可以作如下假定：①污染物浓度在 y、z 轴上的分布符合高斯分布（正态分布）；②在全部空间中风速是均匀的、稳定的；③源强是连续均匀的；④在扩散过程中污染物质量是守恒的（不考虑转化）。

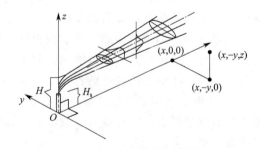

图 4-1　高斯模式示意图

二、大气采样点布设方法

1. 环境空气质量监测点位布设

(1) 环境空气质量监测点位布设原则

① 代表性。具有较好的代表性，能客观反映一定空间范围内的环境空气质量水平和变化规律，客观评价城市、区域环境空气状况和污染源对环境空气质量的影响，满足为公众提供环境空气状况健康指引的需求。

② 可比性。同类型监测点设置条件尽可能一致，使各个监测点获取的数据具有可比性。

③ 整体性。环境空气质量评价城市点应考虑城市自然地理、气象等综合环境因素，以及工业布局、人口分布等社会经济特点，在布局上应反映城市主要功能区和主要大气污染源的空气质量现状及变化趋势，从整体出发合理布局，监测点之间相互协调。

④ 前瞻性。应结合城乡建设规划考虑监测点的布设，使确定的监测点能兼顾未来城乡空间格局变化趋势。

⑤ 稳定性。监测点位置一经确定，原则上不应变更，以保证监测资料的连续性和可比性。

(2) 环境空气质量监测点位布设要求

① 环境空气质量评价城市点。位于各城市的建成区内，并相对均匀分布，覆盖全部建成区。

采用城市加密网格点实测或模式模拟计算的方法，估计所在城市建成区污染物浓度的总体平均值。全部城市点污染物浓度的算术平均值应代表所在城市建成区污染物浓度的总体平均值。

城市加密网格点实测是指将城市建成区均匀划分为若干加密网格点，单个网格不大于 $2km \times 2km$（面积大于 $200km^2$ 的城市也可适当放宽网格密度），在每个网格中心或网格线的交点上设置监测点，了解所在城市建成区的污染物整体浓度水平和分布规律，有效监测天数不少于 15 天。

模式模拟计算是通过污染物扩散、迁移及转化规律，预测污染分布状况进而寻找合理监测点位的方法。

拟新建城市点污染物浓度的平均值与同一时期用城市加密网格点实测或模式模拟计算的城市总体平均值估计值相对误差应在 10% 以内。

用城市加密网格点实测或模式模拟计算的城市总体平均值计算出 30、50、80 和 90 百分位数的估计值；拟新建城市点的污染物浓度平均值计算出的 30、50、80 和 90 百分位数与同一时期城市总体估计值计算的各百分位数的相对误差在 15% 以内。

② 环境空气质量评价区域点、背景点。区域点和背景点应远离城市建成区和主要污染源，区域点原则上应离开城市建成区和主要污染源 20km 以上，背景点原则上应离开城市建成区和主要污染源 50km 以上。

区域点应根据我国的大气环流特征设置在区域大气环流路径上，反映区域大气本底状况，以及区域间和区域内污染物输送的相互影响。

背景点设置在不受人为活动影响的清洁地区，反映国家尺度空气质量本底水平。

区域点和背景点的海拔高度应合适。在山区应位于局部高点，避免受到局地空气污染物的干扰和近地面逆温层等局地气象条件的影响；在平缓地区应保持在开阔地点的相对高地，避免空气沉积的凹地。

③ 污染监控点。污染监控点原则上应设在可能对人体健康造成影响的污染物高浓度区以及主要固定污染源对环境空气质量产生明显影响的地区。

污染监控点依据排放源的强度和主要污染项目布设,应设置在源的主导风向和第二主导风向(一般采用污染最重季节的主导风向)下风向的最大落地浓度区内,以捕捉到最大污染特征为原则进行布设。

对于固定污染源较多且比较集中的工业园区等,污染监控点原则上应设置在主导风向和第二主导风向(一般采用污染最重季节的主导风向)下风向的工业园区边界,兼顾排放强度最大的污染源及污染项目的最大落地浓度。

④ 路边交通点。对于路边交通点,一般应在行车道的下风侧,根据车流量的大小、车道两侧的地形、建筑物的分布情况等确定路边交通点的位置,采样口距道路边缘距离不得超过 20m。

(3) 环境空气质量监测点位布设数量要求

① 环境空气质量评价城市点。各城市环境空气质量评价城市点的最少监测点位数量应符合表 4-1 的要求。按建成区城市人口和建成区面积确定的最少监测点位数不同时,取两者中的较大值。

表 4-1　环境空气质量评价城市点设置数量要求

建成区城市人口/万人	建成区面积/km²	最少监测点数
<25	<20	1
25~50	20~50	2
50~100	50~100	4
100~200	100~200	6
200~300	200~400	8
>300	>400	按每 50~60km² 建成区面积设 1 个监测点,并且不少于 10 个点

② 环境空气质量评价区域点、背景点。区域点的数量由国家环境保护行政主管部门根据国家规划,兼顾区域面积和人口因素设置。各地方可根据环境管理的需要,申请增加区域点数量。

背景点的数量由国家环境保护行政主管部门根据国家规划设置。

位于城市建成区之外的自然保护区、风景名胜区和其他需要特殊保护的区域,其区域点和背景点的设置优先考虑监测点位代表的面积。

③ 污染监控点。污染监控点的数量由地方环境保护行政主管部门组织各地环境监测机构根据本地区环境管理的需要设置。

④ 路边交通点。路边交通点的数量由地方环境保护行政主管部门组织各地环境监测机构根据本地区环境管理的需要设置。

(4) 监测点周围环境　监测点周围环境应符合下列要求:

① 应采取措施保证监测点附近 1000m 内的土地使用状况相对稳定,监测点周围 50m 范围内不应有污染源。

② 点式监测仪器采样口周围、监测光束附近或开放光程监测仪器发射光源到监测光束接收端之间不能有阻碍环境空气流通的高大建筑物、树木或其他障碍物。从采样口或监测光束到附近最高障碍物之间的水平距离,应为该障碍物与采样口或监测光束高度差的两倍以上,或从采样口至障碍物顶部与地平线夹角应小于 30°。

③ 采样口周围水平面应保证270°以上的捕集空间,如果采样口一边靠近建筑物,采样口周围水平面应有180°以上的自由空间。

④ 监测点周围环境状况应相对稳定,所在地质条件需长期稳定和足够坚实,所在地点应避免受山洪、雪崩、山林火灾和泥石流等局地灾害影响,安全和防火措施有保障。

⑤ 监测点附近无强大的电磁干扰,周围有稳定可靠的电力供应和避雷设备,通信线路容易安装和检修。

⑥ 区域点和背景点周边向外的大视野需360°开阔,1~10km方圆距离内应没有明显的视野阻断。

⑦ 监测点周围应有合适的车辆通道,应考虑监测点位设置在机关单位及其他公共场所时,保证通畅、便利的出入通道及条件,在出现突发状况时,可及时赶到现场进行处理。

(5) 采样口位置 采样口位置应符合下列要求:

① 对于手工采样,采样口离地面的高度应在1.5~15m范围内。

② 对于自动监测,采样口或监测光束离地面的高度应在3~20m范围内。

③ 对于路边交通点,采样口离地面的高度应在2~5m范围内。

④ 在保证监测点具有空间代表性的前提下,若所选监测点位周围半径300~500m范围内建筑物平均高度在25m以上,无法按满足高度要求设置时,其采样口高度可以在20~30m范围内选取。

⑤ 在建筑物上安装监测仪器时,监测仪器的采样口离建筑物墙壁、屋顶等支撑物表面的距离应大于1m。

⑥ 使用开放光程监测仪器进行空气质量监测时,在监测光束能完全通过的情况下,允许监测光束从日平均机动车流量少于10000辆的道路上空、对监测结果影响不大的小污染源和少量未达到间隔距离要求的树木或建筑物上空穿过,穿过的合计距离,不能超过监测光束总光程长度的10%。

⑦ 当某监测点需设置多个采样口时,为防止其他采样口干扰颗粒物样品的采集,颗粒物采样口与其他采样口之间的直线距离应大于1m。若使用大流量总悬浮颗粒物(TSP)采样装置进行并行监测,其他采样口与颗粒物采样口的直线距离应大于2m。

⑧ 对于环境空气质量评价城市点,采样口周围至少50m范围内无明显固定污染源,为避免车辆尾气等直接对监测结果产生干扰,采样口与道路之间最小间隔距离应按表4-2的要求确定。

表4-2 仪器采样口与交通道路之间最小间隔距离

道路日平均机动车流量	采样口与交通道路边缘之间最小距离/m	
(日平均车辆数)/辆	PM_{10}	SO_2、NO_2、CO和O_3
≤3000	25	10
3000~6000	30	20
6000~15000	45	30
15000~40000	80	60
>40000	150	100

⑨ 开放光程监测仪器的监测光程长度的测绘误差应在±3m内(当监测光程长度小于200m时,光程长度的测绘误差应小于实际光程的±1.5%)。

⑩ 开放光程监测仪器发射端到接收端之间的监测光束仰角不应超过15°。

(6) 监测项目 环境空气质量评价城市点的监测项目分为基本项目和选测项目,见表4-3。

表 4-3　环境空气质量评价城市点监测项目

基本项目	选测项目
二氧化硫(SO_2)	总悬浮颗粒物(TSP)
二氧化氮(NO_2)	铅(Pb)
可吸入颗粒物(PM_{10})	氟化物(F)
一氧化碳(CO)	苯并[a]芘(B[a]P)
臭氧(O_3)	有毒有害有机物

注：凡有条件测定 PM_{10} 的测点，应尽可能地测定 PM_{10} 浓度。测定 PM_{10} 的测点，可以不测总悬浮颗粒物，但在报表中要注明。

环境空气质量评价区域点、背景点的监测项目由国务院环境保护行政主管部门根据国家环境管理需求和点位实际情况增加其他特征监测项目，包括湿沉降、有机物、温室气体、颗粒物组分和特殊组分等，具体见表 4-4。

表 4-4　环境空气质量评价区域点、背景点监测项目

监测类型	监测项目
基本项目	二氧化硫(SO_2)、二氧化氮(NO_2)、一氧化碳(CO)、臭氧(O_3)、可吸入颗粒物(PM_{10})、细颗粒物($PM_{2.5}$)
湿沉降	降雨量、pH、电导率、氯离子、硝酸根离子、硫酸根离子、钙离子、镁离子、钾离子、钠离子、铵离子等
有机物	挥发性有机物(VOCs)、持久性有机物(POPs)等
温室气体	二氧化碳(CO_2)、甲烷(CH_4)、氧化亚氮(N_2O)、六氟化硫(SF_6)、氢氟碳化物(HFCs)、全氟化碳(PFCs)
颗粒物主要物理化学特性	颗粒物数浓度谱分布、$PM_{2.5}$ 或 PM_{10} 中的有机碳、元素碳、硫酸盐、硝酸盐、氯盐、钾盐、钙盐、钠盐、镁盐、铵盐等

2. 室内环境空气监测点位布设

(1) 布点原则　采样点位的数量根据室内面积大小和现场情况而确定，要能正确反映室内空气污染物的污染程度。原则上小于 $50m^2$ 的房间应设 1～3 个点；50～100m^2 设 3～5 个点；$100m^2$ 以上至少设 5 个点。

(2) 布点方式　多点采样时应按对角线或梅花式均匀布点，应避开通风口，离墙壁距离应大于 0.5m，离门窗距离应大于 1m。

(3) 采样点的高度　原则上与人的呼吸带高度一致，一般相对高度为 0.5～1.5m。也可根据房间的使用功能，人群的高低以及在房间立、坐或卧时间的长短，来选择采样高度。有特殊要求的可根据具体情况而定。

(4) 采样时间及频次　经装修的室内环境，采样应在装修完成 7d 以后进行。一般建议在使用前采样监测。年平均浓度至少连续或间隔采样 3 个月，日平均浓度至少连续或间隔采样 18h；8h 平均浓度至少连续或间隔采样 6h；1h 平均浓度至少连续或间隔采样 45min。

(5) 封闭时间　检测应在对外门窗关闭 12h 后进行。对于采用集中空调的室内环境，空调应正常运转。有特殊要求的可根据现场情况及要求而定。

(6) 采样方法　具体采样方法应按各污染物检验方法中规定的方法和操作步骤进行。要求年平均、日平均、8h 平均值的参数，可以先做筛选采样检验。若检验结果符合标准值要求，为达标；若筛选采样检验结果不符合标准值要求，必须按年平均、日平均、8h 平均值

的要求，用累积采样检验结果评价。

① 筛选法采样。采样时关闭门窗，一般至少采样 45min；采用瞬时采样法时，一般采样间隔时间为 10～15min，每个点位应至少采集 3 次样品，每次的采样量大致相同，监测结果的平均值作为该点位的小时均值。

② 累积法采样。筛选法采样达不到标准要求时，必须采用累积法（按年平均值、日平均值、8h 平均值）的要求采样。

三、环境空气采样方法与装置

1. 采样方法

采集大气（空气）样品的方法可归纳为直接采样法和富集（浓缩）采样两类。

（1）直接采样法 适用于大气中被测组分浓度较高或监测方法灵敏度高的情况，这时不必浓缩，只需用仪器直接采集少量样品进行分析测定即可。此法测得的结果为瞬时浓度或短时间内的平均浓度。常用容器有注射器、塑料袋、采气管、真空瓶等。

溶液吸收采样系统

（2）富集（浓缩）采样法 当空气中被测物浓度很低，而所用分析方法的灵敏度又不够高时，就需要用富集（浓缩）采样法进行空气样品的富集。富集（浓缩）采样法是使大量的样气通过吸收液或固体吸收剂得到吸收或阻留，使原来浓度较小的污染物质得到浓缩，以利于分析测定。采样时间一般较长，测得的结果可代表采样时段的平均浓度，更能反映大气污染的真实情况。具体采样方法包括溶液吸收法、固体阻留法、滤料阻留法、液体冷凝法、自然积集法等。

① 溶液吸收法。溶液吸收法是采集大气中气态、蒸汽态及某些气溶胶态污染物质的常用方法。采样时，用抽气装置将欲测空气以一定流量抽入装有吸收液的吸收管（瓶），使被测物质的分子阻留在吸收液中，以达到浓缩的目的。采样结束后，倒出吸收液进行测定，根据测得的结果及采样体积计算大气中污染物的浓度。吸收效率主要决定于吸收速度和样气与吸收液的接触面积。吸收液的选择原则为：与被采集的物质发生不可逆化学反应快或对其溶解度大；污染物质被吸收液吸收后，要有足够的稳定时间，以满足分析测定所需时间的要求；污染物质被吸收后，应有利于下一步分析测定，最好能直接用于测定；吸收液应毒性小，价格低，易于购买，并尽可能回收利用。溶液吸收采样系统如图 4-2 所示。

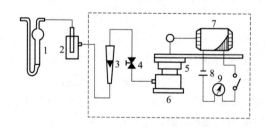 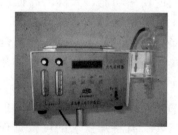

图 4-2 溶液吸收采样系统示意图

1—吸收管；2—滤水阱；3—流量计；4—流量调节阀；5—抽气泵；6—稳流器；7—电动机；8—电源；9—定时器

② 填充柱阻留法（固体阻留法）。填充柱是用一根长 6~10cm、内径为 3~5mm 的玻璃管或塑料管，内装颗粒状填充剂制成。采样时，让气样以一定流速通过填充柱，则欲测组分因吸附、溶解或化学反应而被阻留在填充剂上，达到浓缩采样的目的。采样后，通过加热解吸、吹气或溶剂洗脱，使被测组分从填充剂上释放出来测定。根据填充剂阻留作用的原理，可分为吸附型、分配型和反应型三种类型。吸附型填充柱所用填充剂为颗粒状固体吸附剂，如活性炭、硅胶、分子筛、氧化铝、素烧陶瓷、高分子多孔微球等多孔性物质，对气体和蒸气吸附力强。分配型填充剂所用填充剂为表面涂有高沸点有机溶剂（如甘油异十三烷）的惰性多孔颗粒物（如硅藻土、耐火砖等），适于对蒸气和气溶胶态物质（如六六六、DDT、多氯联苯等）的采集。气样通过采样管时，分配系数大的或溶解度大的组分阻留在填充柱表面的固定液上。反应型填充柱是由惰性多孔颗粒物（如石英砂、玻璃微球等）或纤维状物（如滤纸、玻璃棉等）表面涂渍能与被测组分发生化学反应的试剂制成；也可用能与被测组分发生化学反应的纯金属（如金、银、铜等）丝毛或细粒作填充剂。采样后，将反应产物用适宜溶剂洗脱或加热吹气解吸下来进行分析。

用固体采样管可以长时间采样，测得大气中日平均或一段时间内的平均浓度值；溶液吸收法则由于液体在采样过程中会蒸发，采样时间不宜过长；固体阻留法只要选择合适的固体填充剂，对气态、蒸气态和气溶胶态物质都有较高的富集效率，而溶液吸收法一般对气溶胶吸收效率要差些；浓缩在固体填充柱上的待测物质比在吸收液中稳定时间要长，有时可放置几天或几周也不发生变化。所以，固体阻留法是大气污染监测中具有广阔发展前景的富集方法。

③ 滤料阻留法。将过滤材料（滤纸、滤膜等）放在采样夹上，用抽气装置抽气，则空气中的颗粒物被阻留在过滤材料上，称量过滤材料上富集的颗粒物质量，根据采样体积，即可计算出空气中颗粒物的浓度。常用滤料有纤维状滤料，如定量滤纸、玻璃纤维滤膜（纸）、氯乙烯滤膜等；筛孔状滤料，如微孔滤膜、核孔滤膜、银薄膜等。各种滤料由不同的材料制成，性能不同，适用的气体范围也不同。滤料阻留采样装置如图 4-3 所示。

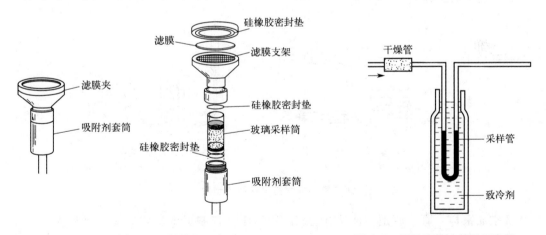

图 4-3　滤料阻留采样装置示意图　　　　图 4-4　低温冷凝法装置示意图

④ 低温冷凝法。借致冷剂的致冷作用使空气中某些低沸点气态物质被冷凝成液态物质，以达到浓缩的目的。适用于大气中某些沸点较低的气态污染物质，如烯烃类、醛类等。常用致冷剂有冰、干冰、冰-食盐、液氯-甲醇、干冰-二氯乙烯、干冰-乙醇等。优点是效果好、采样量大、利于组分稳定。低温冷凝法装置如图 4-4 所示。

⑤ 被动采样法（自然积集法）。利用物质的自然重力、空气动力和浓差扩散作用采集大气中的被测物质，如自然降尘量、硫酸盐化速率、氟化物等大气样品的采集。优点是无需动力设备，简单易行，且采样时间长，测定结果能较好反映大气污染情况。

2. 采样装置

（1）玻璃注射器　使用 100mL 注射器直接采集室内空气样品，注射器要选择气密性好的。选择方法：将注射器吸入 100mL 空气，内芯与外筒间滑动自如，用细橡胶管或眼药瓶的小胶帽封好进气口，垂直放置 24h，剩余空气应不少于 60mL。用注射器采样时，注射器内应保持干燥，以减少样品贮存过程中的损失。采样时，用现场空气抽洗 3 次后，再抽取一定体积现场空气样品。样品运送和保存时要垂直放置，且应在 12h 内进行分析。

（2）空气采样袋　用空气采样袋也可直接采集现场空气。适用于采集化学性质稳定、不与采样袋起化学反应的气态污染物，如一氧化碳。采样时，应选择与样气中污染组分既不发生化学反应，也不吸附、不渗漏的塑料袋，袋内应该保持干燥，先用二联球将现场空气充、放 3 次后再正式采样。取样后将进气口密封，袋内空气样品的压力以略呈正压为宜。用带金属衬里的采样袋可以延长样品的保存时间，如聚氯乙烯袋对一氧化碳可保存 10～15h，而铝膜衬里的聚酯袋可保存 100h。气体采样袋如图 4-5 所示。

图 4-5　气体采样袋

（3）采气管　采气管是两端具有旋塞的管式玻璃容器，其容积一般为 100～1000mL。采样时，打开两端旋塞，用二联球或抽气泵接在管的一端，迅速抽进比采气管容积大 6～10 倍的欲采气体，使采气管中原有气体被完全置换出，关上旋塞，采气管体积即为采气体积。采气管、采气管采样系统如图 4-6 所示。

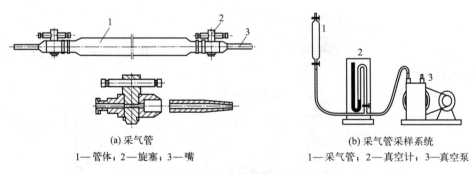

(a) 采气管　　　　　　　　　(b) 采气管采样系统
1—管体；2—旋塞；3—嘴　　　1—采气管；2—真空计；3—真空泵

图 4-6　采气管、采气管采样系统示意图

（4）真空瓶采样　真空瓶是一种具有活塞的用耐压玻璃制成的固定容器，容积为 500～1000mL。采样前，先用抽真空装置将采气瓶内抽至剩余压力达 1.33kPa 左右，如瓶中预先装有吸收液，可抽至液泡出现为止，关闭活塞。采样时，在现场打开旋塞使欲采气体充入瓶内，采完即关闭旋塞，送实验室分析。采样体积即为真空瓶体积。

（5）气泡吸收管　适用于采集气态和蒸气态物质，不宜采气溶胶态物质。采样时，吸收管要垂直放置，不能有泡沫溢出。使用前应检查吸收管玻璃磨口的气密性，保证严密不漏气。气泡吸收管如图 4-7 所示。

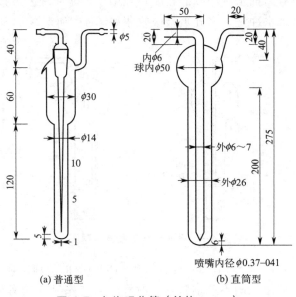

(a) 普通型   (b) 直筒型

图 4-7　气泡吸收管（单位：mm）

（6）冲击式吸收管　适宜采集气溶胶态物质和易溶解的气体样品，而不适用于气态和蒸汽态物质的采集。管内有一尖嘴玻璃管作冲击器。冲击式吸收管如图 4-8 所示。

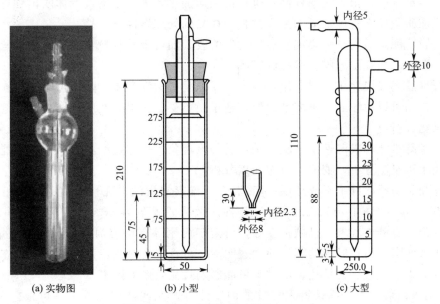

(a) 实物图   (b) 小型   (c) 大型

图 4-8　冲击式吸收管（单位：mm）

（7）多孔玻板吸收管　多孔筛板吸收管（瓶）是在内管出气口熔接一块多孔性的砂芯玻板，当气体通过多孔玻板时，一方面被分散成很小的气泡，增大了与吸收液的接触面积；另一方面被弯曲的孔道所阻留，然后被吸收液吸收。所以多孔筛板吸收管既适用于采集气态和蒸气态物质，也适于气溶胶态物质。使用前应检查玻璃砂芯的质量，方法如下：将吸收管装 5mL 水，以 0.5L/min 的流量抽气，气泡路径（泡沫高度）为 50mm±5mm，阻力为

4.666kPa±0.6666kPa，气泡均匀，无特大气泡。采样时，吸收管要垂直放置，不能有泡沫溢出。使用后，必须用唧筒抽水洗涤砂芯板，单纯用水不能冲洗砂芯板内残留的污染物。一般要用蒸馏水而不用自来水冲洗。多孔玻板吸收瓶如图4-9所示。

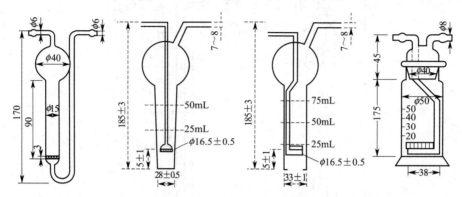

图4-9 多孔玻板吸收瓶示意图

(8) 固体吸附管 内径3.5～4.0mm，长80～180mm的玻璃吸附管，或内径5mm、长90mm（或180mm）内壁抛光的不锈钢管，吸附管的采样入口一端有标记。内装20～60目的硅胶或活性炭、GDX担体、Tenax、Porapak等固体吸附剂颗粒，管的两端用不锈钢网或玻璃纤维堵住。固体吸附剂用量视污染物种类而定。吸附剂的粒度应均匀，在装管前应进行烘干等预处理，以去除其所带的污染物。采样后将两端密封，带回实验室进行分析。样品解吸可以采用溶剂洗脱，得到液态样品；也可以采用加热解吸，用惰性气体吹出气态样品进行分析。采样前必须经实验确定最大采样体积和样品的处理条件。

(9) 滤膜 滤膜适用于采集挥发性低的气溶胶，如可吸入颗粒物等。常用的滤料有玻璃纤维滤膜、聚氯乙烯纤维滤膜、微孔滤膜等。

玻璃纤维滤膜吸湿性小、耐高温、阻力小，但是机械强度差。除做可吸入颗粒物的质量法分析外，样品可以用酸或有机溶剂提取，适于做不受滤膜组分及所含杂质影响的元素分析及有机污染物分析。

聚氯乙烯纤维滤膜吸湿性小、阻力小、有静电现象、采样效率高、不亲水、能溶于乙酸丁酯，适用于重量法分析，消解后可做元素分析。

微孔滤膜是由醋酸纤维素或醋酸-硝酸混合纤维素制成的多孔性有机薄膜，用于空气采样的孔径有0.3μm、0.45μm、0.8μm等几种。微孔滤膜阻力大，且随孔径减小而显著增加，吸湿性强、有静电现象、机械强度好，可溶于丙酮等有机溶剂。不适于做重量法分析，消解后适于做元素分析；经丙酮蒸气使之透明后，可直接在显微镜下观察颗粒形态。滤膜使用前应该在灯光下检查有无针孔、褶皱等可能影响过滤效率的因素。

(10) 不锈钢采样罐 不锈钢采样罐的内壁经过抛光或硅烷化处理。可根据采样要求，选用不同容积的采样罐。使用前采样罐被抽成真空，采样时将采样罐放置现场，采用不同的限流阀可对室内空气进行瞬时采样或编程采样。采样罐可用于室内空气中总挥发性有机物的采样。

实训操作：大气采样点布设方案设计

制订大气污染监测方案的程序同制订水质监测方案一样，首先要根据监测目的进行调查研究，收集必要的基础资料，然后经过综合分析，确定监测项目，设计布点网络，选定采样频率、采样方法和监测技术，建立质量保证程序和措施，提出监测结果报告要求及进度计划等。

1. 监测目的

① 通过对大气环境中主要污染物质进行定期或连续的监测，判断大气质量是否符合国家制定的大气质量标准，并为编写大气环境质量状况评价报告提供数据。

② 为研究大气质量的变化规律和发展趋势，开展大气污染的预测预报工作提供依据。

③ 为政府部门执行有关环境保护法规，开展环境质量管理、环境科学研究及修订大气环境质量标准提供基础资料和依据。

2. 有关资料的收集

（1）污染源分布及排放情况　通过调查，将监测区域内的污染源类型、数量、位置、排放的主要污染物及排放量一一弄清楚，同时还应了解所用原料、燃料及消耗量。注意将由高烟囱排放的较大污染源与由低烟囱排放的小污染源区别开来。因为小污染源的排放高度低，对周围地区地面大气中污染物浓度影响比大型工业污染源大。另外，对于交通运输污染较重和有石油化工企业的地区，应区别一次污染物和由于光化学反应产生的二次污染物。因为二次污染物是在大气中形成的，其高浓度可能在远离污染源的地方，在布设监测点时应加以考虑。

（2）气象资料（主导风向）调查　污染物在大气中的扩散、输送和一系列的物理、化学变化在很大程度上取决于当时当地的气象条件。因此，要收集监测区域的风向、风速、气温、气压、降水量、日照时间、相对湿度、温度的垂直梯度和逆温层底部高度等资料。

（3）地形资料　地形对当地的风向、风速和大气稳定情况等有影响，因此，是设置监测网点应当考虑的重要因素。例如，工业区建在河谷地区时，出现逆温层的可能性大；位于丘陵地区的城市，市区内大气污染物的浓度梯度会相当大；位于海边的城市会受海、陆风的影响，而位于山区的城市会受山谷风的影响等。为掌握污染物的实际分布状况，监测区域的地形越复杂，要求布设监测点越多。

（4）土地利用和功能分区情况　监测区域内土地利用情况及功能区划分也是设置监测网点应考虑的重要因素之一。不同功能区的污染状况是不同的，如工业区、商业区、混合区、居民区等。还可以按照建筑物的密度、有无绿化地带等作进一步分类。

（5）人口分布及人群健康情况　环境保护的目的是维护自然环境的生态平衡，保护人群的健康，因此，掌握监测区域的人口分布、居民和动植物受大气污染危害情况及流行性疾病等资料，对制订监测方案、分析判断监测结果是有益的。此外，对于监测区域以往的大气监测资料等也应尽量收集，供制订监测方案参考。

（6）已有监测资料调查。

3. 监测项目

存在于大气中的污染物质多种多样，应根据优先监测的原则，选择那些危害大、涉及范围广、已建立成熟的测定方法，并有标准可比的项目进行监测。

4. 监测网点的布设

监测网点的布设方法有经验法、统计法和模式法等。在一般监测工作中，常用经验法。

（1）布设采样点的原则和要求

① 采样点应设在整个监测区域的高、中、低三种不同污染物浓度的地方。

② 在污染源比较集中，主导风向比较明显的情况下，应将污染源的下风向作为主要监测范围，布设较多的采样点；上风向布设少量点作为对照。

③ 工业较密集的城区和工矿区，人口密度及污染物超标地区，要适当增设采样点；城市郊区和农村，人口密度小及污染物浓度低的地区，可酌情少设采样点。

④ 采样点的周围应开阔，采样口水平线与周围建筑物高度的夹角应不大于30°，测点周围无局地污染源，并应避开树木及吸附能力较强的建筑物。交通密集区的采样点应设在距人行道边缘至少1.5m远处。

⑤ 各采样点的设置条件要尽可能一致或标准化，使获得的监测数据具有可比性。

⑥ 采样高度根据监测目的而定。研究大气污染对人体的危害，采样口应在离地面1.5～2m处；研究大气污染对植物或器物的影响，采样口高度应与植物或器物高度相近。连续采样例行监测采样口高度应距地面3～15m；若置于屋顶采样，采样口应与基础面有1.5m以上的相对高度，以减小扬尘的影响。特殊地形地区可视实际情况选择采样高度。

（2）采样点数目　在一个监测区域内，采样点设置数目是与经济投资和精度要求相应的一个效益函数，应根据监测范围大小、污染物的空间分布特征、人口分布及密度、气象、地形及经济条件等因素综合考虑，按表4-5确定。

表 4-5　我国大气环境污染例行监测采样点设置数目

市区人口/万人	SO_2、NO_x、TSP	灰尘自然降尘量/[$kg/(km^2 \cdot 30d)$]	硫酸盐化速率/[$mgSO_3/(100cm^2$ 碱片 $\cdot d)$]
<50	3	≤3	≤6
50～100	4	4～8	6～12
100～200	5	8～11	12～18
200～400	6	12～20	18～30
>400	7	20～30	30～40

（3）布点方法

① 功能区布点法。按功能区划分布点的方法多用于区域性常规监测。先将监测区域划分为工业区、商业区、居住区、工业和居住混合区、交通稠密区、清洁区等，再根据具体污染情况和人力、物力条件，在各功能区设置一定数量的采样点。各功能区的采样点数不要求平均，一般在污染较集中的工业区和人口较密集的居住区多设采样点。

② 网格布点法。如图4-10(a)所示，这种布点法是将监测区域地面划分成若干均匀网状方格，采样点设在两条直线的交点处或方格中心。网格大小视污染源强度、人口分布及人力、物力条件等确定。若主导风向明显，下风向设点应多一些，一般约占采样点总数的60%。对于有多个污染源，且污染源分布较均匀的地区，常采用这种布点方法。该法能较好地反映污染物的空间分布；如将网格划分的足够小，则可将监测结果绘制成污染物浓度空间分布图，对指导城市环境规划和管理具有重要意义。

③ 同心圆布点法。这种方法主要用于多个污染源构成污染群，且大污染源较集中的地区。先找出污染群的中心，以此为圆心在地面上画若干个同心圆，再从圆心作若干条放射线，将放射线与圆周的交点作为采样点，如图 4-10(b) 所示。不同圆周上的采样点数目不一定相等或均匀分布，常年主导风向的下风向比上风向多设一些点。例如，同心圆半径分别取 4km、10km、20km、40km，从里向外各圆周上分别设 4、8、8、4 个采样点。

④ 扇形布点法。扇形布点法适用于孤立的高架点源，且主导风向明显的地区。如图 4-10(c) 所示，以点源所在位置为顶点，主导风向为轴线，在下风向地面上划出一个扇形区作为布点范围。扇形的角度一般为 45°，也可更大些，但不能超过 90°，采样点设在扇形平面内距点源不同距离的若干弧线上。每条弧线上设 3～4 个采样点，相邻两点与顶点连线的夹角一般取 10～20°，在上风向应设对照点。

(a) 网格布点法　　　　(b) 同心圆布点法　　　　(c) 扇形布点法

图 4-10　布点方法示意图

采用同心圆和扇形布点法时，应考虑高架点源排放污染物的扩散特点。在不计污染物本底浓度时，点源脚下的污染物浓度为零，随着距离增加，很快出现浓度最大值，然后按指数规律下降。因此，同心圆或弧线不宜等距离划分，而是靠近最大浓度值的地方密一些，以免漏测最大浓度的位置。至于污染物最大浓度出现的位置，与源高、气象条件和地面状况密切相关。对平坦地面上 50m 高的烟囱，污染物最大地面浓度出现的位置与气象条件的关系见表 4-6。随着烟囱高度的增加，最大地面浓度出现位置与点源的距离随之增大，如在大气稳定时，高度为 100m 烟囱排放污染物的最大地面浓度出现位置约在烟囱高度的 100 倍处。

表 4-6　50m 高烟囱排放污染物最大地面浓度出现位置与气象条件的关系

大气稳定度	最大浓度出现位置(相当于烟囱高度的倍数)
不稳定	5～10
中性	20 左右
稳定	40 以上

在实际工作中，为做到因地制宜，使采样网点布设的完善合理，往往采用以一种布点方法为主，兼用其他方法的综合布点法。

5. 采样时间和采样频率

采样时间系指每次采样从开始到结束所经历的时间，也称采样时段。采样频率系指在一定时间范围内的采样次数。这两个参数要根据监测目的、污染物分布特征及人力物力等因素决定。

采样时间短，试样缺乏代表性，监测结果不能反映污染物浓度随时间的变化，仅适用于事故性污染、初步调查等情况的应急监测。为增加采样时间，目前采用两种办法，一是增加采样频率，即每隔一定时间采样测定一次，取多个试样测定结果的平均值为代表值。例如，在一个季度内，每六天或每个月采样一天，而一天内又间隔等时间采样测定一次（如在2时、8时、14时、20时采样分别测定），求出日平均、月平均和季度平均监测结果。这种方法适用于受人力、物力限制而进行人工采样测定的情况，是目前进行大气污染常规监测、环境质量评价现状监测等广泛采用的方法。若采样频率安排合理、适当，积累足够多的数据，则具有较好的代表性。

第二种增加采样时间的办法是使用自动采样仪器进行连续自动采样，若再配用污染组分连续或间歇自动监测仪器，其监测结果能很好地反应污染物浓度的变化，得到任何一段时间（如1小时、1天、1个月、1个季度或1年）的代表值（平均值），这是最佳采样和测定方式。显然，连续自动采样监测频率可以选的很高，采样时间很长，如一些发达国家为监测空气质量的长期变化趋势，要求计算年平均值的积累采样时间在6000小时以上。我国监测技术规范对大气污染例行监测规定的采样时间和采样频率见表4-7。

表4-7 采样时间和采样频率

监测项目	采样时间和频率
二氧化硫	隔日采样，每天连续采(24±0.5)小时，每月14~16天，每年2个月
氮氧化物	同二氧化硫
总悬浮颗粒物	隔双日采样，每天连续采(24±0.5)小时，每月5~6天，每年12个月
灰尘自然降尘量	每月采样(30±2)天，每年12个月
硫速盐化速率	每月采样(30±2)天，每年12个月

在《环境空气质量标准》（GB 3095—2012）中，要求测定日平均浓度和最大一次浓度。若采用人工采样测定，应满足下列要求：①应在采样点受污染最严重的时期采样测定；②最高日平均浓度全年至少监测20天，最大一次浓度样品不得少于25个；③每日监测次数不少于3次。

6. 采样仪器

直接采样法采样时用采气管、塑料袋、真空瓶即可。富集法需使用采样仪器。采样仪器主要由收集器、流量计和采样动力三部分组成。

（1）收集器　如大气吸收管（瓶）、填充柱、滤料采样夹、低温冷凝采样管等。

（2）流量计　是测量气体流量的仪器，流量是计算采集气样体积必知的参数。当用抽气泵作抽气动力时，通过流量计的读数和采样时间可以计算所采空气的体积。常用的流量计有孔口流量计、转子流量计和限流孔，均需定期校正。

（3）采样动力　应根据所需采样流量、采样体积、所用收集器及采样点的条件进行选择。一般要求抽气动力的流量范围较大、抽气稳定、造价低、噪声小、便于携带和维修。

7. 采样的质量保证

（1）采样仪器　采样仪器应符合国家有关标准和技术要求，并通过计量检定。使用前，应按仪器说明书对仪器进行检验和标定。采样时采样仪器（包括采样管）不能被阳光直接照射。

（2）采样人员　采样人员必须通过岗前培训，切实掌握采样技术，持证上岗。

（3）气密性检查　如有动力采样器，在采样前应对采样系统气密性进行检查，不得漏气。

（4）流量校准　采样前和采样后要用经检定合格的高一级的流量计（如一级皂膜流量计）在采样负载条件下校准采样系统的采样流量，取两次校准的平均值作为采样流量的实际值。校准时的大气压与温度应和采样时相近。两次校准的误差不得超过5%。

（5）现场空白检验　在进行现场采样时，一批应至少留有两个采样管不采样，并同其他样品管一样对待，作为采样过程中的现场空白，采样结束后和其他采样吸收管一并送交实验室。样品分析时测定现场空白值，并与校准曲线的零浓度值进行比较。若空白检验超过控制范围，则这批样品作废。

（6）平行样检验　每批采样中平行样数量不得低于10%。每次平行采样，测定值之差与平均值比较的相对偏差不得超过20%。

（7）采样体积校正　在计算浓度时应按以下公式将采样体积换算成标准状态下的体积：

$$V_0 = V \cdot \frac{T_0}{T} \cdot \frac{P}{P_0}$$

式中　V_0——换算成标准状态下的采样体积，L；
　　　V——采样体积，L；
　　　T_0——标准状态的绝对温度，273K；
　　　T——采样时采样点现场的温度（t）与标准状态的绝对温度之和，（$t+273$）K；
　　　P_0——标准状态下的大气压力，101.3kPa；
　　　P——采样时采样点的大气压力，kPa。

8. 采样记录

采样记录与实验室记录同等重要，在实际工作中，若对采样记录不重视，不认真填写采样记录，会导致由于采样记录不全而使一大批监测数据无法统计而作废。采样时要使用墨水笔或档案用圆珠笔对现场情况、采样日期、时间、地点、数量、布点方式、大气压力、气温、相对湿度、风速以及采样人员等做出详细现场记录；每个样品上也要贴上标签，标明点位编号、采样日期和时间、测定项目、采样地点、采样流量、采样体积、采样仪器、吸收液、采样者、审核者姓名等，字迹应端正、清晰。采样记录随样品一同报到实验室。

9. 采样安全措施

在室内空气质量明显超标时，应采用适当的防护措施，并应备有预防中暑、治疗擦伤的药物。

10. 样品的运输与保存

样品由专人运送，按采样记录清点样品，防止错漏，为防止运输中采样管震动破损，装箱时可用泡沫塑料等分隔。样品因物理、化学等因素的影响，组分和含量可能发生变化，应根据不同项目要求，进行有效处理和防护。贮存和运输过程中要避开高温、强光。样品运抵后要与接收人员交接并登记。各样品要标注保质期，样品要在保质期前检测。样品要注明保存期限，超过保存期限的样品，要按照相关规定及时处理。

任务二 甲醛的测定

一、甲醛

室内空气污染包括化学性、物理性和生物性污染，包括室外污染源和室内污染源。有关资料表明：室内空气污染比室外高 5~10 倍，污染物多达 500 多种。室内空气污染已成为多种疾病的诱因，而甲醛则是造成室内空气污染的一个主要因素。

甲醛对健康危害主要有以下几个方面：

① 刺激作用：甲醛的主要危害表现为对皮肤黏膜的刺激作用，甲醛是原浆毒物质，能与蛋白质结合，高浓度吸入时出现呼吸道严重的刺激和水肿、眼刺激、头痛。

② 致敏作用：皮肤直接接触甲醛可引起过敏性皮炎、色斑、坏死，吸入高浓度甲醛时可诱发支气管哮喘。

③ 致突变作用：高浓度甲醛还是一种基因毒性物质。实验动物在实验室高浓度吸入的情况下，可引起鼻咽肿瘤。

④ 突出表现：头痛、头晕、乏力、恶心、呕吐、胸闷、眼痛、嗓子痛、纳差、心悸、失眠、体重减轻、记忆力减退以及植物神经紊乱等。孕妇长期吸入可能导致胎儿畸形，甚至死亡；男子长期吸入可导致精子畸形、死亡等。

当甲醛浓度在空气中达到 $0.06~0.07mg/m^3$ 时，儿童就会发生轻微气喘；当室内空气中甲醛达到 $0.1mg/m^3$ 时，就会有异味和不适感；甲醛达到 $0.5mg/m^3$ 时，可刺激眼睛，引起流泪；甲醛达到 $0.6mg/m^3$，可引起咽喉不适或疼痛。浓度更高时，可引起恶心呕吐、咳嗽胸闷、气喘甚至肺水肿；甲醛达到 $30mg/m^3$ 时，会致人立即死亡。

甲醛在生活中可以说无处不在。涉及的物品包括家具如木地板，衣物如免烫衬衫，快餐面、米粉、水泡鱿鱼、海参、牛百叶、虾仁等，甚至小汽车。不难看出，衣、食、住、行我们生活最重要的四件事，甲醛竟然全部染指了，无处不在的甲醛让人忧心忡忡。

甲醛在纤维制品中主要用于染色助剂以及提高防皱、防缩效果的树脂整理剂。甲醛可以使纺织物的色泽鲜艳亮丽，保持印花、染色的耐久性，又能使棉织物防皱、防缩、阻燃。因此，甲醛被广泛应用于纺织工业中。用甲醛印染助剂比较多的是纯棉纺织品，市售的"纯棉防皱"服装或免烫衬衫，大都使用了含甲醛的助剂，穿着时可能释放出甲醛。童装中的甲醛主要来自保持童装颜色的鲜艳美观的染料和助剂产品，以及服装印花中所使用的黏合剂。因此，浓艳和印花的服装一般甲醛含量偏高，而素色服装和无印花图案童装甲醛含量则较低。这些含有甲醛的服装在贮存、穿着过程中都会释放出甲醛，特别是儿童服装和内衣释放的甲醛所产生的危害性最大。

甲醛为国家明文规定的禁止在食品中使用的添加剂，在食品中不得检出，但不少食品中都不同程度检出了甲醛的存在：

① 水发食品。由于甲醛可以保持水发食品表面色泽光亮，可以增加韧性和脆感，改善

口感，还可以防腐，如果用它来浸泡海产品，可以固定海鲜形态，保持鱼类色泽。因此，甲醛已经被不法商贩广泛用于泡发各种水产品。市场上已经检出甲醛的水发食品主要有鸭掌、牛百叶、虾仁、海参、鱼肚、鲳鱼、章鱼、墨鱼、带鱼、鱿鱼头、蹄筋、海蜇、田螺肉、墨鱼仔等，其中虾仁、海参和鱿鱼中的甲醛含量较高。

② 面食、蘑菇或豆制品。甲醛可以增白，改变色泽，故甲醛常被不法商贩用来熏蒸或直接加入到面食、蘑菇或豆制品中，不法商贩用"吊白块"熏蒸有关食品增白时，也可以在食品中残留甲醛。已经检出甲醛的有关食品有香菇、花菇、米粉、粉丝、腐竹等。

室内空气中的甲醛已经成为影响人类身体健康的主要污染物，特别是冬天的空气中甲醛对人体的危害最大。中国家庭空气中的甲醛来源主要有以下几个方面：① 用作室内装饰的胶合板、细木工板、中密度纤维板和刨花板等人造板材。生产人造板使用的胶黏剂以甲醛为主要成分，板材中残留的和未参与反应的甲醛会逐渐向周围环境释放，是形成室内空气中甲醛的主体。② 用人造板制造的家具。一些厂家为了追求利润，使用不合格的板材，或者在粘接贴面材料时使用劣质胶水，板材与胶水中的甲醛严重超标。③ 含有甲醛成分并有可能向外界散发的其他各类装饰材料，如贴墙布、贴墙纸、化纤地毯、油漆和涂料等。

室内空气中甲醛浓度的大小与以下四个因素有关：室内温度、室内相对湿度、室内材料的装载度（即每立方米室内空间的甲醛散发材料表面积）、室内空气流通量。在高温、高湿、负压和高负载条件下会加剧甲醛散发的力度。通常情况下甲醛的释放期可达3~10年之久。

甲醛还来自生活的其他方面：① 甲醛可来自化妆品、清洁剂、杀虫剂、消毒剂、防腐剂、印刷油墨、纸张等。② 泡沫板条作房屋防热、御寒与绝缘材料时，在光与热的作用下，泡沫老化、变质产生合成物而释放甲醛。③ 烃类经光化合作用能生成甲醛气体，有机物经生化反应也能生成甲醛，在燃烧废气中也含有大量的甲醛，如每燃烧1000L汽油可生成7kg甲醛气体，甚至点燃一支香烟也有0.17mg甲醛气体生成。④ 甲醛还来自于车椅座套、坐垫和车顶内衬等车内装饰装修材料，以新车甲醛释放量最突出。⑤ 甲醛也来自室外空气的污染，如工业废气、汽车尾气、光化学烟雾等在一定程度上均可排放或产生一定量的甲醛。

二、溶液吸收采样法

该方法是采集空气中气态、蒸气态及某些气溶胶态污染物质的常用方法。采样时，用抽气装置将欲测空气以一定流量抽入装有吸收液的吸收管（瓶）。采样结束后，倒出吸收液进行测定，根据测得结果及采样体积计算空气中污染物的浓度。

溶液吸收法的吸收效率主要决定于吸收速度和样气与吸收液的接触面积。欲提高吸收速度，必须根据被吸收污染物的性质选择效能好的吸收液。常用的吸收液有水溶液和有机溶剂等。吸收原理可分为两种类型：一种是气体分子溶解于溶液中的物理作用，如用水吸收空气中的氯化氢、甲醛，用5%的甲醇吸收有机农药，用10%乙醇吸收硝基苯等。另一种吸收原理是基于发生化学反应，例如，用氢氧化钠溶液吸收大气中的硫化氢基于中和反应；用四氯汞钾溶液吸收SO_2基于络合反应等。理论和实践证明，伴有化学反应的吸收溶液的吸收速度比单靠溶解作用的吸收液吸收速度快得多，因此，除采集溶解度非常大的气态物质外，一般都选用伴有化学反应的吸收液。

结合相似相溶原则及络合反应、中和反应、沉淀反应和氧化还原反应原理，合理选择吸收液，保证高的吸收效率；有害物质被吸收液吸收后，应有足够的稳定时间；所选择的吸收液应利于下一步测定的进行,如采用比色法测定时,最理想的吸收液应是显色剂;吸收液的价格应便宜,易于得到及提纯。不同待测气体和不同分析方法的吸收液可参考表 4-8。

表 4-8 不同待测气体和不同分析方法的吸收液

待测物	分析方法	吸收液
溴	滴定法(次氯酸法)	氢氧化钠溶液(质量分数 0.4%)
	分光光度法(硫氰酸汞法)	
	离子电极法	氢氧化钠溶液(质量分数 1.6%)
酚	可见分光光度法(4-氨基安替比林法)	氢氧化钠溶液(质量分数 0.4%)
	紫外分光光度法	水
	气相色谱法	氢氧化钠溶液(质量分数 0.6%)
吡啶	分光光度法	硫酸(0.01%)
	气相色谱法	
苯	分光光度法(甲乙酮法)	硝化酸液
光气	分光光度法(苯胺法)	苯胺溶液(pH=6~7)
二硫化碳	分光光度法	二乙胺酮液
氰化氢	硫酸银滴定法	氢氧化钠溶液(质量分数 2%)
	吡啶-吡唑啉酮法	
硫化氢	容量法(碘滴定法)	锌氨络盐溶液
	分光光度法(甲基蓝法)	

三、测定方法

方法:乙酰丙酮分光光度法。

原理:甲醛气体经水吸收后,在 pH=6 的乙酸-乙酸铵缓冲溶液中,与乙酰丙酮作用,在沸水浴条件下,迅速生成稳定的黄色化合物,在波长 413nm 处测定。

方法的检出限为 $0.25\mu g$,在采样体积为 30L 时,最低检出浓度为 $0.008mg/m^3$。

仪器:①空气采样器;②皂膜流量计;③气泡吸收管:10mL;④具塞比色管:10mL,带 5mL 刻度;⑤分光光度计;⑥空盒气压表;⑦水银温度计:0~100℃;⑧pH 计;⑨水浴锅。

实训操作：甲醛的测定

实训目的：通过对实际建筑物内的室内空气甲醛浓度的测定，了解用乙酰丙酮分光光度法测定甲醛浓度的原理与方法，并做出相应评价及分析。

1. 采样

（1）采样点的位置　采样点设在室内通风率最低的地方。采样点距墙壁应大于 0.5m，且应避开通风口，不能设在走廊、厨房、浴室、厕所内。采样点的高度原则上与人的呼吸带高度相一致。一般距地面 0.75~1.5m 之间。为了掌握室内外污染的相互影响关系，或以室外的污染物浓度为对照，应在同一区域的室外设置 1~2 个对照点。

（2）采样时间和频率

① 评价对人体健康影响时，在人们正常活动情况下采样，至少监测一日，早晚各一次。

② 对空气质量进行评价时，应选择在无人活动时进行采样，至少监测一日，早晚各一次。

（3）采样条件

① 采样在密封条件下进行，门窗关闭。

② 采样期间空气调节系统应停止运行。

③ 早晨采样，应在前一天晚上关闭门窗，直至采样结束后。

④ 采样前 12h 或采样期间出现大风，应停止采样。

（4）采样方法和采样仪器　气体污染物采用动力采样法和被动式采样方法；颗粒物应选用中小流量（100L/min 以下）采样。

日光照射能使甲醛氧化，因此在采样时选用棕色吸收管，在样品运输和存放过程中，都应采取避光措施。用一个内装 5mL 吸收液的气泡吸收管，以 0.5~1.0L/min 的流量，采气 45min 以上。采集好的样品于室温避光贮存，2d 内分析完毕。

2. 试剂

（1）不含有机物的蒸馏水：加少量高锰酸钾的碱性溶液于水中再进行蒸馏即得（在整个蒸馏过程中水应始终保持红色，否则应随时补加高锰酸钾）。

（2）吸收液：不含有机物的重蒸馏水。

（3）乙酸铵（NH_4CH_2COOH）。

（4）冰乙酸（CH_3COOH）：$\rho=1.055$。

（5）0.25%（体积分数）乙酰丙酮溶液：称 25g 乙酸铵，加少量水溶解，加 3mL 冰乙酸及 0.25mL 新蒸馏的乙酰丙酮，混匀再加水至 100mL，调整 pH=6.0，此溶液于 2~5℃ 贮存，可稳定一个月。

（6）0.1000mol/L 碘溶液：称量 40g 碘化钾，溶于 25mL 水中，加入 12.7g 碘。待碘完全溶解后，用水定容至 1000mL。移入棕色瓶中，暗处贮存。

（7）1mol/L 氢氧化钠溶液：称量 40g 氢氧化钠，溶于水中，并稀释至 1000mL。

（8）0.5mol/L 硫酸溶液：取 28mL 浓硫酸缓慢加入水中，冷却后，稀释至 1000mL。

(9) 0.1000mol/L 硫代硫酸钠标准溶液：可购买标准试剂配制。

(10) 0.5%淀粉溶液：将 0.5g 可溶性淀粉，用少量水调成糊状后，再加入 100mL 沸水，并煮沸 2~3min 至溶液透明。冷却后，加入 0.1g 水杨酸或 0.4g 氯化锌保存。

(11) 甲醛标准贮备溶液：取 2.8mL 含量为 36%~38%的甲醛溶液，放入 1L 容量瓶中，加水稀释至刻度。此溶液 1mL 约相当于 1mg 甲醛。

甲醛标准贮备溶液的标定：精确量取 20.00mL 甲醛标准贮备溶液，置于 250mL 碘量瓶中。加入 20.00mL 0.0500mol/L 碘溶液和 15mL 1mol/L 氢氧化钠溶液，放置 15min。加入 20mL 0.5mol/L 硫酸溶液，再放置 15min，用 0.1000mol/L 硫代硫酸钠溶液滴定，至溶液呈现淡黄色时，加入 1mL 0.5%淀粉溶液，继续滴定至刚使蓝色消失为终点，记录所用硫代硫酸钠溶液体积。同时用水作试剂空白滴定。甲醛溶液的浓度用下式计算：

$$C = \frac{(V_1 - V_2) \times M \times 15}{20}$$

式中　C——甲醛标准贮备溶液中甲醛浓度，mg/mL；
　　　V_1——滴定空白时所用硫代硫酸钠标准溶液体积，mL；
　　　V_2——滴定甲醛溶液时所用硫代硫酸钠标准溶液体积，mL；
　　　M——硫代硫酸钠标准溶液的摩尔浓度，mol/L；
　　　15——甲醛的换算值。

(12) 甲醛标准使用溶液：用水将甲醛标准贮备液稀释成 5.00μg/mL 甲醛标准使用液，甲醛标准使用液应临用时现配。

3. 实验步骤

(1) 校准曲线的绘制　取 7 支 10mL 具塞比色管按表 4-9 配制标准系列。

表 4-9　甲醛标准系列及吸光度记录表

管号	0	1	2	3	4	5	6
标准溶液/mL	0.0	0.1	0.4	0.8	1.2	1.6	2.0
甲醛含量 x/μg	0.0	0.5	2	4	6	8	10
吸光度 A							
吸光度 A_0							
$y = A - A_0$							

于标准系列中，用水稀释定容至 5.0mL 刻线，加 0.25%乙酰丙酮溶液 2.0mL，混匀，置于沸水浴中加热 3min，取出冷却至室温，用 1cm 比色皿，以水为参比，于波长 413nm 处测定吸光度。将上述系列标准溶液测得的吸光度 A 扣除试剂空白（零浓度）的吸光度 A_0，便得到校准吸光度 y，以校准吸光度 y 为纵坐标，以甲醛含量 x（μg）为横坐标，绘制标准曲线，或用最小二乘法计算其回归方程式。注意零浓度不参与计算。

$$y = bx + a$$

式中　a——校准曲线截距；
　　　b——校准曲线斜率。

由斜率倒数求得校准因子：$B_s = 1/b$。

(2) 样品测定　取 5mL 样品溶液试样（吸取量视试样浓度而定）于 10mL 比色管中，

用水定容至 5.0mL 刻线，然后按步骤（1）进行分光光度测定。

（3）空白试验　现场未采样空白吸收管的吸收液按样品测定相同步骤进行空白测定。

4. 数据处理

（1）将采样体积按下式换算成标准状况下的采样体积：

$$V_0 = V \cdot \frac{T_0}{T} \cdot \frac{P}{P_0}$$

式中　V_0——标准状况下的采样体积，L；
　　　V——采样体积，L；
　　　T——采样时的空气温度，K；
　　　T_0——标准状况下的绝对温度，273K；
　　　P——采样时的大气压，kPa；
　　　P_0——标准状况下的大气压力，101.3kPa。

（2）试样中甲醛的吸光度 y 用下式计算。

$$y = A_s - A_b$$

式中　A_s——样品测定吸光度；
　　　A_b——空白试验吸光度。

（3）试样中甲醛含量 x（μg）用下式计算：

$$x = \frac{y-a}{b} \times \frac{V_1}{V_2}$$

或

$$x = (y-a) B_S \times \frac{V_1}{V_2}$$

式中　V_1——定容体积，mL；
　　　V_2——测定取样体积，mL。

（4）室内空气中甲醛浓度 c（mg/m³）用下式计算：

$$c = \frac{x}{V_0}$$

式中，V_0 为所采气样在标准状态下的体积，L。

5. 实验数据记录

甲醛标准系列及吸光度记录参照表 4-9，室内空气采样及现场监测原始记录参照表 4-10，样品吸光度测试记录及结果计算参照表 4-11。

表 4-10　室内空气采样及现场监测原始记录

采样地点：　　　日期：　　　气温：　　　气压：　　　相对湿度：　　　风速：

项目	点位	编号	采样时间	采样流量/(L/min)	浓度/(mg/m³)	仪器名称及编号

续表

项目	点位	编号	采样时间	采样流量/(L/min)	浓度/(mg/m³)	仪器名称及编号

现场情况及布点示意图：

| 备注 | |

采样人员：_____　　　　　　　　　　　记录人员：_____

表 4-11　样品吸光度测试记录及结果计算

样品号	1	2	3	4	5	6	7
试样吸光度 A_s							
空白样吸光度 A_b							
$y = A_s - A_b$							
试样中甲醛含量 $x/\mu g$							
室内空间甲醛含量 $c/(mg/m^3)$							

6. 实验结果分析

（1）测试的室内空气甲醛浓度与卫生部的室内空气质量卫生规范进行对比。

（2）分析各个测点甲醛浓度的关系，进行对比并说明原因。

任务三 颗粒物的测定

颗粒物又称尘，指大气中的固体或液体颗粒状物质。颗粒物可分为一次颗粒物和二次颗粒物。一次颗粒物是由天然污染源和人为污染源释放到大气中直接造成污染的颗粒物，例如土壤粒子、海盐粒子、燃烧烟尘等等。二次颗粒物是由大气中某些污染气体组分（如二氧化硫、氮氧化物、碳氢化合物等）之间，或这些组分与大气中的正常组分（如氧气）之间通过光化学氧化反应、催化氧化反应或其他化学反应转化生成的颗粒物，例如二氧化硫转化生成硫酸盐。

颗粒物中 $10\mu m$ 以下的微粒沉降速度慢，在大气中存留时间久，在大气动力作用下能够吹送到很远的地方。所以颗粒物的污染往往波及很大区域，甚至成为全球性的问题。粒径在 $0.1\sim 1\mu m$ 的颗粒物，与可见光的波长相近，对可见光有很强的散射作用，这是造成大气能见度降低的主要原因。由二氧化硫和氮氧化物化学转化生成的硫酸和硝酸微粒是造成酸雨的主要原因。大量的颗粒物落在植物叶子上会影响植物生长，落在建筑物和衣服上能起沾污和腐蚀作用。粒径在 $3.5\mu m$ 以下的颗粒物，能被吸入人的支气管和肺泡中并沉积下来，引起或加重呼吸系统的疾病。大气中大量的颗粒物会干扰太阳和地面的辐射，从而对地区性甚至全球性的气候发生影响。

颗粒物的组成十分复杂，而且变动很大。大致可分为三类：有机成分、水溶性成分和水不溶性成分，后两类主要是无机成分。有机成分含量可高达50%（质量分数），其中大部分是不溶于苯、结构复杂的有机碳化合物。可溶于苯的有机物通常只占10%以下，其中包括脂肪烃、芳烃、多环芳烃和醇、酮、酸、脂等。有一些多环芳烃对人体有致癌作用，如苯并(a)芘等。可溶于水的成分主要有硫酸盐、硝酸盐、氯化物等，其中硫酸盐含量可高达10%左右。颗粒物中不溶于水的成分主要来源于地壳，能反映土壤中成土母质的特征，主要由硅、铝、铁、钙、镁、钠、钾等元素的氧化物组成。其中二氧化硅的含量约占10%~40%，此外还有多种微量和痕量的金属元素，有些对人体有害，如汞、铅、镉等。

细小固体粒子和液体微粒在气体介质中的稳定悬浮体系称为气溶胶。粒子状态污染物在气体介质中容易形成气溶胶。按照粒子状态污染物形成气溶胶的过程和气溶胶的物理性质，可将其分为粉尘、飞灰、黑烟、飞灰。

根据大气中颗粒物的大小，还可以将气溶胶分为细颗粒物、飘尘、降尘和总悬浮颗粒物。飘尘指大气中粒径小于 $10\mu m$ 的固体颗粒物，能长期飘浮在大气中，有时也称浮游粒子或可吸入颗粒物。降尘指大气中粒径大于 $10\mu m$ 的固体颗粒物，由于重力作用，在较短时间内可沉降到地面。总悬浮颗粒物（TSP）系指悬浮于大气中粒径小于 $100\mu m$ 的所有固体颗粒物，包括飘尘和部分降尘。

一、滤料阻留采样法

滤料采集空气中的气溶胶颗粒物基于直接阻截、惯性碰撞、扩散沉降、静电引力和重力沉降等作用。滤料的采样效率除与自身的性质有关外，还与采样速度、颗粒物的大小等因素有关。低速采样以扩散沉降为主，对细小颗粒物的采样效率高；高速采样以惯性碰撞为主，对较大颗粒物的采样效率高。空气中的大小颗粒物是同时存在的，当采样速度一定时，就可能使一部分粒径小的颗粒物采样效率偏低。此外，在采样过程中，还可能发生颗粒物从滤料上弹回或吹走的现象，特别是采样速度大的情况下，粒径大、质量大的颗粒物易发生弹回现象，粒径小的颗粒物易穿过滤料被吹走，这些情况都是造成采样效率偏低的原因。

常用的滤料有纤维状滤料，如滤纸、玻璃纤维滤膜、聚氯乙烯合成纤维膜等；筛孔状滤料，如微孔滤膜、核孔滤膜、银薄膜等。滤纸的孔隙不规则且较少，适用于金属尘粒的采集。因滤纸吸水性较强，不宜用于重量法测定颗粒物浓度。玻璃纤维滤膜吸湿性小、耐高温、耐腐蚀、通气阻力小、采样效率高，常用于采集悬浮颗粒物，但其机械强度差，某些元素含量较高。聚氯乙烯或聚苯乙烯等合成纤维膜通气阻力小，可用有机溶剂溶解成透明溶液，便于进行颗粒物分散度及颗粒物中化学组分的分析。微孔滤膜是由硝酸（或乙酸）纤维素制成的多孔性薄膜，孔径细小、均匀，质量小，金属杂质含量极微，可溶于多种有机溶剂，尤其适用于采集分析金属的气溶胶。核孔滤膜是将聚碳酸酯薄膜覆盖在铀箔上，用中子流轰击，使铀核分裂产生的碎片穿过薄膜形成微孔，再经化学腐蚀处理制成。这种膜薄而光滑，机械强度好，孔径均匀，不亲水，适用于精密的重量法分析，但因微孔呈圆柱状，采样效率较微孔滤膜低。银薄膜由微细的银粒烧结制成，具有与微孔滤膜相似的结构，能耐400℃高温，抗化学腐蚀性强，适用于采集酸、碱气溶胶及含煤焦油、沥青等挥发性有机物的气样。

二、切割器

切割器指具有将不同粒径粒子分离功能的装置。在对不同粒径分布的颗粒物进行测定时需要使用切割器，如 $PM_{2.5}$ 等。

50%切割粒径（D_{a50}）指切割器对颗粒物的捕集效率为50%时所对应的粒子空气动力学当量直径。

小流量撞击式切割器如图4-11，其上部结构如图4-12，其下部结构如图4-13。

$PM_{2.5}$ 冲压切割器如图4-14，其过滤器夹持装置如图4-15。

三、测定方法

1. 总悬浮颗粒物（TSP）的测定

（1）测定方法 《环境空气 总悬浮颗粒物的测定 重量法》（HJ 1263—2022）。

（2）测定原理 空气中总悬浮颗粒物（简称 TSP）抽进大流量采样器时，被收集在已称重的滤料上，采样后，根据采样前后滤膜质量之差及采样体积，计算总悬浮颗粒物的浓度。滤膜处理后，可进行组分测定。

（3）主要仪器

① 大流量或中流量采样器（带切割器），采样器由采样入口、PM_{10} 或 $PM_{2.5}$ 切割器、滤膜夹、连接杆、流量测量及控制装置、抽气泵等组成。

② 大流量孔口流量计（量程 $0.7\sim1.4m^3/min$，恒流控制误差 $0.01m^3/min$）、中流量孔口流量计（量程 $70\sim160L/min$，恒流控制误差 $1L/min$）。

③ 滤膜：气流速度为 $0.45m/s$ 时，单张滤膜阻力不大于 $3.5kPa$，抽取经过高效过滤其精华的气体5h，$1cm^2$，滤膜失重不大于 $0.012mg$。

④ 恒温恒湿箱。

⑤ 天平（大托盘分析天平）。

（4）测定步骤

① 滤膜准备：每张滤膜都要经过 X 光机的检查，不得有缺陷。用前要编号，并打在滤膜的角上。把滤膜放入恒温恒湿箱内平衡 2h，并记录温度和湿度。

② 安放滤膜：将滤膜放入滤膜夹，使之不漏气。

③ 采样后，取出滤膜检查是否受损。若无破损，在平衡条件下，称量测定。

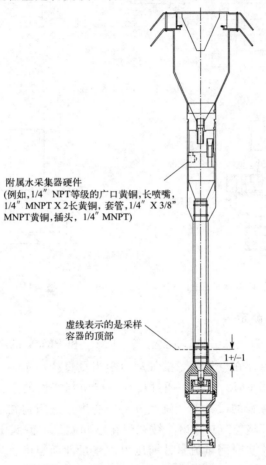

图 4-11　小流量撞击式切割器图纸

编号	描述	数量
1	10 微米进样口顶部(L-5)	1
2	6-32×3/8RD 机头螺丝	8
3	10 微米垫圈(L-6)	1
4	10 微米挡风板(L-7)	1
5	10 微米遮盖面(L-8)	1
6	10 微米逆电流器(L-9)	4
7	10 微米进样口,底部(L-10)	1
8	10 微米挡雨板(L-11)	1
9	1/8 直径铆钉	6
10	10 微米喷管口入口部分(L-12)	1

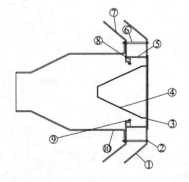

图 4-12　切割器上部

编号	描述	数量
1	10微米冲压管口(L-13)	1
2	10微米外管(L-15)	1
3	10微米管口嵌入物(L-14)	1
4	10微米接收管(L-16)	3
5	10微米目标板(L-17)	1
6	10微米退出转换器(L-18)	1
7	AS 568-026 O型环	2
8	AS 568-038 O型环	1

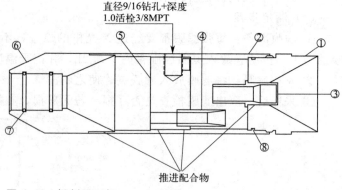

图 4-13 切割器下部

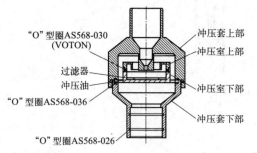

图 4-14 $PM_{2.5}$ 冲压切割器总装图

图 4-15 过滤器夹持装置

2. PM_{10} 和 $PM_{2.5}$ 的测定

（1）监测方法　HJ 618—2011《环境空气　PM_{10} 和 $PM_{2.5}$ 的测定　重量法》。

（2）方法原理　能悬浮在空气中，空气动力学当量直径小于 $10\mu m$ 的颗粒物称为可吸入颗粒物，又称飘尘，常用 PM_{10} 表示。通过具有一定切割特性的采样器，将 $10\mu m$ 以上粒径的微粒分离，小于这一粒径的微粒随气流经分离器的出口被阻留在已恒重的滤膜上，以恒速抽取定量体积空气，使环境空气中 PM_{10} 被截留在已知质量的滤膜上，气体经流量计、抽气泵由排气口排出。采样器实时测量流量计前压力、流量计前温度、环境大气压、环境温度等参数对采样流量进行控制。根据采样前后滤膜的重量差和采样体积，计算出 PM_{10} 浓度。

实训操作：颗粒物的测定

1. 总悬浮颗粒物

（1）滤膜

① 材质：根据样品采集目的可选用玻璃纤维滤膜、石英滤膜等无机滤膜或聚四氟乙烯、聚氯乙烯、聚丙乙烯、混合纤维等有机滤膜；

② 尺寸：200mm×250mm 的方形滤膜或直径 90mm 的圆形滤膜；

③ 滤膜阻力：在气流速度为 0.45m/s 时，单张滤膜阻力不大于 3.5kPa；

④ 捕集效率：对于直径为 $0.3\mu m$ 的标准粒子，滤膜的捕集效率不低于 99%；

⑤ 滤膜失重：在气流速度为 0.45m/s 时，抽取经高效过滤器净化的空气 5h，滤膜失重不大于 0.012mg。

（2）仪器和设备

① 采样器：可选用大流量采样器和中流量采样器等。

② 流量计：用于对不同流量的采样器进行流量校准。

大流量采样器：在 $0.7\sim1.4m^3/min$ 范围内，相对误差±2%；

中流量采样器：在 70～160L/min 范围内，相对误差±2%。

③ 分析天平：用于对滤膜进行称量，不同流量的采样器选配不同精度的分析天平。

大流量采样器：天平的分辨率不超过 0.0001g；

中流量采样器：天平的分辨率不超过 0.00001g。

④ 恒温恒湿设备（室）：设备（室）内空气温度控制在 15～30℃任意一点，控温精度±1℃，相对湿度应控制在 50%±5% RH 范围内。恒温恒湿设备（室）可连续工作。

（3）样品采集

采样前，应对采样器的采样流量进行检查。若流量测试误差超过采样器设定流量的±2%，应对采样流量进行校准。

打开采样头顶盖，取出滤膜夹。用清洁无绒干布擦去采样头内及滤膜夹的灰尘。

将已称重的滤膜放入洁净采样夹内的滤网上，滤膜毛面应朝向进气方向，将滤膜牢固压紧至不漏气。安装好采样头顶盖，按照采样器使用说明，设置采样时间，即启动采样。

测定颗粒物日平均浓度时，每日采样时间为 24h；监测时，可根据需要设置采样时长，但采样时间不能过短，应确保滤膜增重不小于分析天平分辨率的 100 倍。当分析天平的分辨率为 0.0001g 时，滤膜增重不小于 10mg；当分析天平的分辨率为 0.00001g 时，滤膜增重不小于 1mg。

采样结束后，打开采样头，取出滤膜。使用大流量采样器采样时，将有尘面两次对折，放入滤膜袋/盒中；使用中流量采样器采样时，将滤膜尘面朝上，平放入滤膜盒中。

滤膜取出时，若发现滤膜损坏，则本次采样作废；若滤膜采样区域的边缘轮廓不清晰，说明采样过程存在漏气现象，则本次采样作废；若滤膜上粘有飞虫或柳絮等异物，则本次采样作废。

（4）分析步骤

① 采样前滤膜检查。滤膜称量前，应对每片滤膜进行检查。滤膜应边缘平整，表面无

毛刺、无针孔、无松散杂质，且没有折痕、污染或任何破损。检查合格后的滤膜，方能用于采样。

② 采样前滤膜称量。将滤膜放在恒温恒湿设备（室）中平衡至少24h后称量。平衡条件为：温度15～30℃（一般设置为20℃），相对湿度控制在45%～55% RH 范围内。

记录恒温恒湿设备（室）的平衡温度与湿度。

滤膜平衡后用分析天平对滤膜进行称量，每张滤膜称量2次，两次称量间隔1h。当天平分辨率为0.0001g时，两次重量之差小于1mg；当天平分辨率为0.00001g时，两次重量之差小于0.1mg；以两次称量结果的平均值作为滤膜称量值。当两次称量偏差超出以上范围时，可将相应滤膜再平衡至少24h后称量，若两次称量偏差仍超过以上范围，则该滤膜作废。记录滤膜的质量和编号等信息。

滤膜称量后，将滤膜平放至滤膜袋/盒中，不得将滤膜弯曲或折叠，待采样。

③ 采样后滤膜称量。采样后滤膜的平衡时间、温湿度环境条件与采样前滤膜的平衡条件一致，称重步骤和要求同上。

（5）结果计算与表示

① 结果计算。总悬浮颗粒物标准状态下的浓度，按照下式进行计算：

$$\rho_N = \frac{W_2 - W_1}{V_N} \times 1000$$

式中　ρ_N——总悬浮颗粒物的浓度，$\mu g/m^3$；
　　　W_1——采样前滤膜的质量，mg；
　　　W_2——采样后滤膜的质量，mg；
　　　V_N——采样时的标准状态下的体积，m^3。

总悬浮颗粒物实际状态下的浓度，按照下式进行计算：

$$\rho = \frac{W_2 - W_1}{V} \times 1000$$

式中　ρ——总悬浮颗粒物的浓度，$\mu g/m^3$；
　　　W_1——采样前滤膜的质量，mg；
　　　W_2——采样后滤膜的质量，mg；
　　　V——采样时的实际状态下的体积，m^3。

② 结果表示。计算结果保留到整数位（单位：$\mu g/m^3$）。

在计算浓度时按以下公式将采样体积换算成标准状态下的体积：

$$V_0 = V \cdot \frac{T_0}{T} \cdot \frac{P}{P_0}$$

式中　V_0——换算成标准状态下的采样体积，L；
　　　V——采样体积，L；
　　　T_0——标准状态的绝对温度，273K；
　　　T——采样时采样点现场的温度（t）与标准状态的绝对温度之和，$(t+273)$ K；
　　　P_0——标准状态下的大气压力，101.3kPa；
　　　P——采样时采样点的大气压力，kPa。

（6）数据记录　总悬浮颗粒物现场采样记录参照表4-12，总悬浮颗粒物浓度分析记录参照表4-13。

表 4-12 总悬浮颗粒物现场采样记录表

月 日	采样器编号	滤膜编号	采样起始时间	采样终止时间	累积采样时间	测试人签字

采样人员：_____　　　　　　　　　　　　　记录人员：_____

表 4-13 总悬浮颗粒物浓度分析记录表

月日	滤膜编号	采样标况流量 /(m³/min)	累积采样时间 /min	累积采样体积 /m³	滤膜重量/g			总悬浮颗粒物浓度 /(μg/m³)
					空膜	尘膜	差值	

2. 质量保证与质量控制

（1）监测仪器管理　建立监测仪器管理制度，操作中使用的仪器设备应定期检定、校准和维护。

（2）采样过程质量控制

① 要经常检查采样头是否漏气。当滤膜安放正确、采样系统无漏气时，采样后滤膜上颗粒物与四周白边之间界限应清晰。如出现界线模糊时，则表明有漏气，应检查滤膜安装是否正确，或者更换滤膜密封垫、滤膜夹；该滤膜样品作废。

② 采样时，采样器的排气应不对 $PM_{2.5}$ 浓度测量产生影响。

③ 向采样器中放置和取出滤膜时，应佩戴乙烯基手套等实验室专用手套，使用无锯齿状镊子。

④ 采样过程中应配置空白滤膜，空白滤膜应与采样滤膜一起进行恒重、称量，并记录相关数据。空白滤膜应和采样滤膜一起被运送至采样地点，不采样并保持和采样滤膜相同的时间，与采样后的滤膜一起运回实验室称量。空白滤膜前、后两次称量质量之差应远小于采样滤膜上的颗粒物负载量，否则此批次采样监测数据无效。

⑤ 若采样过程中停电，导致累计采样时间未达到要求，则该样品作废。

⑥ 采样过程中，所有有关样品有效性和代表性的因素，如采样器受干扰或故障、异常气象条件、异常建设活动、火灾或沙尘暴等，均应详细记录，并根据质量控制数据进行审查，判断采样过程有效性。

⑦ 滤膜使用前均需进行检查，不得有针孔或任何缺陷。

（3）称量过程质量控制

① 天平校准质量控制。滤膜称量时要消除静电的影响。使用干净刷子清理分析天平的称量室，使用抗静电溶液或丙醇浸湿的一次性实验室抹布清洁天平附近的表层。每次称量前，清洗用于取放标准砝码和滤膜的非金属镊子，确保所有使用的镊子干燥。

称量前应检查分析天平的基准水平，并根据需要进行调节。为确保稳定性，分析天平应尽量处于长期通电状态。

每次称量前应按照分析天平操作规程校准分析天平。

分析天平校准砝码应保持无锈蚀，砝码需配置两组，一组作为工作标准，另外一组作为基准。

② 滤膜称量质量控制。滤膜称量前应有编号，但不能直接标记在滤膜上；如直接使用带编号（编码）的滤膜或使用带编号标识的滤膜保存盒，必须保持唯一性和可追溯性。

称量前应首先打开分析天平屏蔽门，至少保持 1min，使分析天平称量室内温、湿度与外界达到平衡。

称量时应尽量缩短操作时间。

称量过程中应同时称量标准滤膜进行称量环境条件的质量控制。

标准滤膜的制作：使用无锯齿状镊子夹取空白滤膜若干张，在恒温恒湿设备中平衡24h后称量；每张滤膜非连续称量10次以上，计算每张滤膜10次称量结果的平均值作为该张滤膜的原始质量，上述滤膜称为"标准滤膜"，标准滤膜的10次称量应在30min内完成。

标准滤膜的使用：每批次称量采样滤膜同时，应称量至少一张"标准滤膜"。若标准滤膜的称量结果在原始质量±5mg（大流量采样）或±0.5mg（中流量和小流量采样）范围内，则该批次滤膜称量合格；否则应检查称量环境条件是否符合要求并重新称量该批次滤膜。

为避免空气中的颗粒物影响滤膜称量，滤膜不应放置在空调管道、打印机或者经常开闭的门道等气流通道上进行平衡调节。每天应清洁工作台和称量区域，并在门道至天平室入口安装"粘性"地板垫，称量人员应穿戴洁净的实验服进入称量区域。

采样前后滤膜称量应使用同一台分析天平，操作天平应佩戴无粉末、抗静电、无硝酸盐、磷酸盐、硫酸盐的乙烯基手套。

采样前后，滤膜称量应使用同一台分析天平。

（4）数据记录　滤膜平衡及称量记录参照表4-14，标准滤膜称量记录参照表4-15。

表4-14　滤膜平衡及称量记录表

日期：　　　年　　月　　日	地点：
天平型号：	天平编号：
滤膜材质：　　　采样滤膜编号：　　　空白滤膜编号：	

标准滤膜检查	标准滤膜编号：_____	检查结论
	标准滤膜原始质量：_____	
	标准滤膜本次称量质量：_____	
采样前滤膜第一次平衡条件	温度：_____℃　　湿度：_____%RH	
	开始日期时间：_____　　结束日期时间：_____	
采样前滤膜第一次质量：_____	天平室温度：_____℃　天平室湿度：_____%RH	
采样前空白滤膜第一次质量：_____	天平室温度：_____℃　天平室湿度：_____%RH	
采样前滤膜第二次平衡条件	温度：_____℃　　湿度：_____%RH	
	开始日期时间：_____　　结束日期时间：_____	
采样前滤膜第二次质量：_____	天平室温度：_____℃　天平室湿度：_____%RH	
采样前空白滤膜第二次质量：_____	天平室温度：_____℃　天平室湿度：_____%RH	
采样前两次滤膜称量平均值：_____ mg		
采样前两次空白滤膜称量平均值：_____ mg		
采样后滤膜第一次平衡条件	温度：_____℃　　湿度：_____%RH	
	开始日期时间：_____　　结束日期时间：_____	
采样后滤膜第一次称量：_____ mg　天平室温度：_____℃　天平室湿度：_____%RH 称量时间：_____		
采样后空白滤膜第一次称量：_____ mg　天平室温度：_____℃　天平室湿度：_____%RH 称量时间：_____		

续表

采样后滤膜第二次平衡条件	温度：＿＿＿＿＿℃　　湿度：＿＿＿＿＿％RH
	开始时间：＿＿＿＿＿＿＿＿＿　　结束时间：＿＿＿＿＿＿＿＿＿

采样后滤膜第二次称量：＿＿＿＿＿＿mg　天平室温度：＿＿＿＿℃　天平室湿度：＿＿＿＿％RH
称量时间：＿＿＿＿＿＿＿＿＿

采样后空白滤膜第二次称量：＿＿＿＿＿＿mg　天平室温度：＿＿＿＿℃　天平室湿度：＿＿＿＿％RH
称量时间：＿＿＿＿＿＿＿＿＿

采样后两次滤膜称量平均值：＿＿＿＿＿＿mg

采样后两次空白滤膜称量平均值：＿＿＿＿＿＿mg

备注：

称量人：　　　　　　　　　审核人：　　　　　　　　　日期：

表 4-15　标准滤膜称量记录表

日期：＿＿＿＿年＿＿＿月＿＿＿日　　　　　　　　　　　　地点：＿＿＿＿＿＿＿＿＿＿

天平型号：＿＿＿＿＿＿＿＿＿＿＿＿　　　　　　天平编号：＿＿＿＿＿＿＿＿＿＿＿＿

滤膜编号 称量次数								
1								
2								
3								
4								
5								
6								
7								
8								
9								
10								
平均值/mg								
滤膜平衡条件	温度：　　　　　　　　　　　　湿度：							
	开始日期时间：　　　　　　　　结束日期时间：							
天平室 环境条件	温度：　　　　　　　　　　　　湿度：							

备注：

称量人：　　　　　　　　　审核人：　　　　　　　　　日期：

任务四　环境空气质量自动连续监测

一、环境空气质量自动连续监测仪器

环境空气质量连续自动监测是指采用连续自动监测仪器对环境空气进行连续的样品采集、处理、分析的过程。

1. 点式分析仪器

点式分析仪器是在固定点上通过采样系统将环境空气采入并测定空气污染物浓度的监测分析仪器。

点式连续监测系统由采样装置、校准设备、分析仪器、数据采集和传输设备组成，如图 4-16 所示。

图 4-16　点式连续监测系统组成示意图

采样装置的材料和安装应不影响仪器测量。多台点式分析仪器可共用一套多支路采样装置进行样品采集。

校准设备主要由零气发生器和多气体动态校准仪组成，校准设备用于对分析仪器进行校准。

分析仪器用于对采集的环境空气气态污染物样品进行测量。

数据采集和传输设备用于采集、处理和存储监测数据，并能按中心计算机指令传输监测数据和设备工作状态信息。

2. 开放光程分析仪器

开放光程分析仪器是指采用从发射端发射光束经开放环境到接收端的方法测定该光束光程上平均空气污染物浓度的仪器。

校准单元结构

开放光程连续监测系统由开放的测量光路、校准单元、分析仪器、数据采集和传输设备等组成，如图 4-17 所示。

图 4-17　开放光程连续监测系统组成示意图

开放测量光路是指光源发射端到接收端之间的路径。

校准单元是运用等效浓度原理，通过在测量光路上架设不同长度的校准池，来等效不同浓度的标准气体，以完成校准工作。校准单元结构如图 4-18 所示。

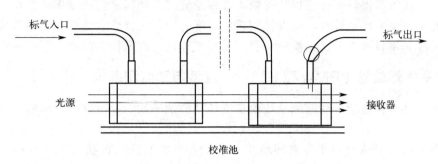

图 4-18　校准单元结构示意图

3. 采样装置

（1）采样装置一般包括两种结构，结构示意图参见图 4-19。

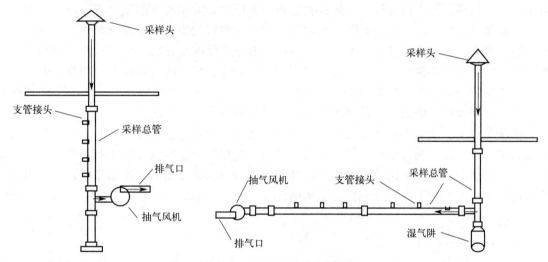

图 4-19　采样装置结构示意图

（2）采样装置应连接紧密，避免漏气。采样装置总管入口应防止雨水和粗大的颗粒物进入，同时应避免鸟类、小动物和大型昆虫进入。采样头的设计应保证采样气流不受风向影响，稳定进入采样总管。

（3）采样装置的制作材料应选用不与被监测污染物发生化学反应和不释放有干扰物质的材料。一般以聚四氟乙烯或硼硅酸盐玻璃等为制作材料；对于只用于监测 NO_2 和 SO_2 的采样总管，也可选用不锈钢材料。

（4）采样总管内径范围为 1.5～15cm，总管内的气流应保持层流状态，采样气体在总管内的滞留时间应小于 20s，同时所采集气体样品的压力应接近大气压。支管接头应设置于采样管的层流区域内，各支管接头之间间隔距离大于 8cm。

（5）为了防止因室内外空气温度的差异使采样总管内壁结露而吸附监测污染物，采样总管应加装保温套或加热器，加热温度一般控制在 30～50℃。

（6）分析仪器与支管接头连接的管线应选用不与被监测污染物发生化学反应和不释放有干扰物质的材料；长度不应超过 3m，同时应避免空调机的出风直接吹向采样总管和支管。

(7) 分析仪器与支管接头连接的管线应安装孔径≤5μm 的聚四氟乙烯滤膜。

(8) 分析仪器与支管接头连接的管线，连接总管时应伸向总管接近中心的位置。

(9) 在不使用采样总管时，可直接用管线采样，但是采样管线应选用不与被监测污染物发生化学反应和不释放有干扰物质的材料，采样气体滞留在采样管线内的时间应小于 20s。

二、环境空气颗粒物（PM_{10} 和 $PM_{2.5}$）连续自动监测系统

环境空气颗粒物连续自动监测系统由空气质量监测子站、质量保证实验室和系统支持实验室构成。

空气质量监测子站的功能是对环境空气质量和气象状况（包括气温、气压、湿度、风向、风速等）进行连续自动监测，采集、处理和存储监测数据，定时向中心计算机传输监测数据和设备工作状态信息。空气质量监测子站主要由子站站房、采样装置、监测仪器、校准设备、数据采集与传输设备、辅助设备等组成。颗粒物连续自动监测系统由采样头、采样管、采样泵和仪器主机组成，配备温度、湿度、压力检测器，其中 β 射线法颗粒物监测仪器应包括动态加热系统，振荡天平法颗粒物监测仪器应包括滤膜动态测量系统。

质量保证实验室的主要功能是对监测仪器和设备进行量值传递、校准和性能审核，并对检修后的监测仪器和设备进行校准和性能测试。其基本要求是：①多个空气质量监测子站可共用一个质量保证实验室。②应采用密封窗结构，并设置缓冲间，防止灰尘和泥土带入实验室。③应安装温度和湿度控制设备，使实验室温度控制在 25℃±5℃，相对湿度控制在 80% 以下。④应配置良好的通风设备和废气排出口，保持室内空气清洁。

系统支持实验室的主要功能是对监测仪器设备进行日常维护、保养，并对发生故障的仪器设备进行检修或更换。多个空气质量监测子站可共用一个系统支持实验室。系统支持实验室应配备仪器测试、维修用设备和工具，还应配备必要的备用监测仪器和零配件，备用监测仪器的数量一般不少于在用监测仪器总数的 1/4。

1. 安装

(1) 监测点位

① 监测点位置要求。监测点位置的确定应首先进行周密的调查研究，采用间断性的监测，对本地区空气污染状况有粗略的概念后再选择监测点的位置，点位应符合相关技术规范要求。监测点的位置一经确定后应能长期使用，不宜轻易变动，以保证监测资料的连续性和可比性。

在监测点周围，不能有高大建筑物、树木或其他障碍物阻碍环境空气流通。从监测点采样口到附近最高障碍物之间的水平距离，至少是该障碍物高出采样口垂直距离的两倍以上。

监测点周围建设情况应相对稳定，尽量选择在规划建设完成的区域，在相当长的时间内不能有新的建筑工地出现。

监测点应地处相对安全和防火措施有保障的地方。

监测点附近应无强电磁干扰，周围有稳定可靠的电力供应，通信线路方便安装和检修。

监测点周围应有合适的车辆通道以满足设备运输和安装维护需要。

不同功能监测点的具体位置要求应根据监测目的按照相关技术规范确定。

② 仪器采样口位置要求。采样口距地面的高度应在 3～15m 范围内。

在采样口周围 270° 捕集空间范围内环境空气流动应不受任何影响。

针对道路交通的污染监控点，其采样口离地面的高度应在 2～5m 范围内。

在保证监测点具有空间代表性的前提下，若所选点位周围半径 300～500m 范围内建筑

物平均高度在20m以上时，其采样口高度可以在15～25m范围内选取。

采样口离建筑物墙壁、屋顶等支撑物表面的距离应大于1m，若支撑物表面有实体围栏，采样口应高于实体围栏至少0.5m。

当设置多个采样口时，为防止其他采样口干扰颗粒物样品的采集，颗粒物采样口与其他采样口之间的水平距离应大于1m。

进行比对监测时，若参比采样器的流量≤200L/min，采样器和监测仪的各个采样口之间的相互直线距离应在1m左右；若参比采样器的流量＞200L/min，其相互直线距离应在2～4m；使用高真空大流量采样装置进行比对监测，其相互直线距离应在3～4m。

(2) 监测站房及辅助设施　新建监测站房房顶应为平面结构，坡度不大于10°，房顶安装护栏，护栏高度不低于1.2m，并预留采样管安装孔。站房室内使用面积应不小于15m²。监测站房应做到专室专用。

监测站房应配备通往房顶的Z字型梯或旋梯，房顶平台应有足够的空间放置参比方法比对监测的采样器，满足比对监测的需求，房顶承重应大于等于250kg/m²。

站房室内地面到天花板高度应不小于2.5m，且距房顶平台高度不大于5m。

站房应有防水、防潮、隔热、保温措施，一般站房内地面应离地表（或建筑房顶）有25cm以上的距离。

站房应有防雷和防电磁干扰的设施。

站房为无窗或双层密封窗结构，有条件时，门与仪器房之间可设有缓冲间，以保持站房内温湿度恒定，防止将灰尘和泥土带入站房内。

采样装置抽气风机排气口和监测仪器排气口的位置，应设置在靠近站房下部的墙壁上，排气口离站房内地面的距离应在20cm以上。

(3) 辅助设施要求　站房内安装的冷暖式空调机出风口不能正对仪器和采样管。空调应具有来电自启动功能。

站房应配备自动灭火装置。

站房应安装有排气风扇，排风扇要求带防尘百叶窗。

(4) 站房示意图　颗粒物连续自动监测站房如图4-20所示。

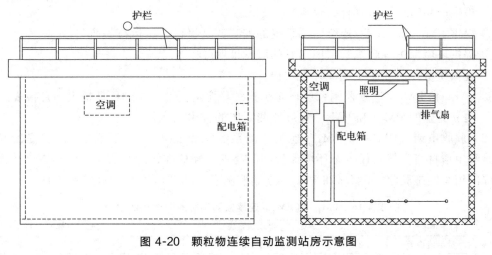

图4-20　颗粒物连续自动监测站房示意图

(5) 监测仪安装　仪器应安装在机柜内或平台上，确保安装水平，并符合以下要求：

① 后方空间：仪器设备安装完毕后，确保仪器后方有0.8m以上的操作维护空间。② 顶端空间：仪器设备安装完毕后，确保仪器采样入口和站房天花板的间距不少于0.4m。

采样管安装符合以下要求：①采样管应竖直安装。②保证采样管与各气路连接部分密闭不漏气。③保证采样管与屋顶法兰连接部分密封防水。④采样管长度不超过5m。

2. 调试

PM_{10}和$PM_{2.5}$连续监测系统在现场安装并正常运行后，在验收前须进行调试，调试完成后PM_{10}和$PM_{2.5}$连续监测系统性能指标应符合调试检测的指标要求。调试检测可由系统制造者、供应者、用户或委托有检测能力的部门承担。

调试检测一般要求：

① 在现场完成PM_{10}和$PM_{2.5}$连续监测系统安装、调试后，系统投入试运行。
② 系统连续运行168h后，进行调试检测。
③ 如果因系统故障、断电等原因造成调试检测中断，则需要重新进行调试检测。
④ 调试检测后应编制安装调试报告。
⑤ 参比方法比对调试可依据环境保护行政主管部门的要求抽样完成。

3. 试运行

① PM_{10}和$PM_{2.5}$连续监测系统试运行至少60d。
② 因系统故障等造成运行中断，恢复正常后，重新开始试运行。
③ 试运行结束时，计算系统数据获取率应大于等于90%。

$$数据获取率(\%)=(系统正常运行小时数÷试运行总小时数)×100\%$$

系统正常运行小时数＝试运行总小时数－系统故障小时数

④ 根据试运行结果，编制试运行报告。

4. 验收

PM_{10}和$PM_{2.5}$连续监测系统验收的内容包括性能指标验收、联网验收及相关制度、记录和档案验收等，验收通过后由环境保护行政主管部门出具验收报告。

(1) 验收准备
① 提供产品适用性检测合格报告。
② 提供PM_{10}和$PM_{2.5}$连续监测系统的安装调试报告、试运行报告。
③ 提供环境保护行政主管部门出具的联网证明。
④ 提供质量控制和质量保证计划文档。
⑤ PM_{10}和$PM_{2.5}$连续监测系统已至少连续稳定运行60d，出具日报表和月报表。
⑥ 建立完整的PM_{10}和$PM_{2.5}$连续监测系统的技术档案。

(2) 验收申请　PM_{10}和$PM_{2.5}$连续监测系统完成安装、调试及试运行后提出验收申请，验收申请材料上报责任生态环境保护部门受理，经核准符合验收条件，由责任生态环境保护部门组织实施验收。PM_{10}和$PM_{2.5}$连续监测系统的调试检测项目见表4-16。

表4-16　PM_{10}和$PM_{2.5}$连续监测系统的调试检测项目

序号	检测项目	PM_{10}连续监测系统	$PM_{2.5}$连续监测系统
1	温度测量示值误差	±2℃	±2℃
2	大气压测量示值误差	±1kPa	±1kPa

续表

序号	检测项目	PM$_{10}$连续监测系统	PM$_{2.5}$连续监测系统
3	流量测试	每一次测试时间点流量变化±10%设定流量; 24h平均流量变化±5%设定流量	平均流量偏差±5%设定流量; 流量相对标准偏差≤2%; 平均流量示值误差≤2%
4	校准膜重现性	±2%(标称值)	±2%(标称值)
5	参比方法比对调试	斜率:1±0.15; 截距:(0±10)μg/m³; 相关系数≥0.95	斜率:1±0.15; 截距:(0±10)μg/m³; 相关系数≥0.93

5. 运行

(1) 基本要求 环境空气自动监测仪器应全年365天(闰年366天)连续运行,停运超过3天,须报负责该点位管理的主管部门备案,并采取有效措施及时恢复运行。需要主动停运的,须提前报负责该点位管理的主管部门批准。

在日常运行中因仪器故障需要临时使用备用监测仪器开展监测,或因设备报废需要更新监测仪器的,须于仪器更换后1周内报负责该点位管理的主管部门备案。

监测仪器主要技术参数(包括斜率/K值、K_0值、截距、灵敏度等)应与仪器说明书要求和系统安装验收时的设置值保持一致。如确需对主要技术参数进行调整,应开展参数调整试验和仪器性能测试,记录测试结果并编制参数调整测试报告。主要技术参数调整须报负责该点位管理的主管部门批准。

(2) 日常维护 应对子站站房及辅助设备定期巡检,每周至少巡检1次,巡检工作主要包括:①检查站房内温度是否保持在25℃±5℃范围内,相对湿度保持在80%以下,在冬、夏季节应注意站房内外温差,及时调整站房温度或对采样管采取适当的温控措施,防止因温差造成采样装置出现冷凝水的现象。②检查站房排风排气装置工作是否正常。③检查采样头、采样管的完好性,及时对缓冲瓶内积水进行清理。④检查各监测仪器工作参数和运行状态是否正常。振荡天平法仪器还应检查仪器测量噪声、振荡频率等指标是否在说明书规定的范围内。⑤检查数据采集、传输与网络通信是否正常。⑥记录巡检情况。

空气监测子站巡检记录参照表4-17。

表4-17 空气监测子站巡检记录表

城市: 　　　　　　　空气监测子站名称:

时间:　　年　　月　　日

序号	巡查内容	正常"√"	异常"√"
	站房外部及周边		
1	点位周围环境变化情况		
2	点位周围安全隐患		
3	点位周围道路、供电线路、通信线路、给排水设施完好或损坏状况		
4	站房外围的防护栏、隔离带有无损坏情况		
5	视频监控系统是否正常		
6	周围树木是否需要修剪		
7	站房防雷接地是否完好		
8	站房屋顶是否完好,有无漏雨		
	站房内部		
1	站房内部的供电、通信是否畅通		

续表

时间：　　年　　月　　日

序号	巡查内容	正常 "√"	异常 "√"
2	站房内部给排水、供暖设施、空调工作状况		
3	各种消防、安全设施是否完好齐全		
4	站房内有无气泵产生的异常声音		
5	站房内有无异常气味		
6	站房温度、湿度是否符合要求		
7	气体采样总管风扇工作是否正常		
8	气体采样总管及支管是否由于室外温差产生冷凝水		
9	站房排风扇是否正常运行		
10	稳压电源参数是否正常		
11	各电源插头、线板工作是否正常		
12	颗粒物采样头是否清洁，雨水瓶是否有积水		
13	仪器气泵工作是否正常		
14	干燥剂是否需更换（蓝色部分剩1/4～1/3时应及时更换）		
15	钢瓶气减压阀压力指示是否正常		
16	颗粒物分析仪纸带位置是否正常（如长度不足时应提前更换）		
17	振荡天平法仪器气水分离器是否有积水，必要时进行清理		

异常情况及处理说明：

巡检人：　　　　　复核人：

每月至少清洁一次采样头。若遇到重污染过程或沙尘天气，还应在采样过程结束后及时清洁采样头；在受到植物飞絮、飞虫影响的季节，应增加采样头的检查和清洁频次。清洁时，应完全拆开采样头和 $PM_{2.5}$ 切割器，用蒸馏水或者无水乙醇清洁，完全晾干或用风机吹干后重新组装，组装时应检查密封圈的密封情况。每年对采样管路至少进行一次清洁，污染较重地区可增加清洁频次。采样管清洁后必须进行气密性检查，并进行采样流量校准。

按仪器使用说明书检查监测仪器的运行状况和状态参数是否正常。每次巡检维护均要有记录，并定期存档。

(3) 故障检修

对出现故障的仪器设备应进行针对性的检查和维修。

① 根据仪器厂商提供的维修手册要求，开展故障判断和检修。

② 对于在现场能够诊断明确，并且可以通过简单更换备件解决的仪器故障，应及时检修并尽快恢复正常运行。

③ 对于不能在现场完成故障检修的仪器，应送至系统支持实验室进行检查和维修，并及时采用备用仪器开展监测。

6. 质量保证和质量控制

(1) 基本要求

① 气路检漏。依据仪器说明书酌情进行流量检漏，每月1次。

② 流量检查。每月用标准流量计对仪器的流量进行检查，实测流量与设定流量的误差应在±5%范围内，且示值流量与实测流量的误差应在±2%范围内，否则，须对流量进行

校准。

③ 气温测量结果检查。每季度对仪器测量的气温进行检查，仪器显示温度与实测温度的误差应在±2℃范围内，否则，应对温度进行校准。

④ 气压测量结果检查。每季度对仪器测量的气压进行检查，仪器显示气压与实测气压的误差应在±1kPa范围内，否则，应对气压进行校准。

⑤ 仪器内部的气体湿度传感器应每半年检查一次，仪器读数与标准湿度计读数的误差应在±4％范围内，超过±4％时应进行校准。

⑥ 数据一致性检查。每半年应对仪器进行一次数据一致性检查。数据采集仪记录数据和仪器显示或存储监测结果应一致。当存在明显差别时，应检查仪器和数据采集仪参数设置是否正常。若使用模拟信号输出，两者相差应在±1μg/m³范围内。模拟输出数据应与时间、量程范围相匹配。每次更换仪器后均应进行数据一致性检查。

⑦ 仪器说明书规定的其它质控内容。

⑧ 记录质控情况。

(2) 准确度审核　准确度审核用于对环境空气连续自动监测系统进行外部质量控制，审核人员不从事所审核仪器的日常操作和维护。用于准确度审核的流量计、温度计、气压计等不得用于日常的质量控制。

① 流量审核。实测流量与设定流量的误差应在±5％范围内，与示值流量误差在±2％范围内。每年进行一次。

② 气温审核。仪器显示温度与实测温度的误差应在±2℃范围内。每年进行一次。

③ 气压审核。仪器显示气压与实测气压的误差应在±1kPa范围内。每年进行一次。

④ 湿度审核。仪器显示湿度与实测湿度的误差应在±4％范围内。每年进行一次。

⑤ 环境空气颗粒物自动监测仪器准确度审核。每年至少进行一次准确度审核，每次有效数据不少于5个日均值（每日有效采样时间不少于20小时），手工监测采样滤膜所负载颗粒物质量不少于电子天平检定分度值的100倍。将自动监测数据与手工监测数据的日均值进行比较分析，以数据质量目标作为评价依据，每日自动监测数据与手工监测数据的相对偏差均应达到数据质量目标。偏离要求时，应对颗粒物连续自动监测系统进行检查与维修，重新与参比方法比对，直到满足准确度审核指标。

(3) 量值溯源和传递要求　用于量值传递的计量器具，如流量计、气压表、压力计、真空表、温度计、湿度计等，应按计量检定规程的要求进行周期性检定。

7. 数据有效性判断

① 监测系统正常运行时的所有监测数据均为有效数据，应全部参与统计。

② 对仪器进行检查、校准、维护保养或仪器出现故障等非正常监测期间的数据为无效数据；仪器启动至仪器预热完成时段内的数据为无效数据。

③ 低浓度环境条件下监测仪器技术性能范围内的零值或负值为有效数据，应采用修正后的值参加统计。在仪器故障、运行不稳定或其他监测质量不受控情况下出现的零值或负值为无效数据，不参加统计。

④ 对于缺失和判断为无效的数据均应注明原因，并保留原始记录。

三、环境空气气态污染物（SO_2、NO_2、O_3、CO）连续自动监测系统

环境空气气态污染物（SO_2、NO_2、O_3、CO）连续自动监测系统由空气质量监测子

站、中心计算机室、质量保证实验室和系统支持实验室构成。

中心计算机室的主要功能是通过有线或无线通信设备采集各监测子站的监测数据和设备工作状态信息，并对所采集监测数据进行自动判别和存储；对采集的监测数据进行统计处理、分析；对监测子站的监测仪器进行远程诊断和校准。

1. 安装

（1）监测点位　开放光程监测系统监测点应远离振动源。

（2）监测站房及辅助设施　使用开放光程监测系统的站房，开放光程监测系统的光源发射端和接收端应固定在安装基座上。基座应采用实心砖平台结构或混凝土水泥桩结构，建在受环境变化影响不大的建筑物主承重混凝土结构上，离地高度 0.6~1.2m，长度和宽度尺寸应比发射端和接收端底座四个边缘宽 15cm 以上。

使用开放光程监测系统的站房，应在墙面预留圆形通孔，通孔直径应大于光源发射端的外径。

（3）站房示意图　开放光程连续监测系统站房如图 4-21 所示。

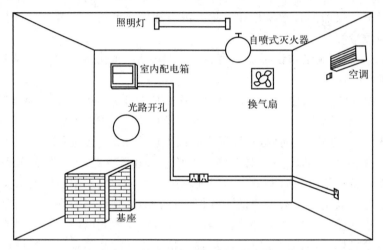

图 4-21　开放光程连续监测系统站房示意图

（4）开放光程连续监测系统光路

① 监测光束离地面的高度应在 3~15m 范围内。

② 在保证监测点具有空间代表性的前提下，若所选点位周围半径 300~500m 范围内建筑物平均高度在 20m 以上，其监测光束离地面高度可以在 15~25m 范围内选取。

③ 监测光束能完全通过的情况下，允许监测光束从日平均机动车流量少于 10000 辆的道路上空、对监测结果影响不大的小污染源和少量未达到间隔距离要求的树木或建筑物上空穿过，穿过的合计距离不能超过监测光束总光程的 10%。

（5）开放光程分析仪器安装要求

① 分析仪器应安装在机柜内或平台上，确保仪器后方有 0.8m 以上的操作维护空间。

② 分析仪器光源发射、接收装置应与站房墙体密封。

③ 分析仪器光程大于等于 200m 时，光程误差应不超过±3m；当光程小于 200m 时，光程误差应不超过±1.5%。

④ 光源发射端和接收端（反射端）应在同一直线上，与水平面之间俯仰角不超过 15°。

⑤ 光源接收端（反射端）应避光安装，同时注意尽量避免将其安装在住宅区或窗户附近以免造成杂散光干扰。

⑥ 光源发射端、接收端（反射端）应在光路调试完毕后固定在基座上。

2. 调试

同颗粒物。

3. 试运行

同颗粒物。

4. 验收

开放光程连续监测系统验收内容包括性能指标验收、联网验收及相关制度、记录和档案验收等，验收通过后由环境保护行政主管部门出具验收报告。

在监测系统完成安装、调试及试运行后提出验收申请，验收申请材料上报环境保护行政主管部门受理，经核准符合验收条件，由环境保护行政主管部门组织实施验收。监测系统性能指标验收检测项目见表 4-18。

表 4-18 监测系统性能指标验收检测项目

项目	性能指标			
	SO_2 分析仪器	NO_2 分析仪器	O_3 分析仪器	CO 分析仪器
示值误差	±2%F.S.	±2%F.S.	±4%F.S.	±2%F.S.
24h 零点漂移	±5ppb	±5ppb	±5ppb	±1ppm
24h80%量程漂移	±10ppb	±10ppb	±10ppb	±1ppm

注：F.S. 表示满量程。

5. 运行

中心计算机室日常检查内容包括：

① 各子站监测数据与本地中心计算机室以及各级数据中心的传输情况。

② 各子站计算机的时钟和日历设置。

③ 监测数据存储情况，每季度对监测数据备份1次。

④ 计算机系统的安全性。

⑤ 空调、稳压电源等辅助设备运行状态。

6. 质量保证和质量控制

（1）开放光程监测仪器

① 至少每季度进行1次光波长的校准。

② 至少每半年进行1次跨度检查，当发现跨度漂移超过仪器调节控制限时，须及时校准仪器。

③ 至少每年进行1次多点校准。

④ 按照仪器说明书的要求定期对标准参考光谱进行校准。

（2）精密度审核

① 在精密度审核之前，不能改动监测仪器的任何设置参数，如果精密度审核连同仪器零/跨调节一起进行时，精密度审核必须在零/跨调节之前进行。

② 精密度审核时，仪器示值相对标准偏差应≤5%。

③ 每台监测仪器至少每季度进行1次精密度审核。

④ 精密度审核用于对环境空气连续自动监测系统进行外部质量控制，审核人员不从事所审核仪器的日常操作和维护。用于精密度审核的标准物质和相关设备不得用于日常的质量控制。

(3) 准确度审核

准确度审核也可按照最小二乘法步骤做出多点校准曲线，用斜率、截距和相关系数对仪器准确度进行评价。对所获校准曲线的检验指标应符合以下要求：①相关系数（r）>0.999；②$0.95 \leqslant$斜率（a）$\leqslant 1.05$；③截距（b）在满量程的$\pm 1\%$范围内。

7. 数据有效性判断

同颗粒物。

实训操作：β射线法自动监测仪器质量控制

1. 仪器原理与结构

同时采样和测量单源β射线仪

样品空气通过切割器以恒定的流量经过进样管，颗粒物截留在滤带上。β射线通过滤带时，能量发生衰减，通过对衰减量的测定计算出颗粒物的质量。同时采样和测量单源β射线仪结构原理如图4-22所示。β射线衰减量与颗粒物的质量关系如下：

$$\Delta m = \frac{1}{k}\ln\left(\frac{N_1}{N_2}\right)$$

式中 Δm——截留在滤带上颗粒物的单位面积质量，mg/cm^2；

k——单位质量吸收系数（校准系数），cm^2/mg；

N_1——测定周期初始测定的β射线量；

N_2——测定周期截留颗粒物后测定的β射线量。

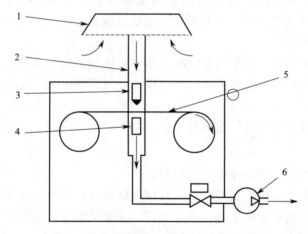

图4-22 同时采样和测量单源β射线仪

1—切割器；2—进样管；3—β射线放射源；4—β射线检测器；5—滤带；6—泵

2. 仪器和设备

（1）β射线仪 测量装置应包括切割器、进样管、密封装置、滤带支架、β射线测量系统、流量控制装置、泵、流速计或流量计等部分，流量控制装置应能将采样流量控制在设定值的±5%范围内。

注：进样管需具备动态加热装置，加热温度范围根据实际情况一般设置在40~50℃之间。

（2）天平 分度值不超过0.01mg。

3. 标准膜检查

仪器运行期间应定期进行标准膜（自动或手动）检查，检查周期不得超过半年。如检查结果与标准膜的标称值误差不在±2%范围内，应对仪器进行校准。标准膜检查不合格时需进行仪器校准或维修。校准程序如下：

（1）校准周期　当标准膜检查结果不合格时，需对仪器进行校准。

实际样品称重法一般每半年进行一次校准。当湿度或挥发性组分随季节变化较大时，可根据实际情况缩短校准周期。

当定量结果相关的仪器部件维修后需对仪器进行校准。

（2）零点校准　校准时泵停止工作，避免空气和颗粒物进入采样装置。选定量程，安装滤带或零膜片，按仪器说明书要求进行零点校准。

（3）质量校准

① 校准膜片法。测定通过滤带（膜）的β射线量，之后在滤带（膜）上放置标称值为实际面积质量的标准膜，再次测定通过滤带（膜）和标准膜的β射线量，依据两次β射线量测定值确定校准系数 k。

当使用零膜片和标准膜校准时，先剪断并抽出滤带，插入零膜片，测定通过零膜片的β射线量，移去零膜片，插入标称值为膜片实际面积质量减去零膜片面积质量差值的标准膜再次测定，依据两次β射线量测定值确定校准系数 k。

② 实际样品称重法。称量5个空白滤带（膜）重量，测定5个空白滤带（膜）β射线量。使用上述5个空白滤带（膜）采集样品，可通过控制采样时间获得不同颗粒物质量浓度的样品，5个样品的颗粒物质量浓度应涵盖当地颗粒物浓度水平范围，测定采样后滤带（膜）β射线量。对5个滤带（膜）采样前后β射线衰减量 $\ln(N_1/N_2)$ 与颗粒物质量进行线性回归，斜率即为校准系数 k。

采用实际样品称重法时，如果用于校准的滤膜材质与测定实际样品的滤带材质不一样，可能对测量结果有一定影响，因此应使用与滤带同一材质的校准用滤膜，避免由于材质不同引起的校准因子差别。

以上两种质量校准方法可以任选一种进行。

4. 分析步骤

根据所测颗粒物粒径大小选择合适的切割器。

新购置的仪器安装后，应依据操作手册设置各项参数，并进行调试。调试指标包括温度测量示值误差、大气压测量示值误差、流量测试、校准膜重现性和参比方法比对调试等。

仪器稳定后开始测定。

5. 结果计算与表示

实际状态下的颗粒物浓度按照下式进行计算，测定结果保留整数位：

$$\rho = \frac{\Delta m S}{tQ} \times 10^6$$

式中　ρ——实际状态下环境空气中颗粒物的浓度，g/m³；

Δm——截留在滤带上颗粒物的单位面积质量，mg/cm²；

S——截留在滤带上颗粒物的面积，cm²；

t——采样时间，min；

Q——实际状况下的采样流量，L/min。

6. 注意事项

（1）每月进行一次气路检漏和流量检查，每季度进行一次气温和气压测量结果检查，每半年用标准湿度计进行一次气体湿度传感器检查,每半年进行一次数据采集仪记录数据和仪器显示或储存监测结果一致性检查。检查结果不符合 HJ 817 的合格指标时,需进行校准。β射线法仪器质控工作记录参照表 4-19。

(2) 每年进行一次流量、气温、气压、湿度和仪器准确度审核。如果当地湿度或挥发性组分随季节变化较大时,可以缩短仪器准确度审核周期。

(3) 使用的 β 射线源应符合放射性安全标准,仪器报废后应按照有关规定处置放射源。

表 4-19 β 射线法仪器质控工作记录表

子站名称				资产编号			
仪器型号				出厂编号			
环境条件	温度(℃):		湿度(%):			其他:	
质控设备信息	设备名称		型号		资产编号		检定日期
	流量计						
	温度计						
	气压计						

温度、气压检查					
温度检查	仪器显示温度		气压检查	仪器显示读数	
	标准温度计读数			标准气压计读数	
	是否合格			是否合格	

检漏				
	泵关	泵开	净读数	是否合格
流量读数/(L/min)				

流量检查/(L/min)						
仪器设定值	仪器示值流量	标准流量计		设定流量误差	显示流量误差	是否合格
		修正前读数	修正后读数			

温度、气压校准			
参考标准读数	校准前		校准后	
标准温度计	仪器显示温度		仪器显示温度	
标准气压计	仪器显示气压		仪器显示气压	

流量校准/(L/min)					
仪器设定流量	校准前			校准后	
	仪器显示流量	标准流量计		仪器显示流量	标准流量计
		修正前读数	修正后读数		修正前读数	修正后读数

标准膜检查/校准				
读数	标准膜片量值	误差/%	是否合格	是否校准

操作人:_____   复核人:_____   日期: 年   月   日

任务五　固定源废气监测

一、采样位置与采样点

1. 采样位置

采样位置应避开对测试人员操作有危险的场所。

采样位置应优先选择在垂直管段，应避开烟道弯头和断面急剧变化的部位。采样位置应设置在距弯头、阀门、变径管下游方向不小于 6 倍直径，和距上述部件上游方向不小于 3 倍直径处。对矩形烟道，其当量直径 $D=2AB/(A+B)$，式中 A、B 为边长。采样断面的气流速度最好在 5m/s 以上。

测试现场空间位置有限，很难满足上述要求时，可选择比较适宜的管段采样，但采样断面与弯头等的距离至少是烟道直径的 1.5 倍，并应适当增加测点的数量和采样频次。

对于气态污染物，由于混合比较均匀，其采样位置可不受上述规定限制，但应避开涡流区。

必要时应设置采样平台，采样平台应有足够的工作面积使工作人员安全、方便地操作。平台面积应不小于 $1.5m^2$，并设有 1.1m 高的护栏和不低于 10cm 的脚部挡板，采样平台的承重应不小于 $200kg/m^2$，采样孔距平台面约为 1.2～1.3m。

2. 采样孔和采样点

采样孔的形式见图 4-23。

在选定的测定位置上开设采样孔，采样孔的内径应不小于 80mm，采样孔管长应不大于 50mm。不使用时应用盖板、管堵或管帽封闭。当采样孔仅用于采集气态污染物时，其内径应不小于 40mm。

对正压下输送高温或有毒气体的烟道，应采用带有闸板阀的密封采样孔，如图 4-24 所示。

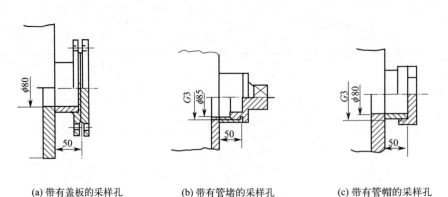

(a) 带有盖板的采样孔　　(b) 带有管堵的采样孔　　(c) 带有管帽的采样孔

图 4-23　几种封闭形式的采样孔（单位：mm）

对圆形烟道，采样孔应设在包括各测点在内的互相垂直的直径线上，如图 4-25 所示。对矩形或方形烟道，采样孔应设在包括各测点在内的延长线上，如图 4-26 和图 4-27 所示。

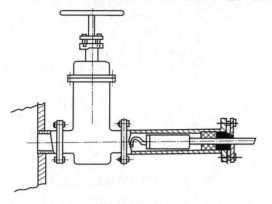

图 4-24　带有闸板阀的密封采样孔

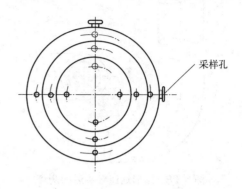

图 4-25　圆形断面的测定点

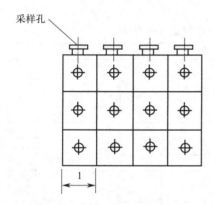

图 4-26　长方形断面的测定点

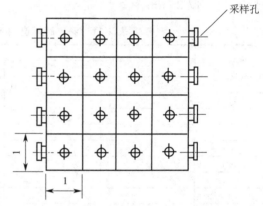

图 4-27　正方形断面的测定点

3. 采样点的位置和数目

（1）圆形烟道　将烟道分成适当数量的等面积同心环，各测点选在各环等面积中心线与呈垂直相交的两条直径线的交点上，其中一条直径线应在预期浓度变化最大的平面内，如当测点在弯头后，该直径线应位于弯头所在的平面 A-A 内，如图 4-28 所示。

固定源废气监测采样点的位置和数目

可只选预期浓度变化最大的一条直径线上的测点。

对直径小于 0.3m、流速分布比较均匀的小烟道，可取烟道中心作为测点。

不同直径的圆形烟道的等面积环数、测量直径数及测点数见表 4-20，原则上测点不超过 20 个。

表 4-20　圆形烟道分环及测点数的确定

烟道直径/m	等面积环数	测量直径数	测点数
<0.3			1
0.3~0.6	1~2	1~2	2~8
0.6~1.0	2~3	1~2	4~12
1.0~2.0	3~4	1~2	6~16
2.0~4.0	4~5	1~2	8~20
>4.0	5	1~2	10~20

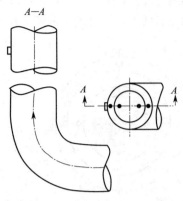

图 4-28 圆形烟道弯头后的测点

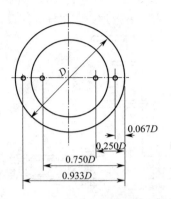

图 4-29 采样点距烟道内壁距离

测点距烟道内壁的距离见图 4-29，按表 4-21 确定。当测点距烟道内壁的距离小于 25mm 时，取 25mm。

表 4-21 测点距烟道内壁的距离（以烟道直径 D 计）

测点号	环 数				
	1	2	3	4	5
1	0.126	0.067	0.044	0.033	0.026
2	0.854	0.250	0.146	0.105	0.082
3		0.750	0.296	0.194	0.146
4		0.933	0.704	0.323	0.226
5			0.854	0.677	0.342
6			0.956	0.806	0.658
7				0.895	0.774
8				0.967	0.854
9					0.918
10					0.974

（2）矩形或方形烟道　将烟道断面分成适当数量的等面积小块，各块中心即为测点。小块的数量按表 4-22 的规定选取。原则上测点不超过 20 个。

烟道断面面积小于 $0.1m^2$，流速分布比较均匀的，可取断面中心作为测点。

表 4-22 矩（方）形烟道的分块和测点数

烟道断面面积/m^2	等面积小块长边长度/m	测点总数
<0.1	<0.32	1
0.1~0.5	<0.35	1~4
0.5~1.0	<0.50	4~6
1.0~4.0	<0.67	6~9
4.0~9.0	<0.75	9~16
>9.0	≤1.0	16~20

二、排气参数的测定

1. 排气温度的测定

（1）测量位置和测点　一般情况下可在靠近烟道中心的一点测定。

(2) 仪器

① 热电偶或电阻温度计，其示值误差不大于±3℃。

② 水银玻璃温度计，精确度应不低于2.5%，最小分度值应不大于2℃。

(3) 测定步骤　将温度测量单元插入烟道中测点处，封闭测孔，待温度计读数稳定后读数。使用玻璃温度计时，注意不可将温度计抽出烟道外读数。

2. 排气中水分含量的测定

干湿球法的原理：使气体在一定的速度下流经干、湿球温度计，根据干、湿球温度计的读数和测点处排气的压力，计算出排气的水分含量。

(1) 仪器　干湿球法测定装置见图4-30。

① 采样管。

② 干湿球温度计。精确度应不低于1.5%，最小分度值应不大于1℃。

③ 真空压力表。精确度应不低于4%，用于测量流量计前气体压力。

④ 转子流量计。精确度应不低于2.5%。

⑤ 抽气泵。当流量为40L/min时，其抽气能力应能克服烟道及采样系统阻力。当流量计量装置放在抽气泵出口时，抽气泵应不漏气。

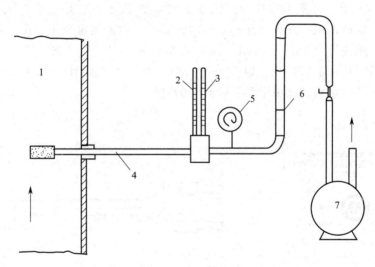

图4-30　干湿球法测定排气水分含量装置

1—烟道；2—干球温度计；3—湿球温度计；4—保温采样管；
5—真空压力表；6—转子流量计；7—抽气泵

(2) 测定步骤

① 检查湿球温度计的湿球表面纱布是否包好，然后将水注入盛水容器中。

② 打开采样孔，清除孔中的积灰。将采样管插入烟道中心位置，封闭采样孔。

③ 当排气温度较低或水分含量较高时，采样管应保温或加热数分钟后，再开动抽气泵，以15L/min流量抽气。

④ 当干、湿球温度计读数稳定后，记录干球和湿球温度。

⑤ 记录真空压力表的压力。

(3) 计算　排气中水分含量按下式计算：

$$X_{sw} = \frac{P_{bv} - 0.00067(t_c - t_b)(B_a + P_b)}{B_a + P_s} \times 100\%$$

式中 X_{sw}——排气中水分含量体积分数，%；

P_{bv}——温度为 t_b 时饱和水蒸气压力（根据 t_b 值，由空气饱和时水蒸气压力表中查得），Pa；

t_b——湿球温度，℃；

t_c——干球温度，℃；

P_b——通过湿球温度计表面的气体压力，Pa；

B_a——大气压力，Pa；

P_s——测点处排气静压，Pa。

基于干湿球法原理的含湿量自动测量装置，其微处理器控制传感器测量、采集湿球、干球表面温度以及通过湿球表面的压力及排气静压等参数，同时由湿球表面温度导出该温度下的饱和水蒸气压力，结合输入的大气压，根据公式自动计算出烟气含湿量。

3. 排气流速的测定

(1) 仪器

① 标准型皮托管。标准型皮托管的构造如图4-31所示。它是一个弯成90°的双层同心圆管，前端呈半圆形，正前方有一开孔，与内管相通，用来测定全压。在距前端6倍直径处外管壁上开有一圈孔径为1mm的小孔，通至后端的侧出口，用来测定排气静压。按照上述尺寸制作的皮托管其修正系数 K_p 为 0.99 ± 0.01。标准型皮托管的测孔很小，当烟道内颗粒物浓度大时，易被堵塞。适用于测量较清洁的排气。

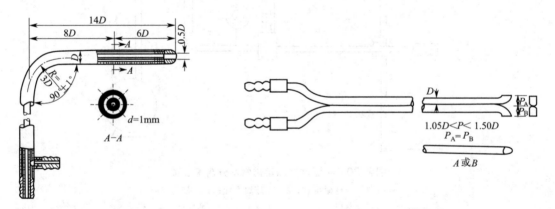

图4-31 标准型皮托管　　　　　图4-32 S型皮托管

② S型皮托管。S型皮托管的构造见图4-32，它是由两根相同的金属管并联组成。测量端有方向相反的两个开口，测定时，面向气流的开口测得的压力为全压，背向气流的开口测得的压力小于静压。S型皮托管的修正系数 K_p 为 0.84 ± 0.01，其正、反方向的修正系数相差应不大于0.01。S型皮托管的测压孔开口较大，不易被颗粒物堵塞，且便于在厚壁烟道中使用。

③ U型压力计。U型压力计用于测定排气的全压和静压，其最小分度值应不大于10Pa。

④ 斜管微压计。斜管微压计用于测定排气的动压，其精确度应不低于2%，其最小分度

值应不大于2Pa。

⑤ 大气压力计。最小分度值应不大于0.1kPa。

(2) 测定步骤

① 准备工作。将微压计调整至水平位置。检查微压计液柱中有无气泡。

检查微压计是否漏气。向微压计的正压端（或负压端）入口吹气（或吸气），迅速封闭该入口，如微压计的液柱面位置不变，则表明该通路不漏气。

检查皮托管是否漏气。用橡皮管将全压管的出口与微压计的正压端连接，静压管的出口与微压计的负压端连接。由全压管测孔吹气后，迅速堵严该测孔，如微压计的液柱面位置不变，则表明全压管不漏气；此时再将静压测孔用橡皮管或胶布密封，然后打开全压测孔，此时微压计液柱将跌落至某一位置，如果液面不继续跌落，则表明静压管不漏气。

② 测量气流的动压。测量时的管路连接如图4-33(a)所示。

将微压计的液面调整到零点。

在皮托管上标出各测点应插入采样孔的位置。

将皮托管插入采样孔。使用S型皮托管时，应使开孔平面垂直于测量断面插入。如断面上无涡流，微压计读数应在零点左右。使用标准皮托管时，在插入烟道前，切断皮托管和微压计的通路，以避免微压计中的酒精被吸入到连接管中，使压力测量产生错误。

在各测点上，使皮托管的全压测孔正对着气流方向，其偏差不得超过10°，测出各点的动压，分别记录在表中。重复测定一次，取平均值。

测定完毕后，检查微压计的液面是否回到原点。

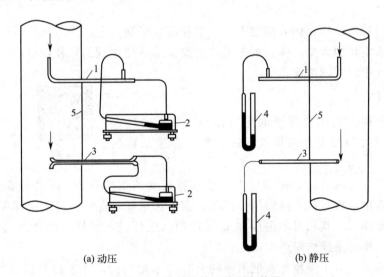

(a) 动压　　　　　　　　　　　(b) 静压

图4-33　动压及静压的测定装置

1—标准皮托管；2—斜管微压计；3—S型皮托管；4—U型压力计；5—烟道

③ 测量排气的静压。测量时的管路连接如图4-33(b)所示。

将皮托管插入烟道近中心处的一个测点。

使用S型皮托管测量时只用其一路测压管。其出口端用胶管与U型压力计一端相连，将S型皮托管插入到烟道近中心处，使其测量端开口平面平行于气流方向，所测得的压力即为静压。

④ 全压、静压和动压。烟气的压力分全压、静压和动压。

静压是单位体积气体所具有的势能,表现为气体在各个方向上作用于器壁的压力。

动压是单位体积气体具有的动能,是使气体流动的压力。

全压是气体在管道中流动具有的总能量。

三者的关系为:全压=静压+动压。

所以,只要测出三项中的任意两项,即可求出第三项。

⑤ 测量排气的温度。

⑥ 测量大气压力。使用大气压力计直接测出。

(3) 测点流速计算 排气的流速与其动压的平方根成正比,根据测得某测点处的动压、静压以及温度等参数,由下式计算出排气流速 V_s:

排气流速的测定

$$V_s = K_P \sqrt{\frac{2P_d}{\rho_s}}$$

式中 V_s——湿排气的气体流速,m/s;

K_P——皮托管修正系数;

P_d——排气动压,Pa;

ρ_s——湿排气的密度,kg/m³。

三、颗粒物的测定

1. 原理

将烟尘采样管由采样孔插入烟道中,使采样嘴置于测点上,正对气流,按颗粒物等速采样原理,抽取一定量的含尘气体。根据采样管滤筒上所捕集到的颗粒物量和同时抽取的气体量,计算出排气中颗粒物浓度。

2. 采样原则

(1) 等速采样 将采样嘴平面正对排气气流,使进入采样嘴的气流速度与测定点的排气流速相等。等速采样的原理见图 4-34。

等速采样　　等速采样(动画)

颗粒物具有一定的质量,在烟道中由于本身运动的惯性作用,不能完全随气流改变方向,为了从烟道中取得有代表性的烟尘样品,需等速采样,即气体进入采样嘴的速度应与采样点的烟气速度相等,其相对误差应在 10% 以内。气体进入采样嘴的速度大于或小于采样点的烟气速度都将使采样结果产生偏差。

(2) 多点采样 由于颗粒物在烟道中的分布是不均匀的,要取得有代表性的烟尘样品,必须在烟道断面按一定的规则多点采样。

3. 皮托管平行测速自动烟尘采样仪

仪器的微处理测控系统根据各种传感器检测到的静压、动压、温度及含湿量等参数,计算烟气流速,选定采样嘴直径,采样过程中仪器自动计算烟气流速和等速跟踪采样流量,控制电路调整抽气泵的抽气能力,使实际流量与计算的采样流量相等,从而保证了烟尘自动等速采样。皮托管平行测速自动烟尘采样仪结构见图 4-35。

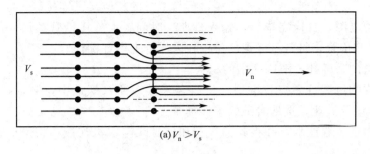

(a) $V_n > V_s$

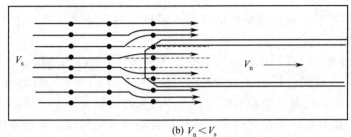

(b) $V_n < V_s$

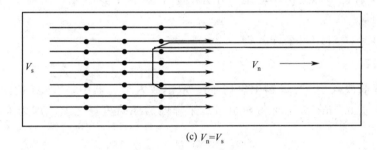

(c) $V_n = V_s$

图 4-34 在不同采样速度时尘粒运动状态

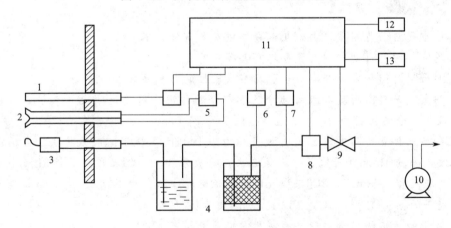

图 4-35 皮托管平行测速自动烟尘采样仪

1—热电偶或热电阻温度计；2—皮托管；3—采样管；4—除硫干燥器；5—微压传感器；
6—压力传感器；7—温度传感器；8—流量传感器；9—流量调节装置；10—抽气泵；
11—微处理系统；12—微型打印机或接口；13—显示器

4. 采样步骤

① 采样系统连接。用橡胶管将组合采样管的皮托管与主机的相应接嘴连接，将组合采

样管的烟尘取样管与洗涤瓶和干燥瓶连接，再与主机的相应接嘴连接。

② 仪器接通电源，自检完毕后，输入日期、时间、大气压、管道尺寸等参数。仪器计算出采样点数目和位置，将各采样点的位置在采样管上做好标记。

③ 打开烟道的采样孔，清除孔中的积灰。

④ 仪器压力测量进行零点校准后，将组合采样管插入烟道中，测量各采样点的温度、动压、静压、全压及流速，选取合适的采样嘴。

⑤ 含湿量测定装置注水，并将其抽气管和信号线与主机连接，将采样管插入烟道，测定烟气中水分含量。

⑥ 记下滤筒的编号，将已称重的滤筒装入采样管内，旋紧压盖，注意采样嘴与皮托管全压测孔方向一致。

⑦ 设定每点的采样时间，输入滤筒编号，将组合采样管插入烟道中，密封采样孔。

⑧ 使采样嘴及皮托管全压测孔正对气流，位于第一个采样点。启动抽气泵，开始采样。第一点采样时间结束，仪器自动发出信号，立即将采样管移至第二采样点继续进行采样。依次类推，顺序在各点采样。采样过程中，采样器自动调节流量保持等速采样。

⑨ 采样完毕后，从烟道中小心地取出采样管，注意不要倒置。用镊子将滤筒取出，放入专用的容器中保存。

⑩ 用仪器保存或打印出采样数据。

5. 样品分析

采样后的滤筒放入105℃烘箱中烘烤1h，取出放入干燥器中，在恒温恒湿的天平室中冷却至室温，用感量0.1mg天平称量至恒重。采样前后滤筒重量之差，即为采取的颗粒物量。

思考与练习

1. 环境空气自动监测系统由哪几部分组成？各有什么不同？
2. 环境空气污染自动监测主要包括哪些项目？
3. 说明采样时间和采样频率对获取具有代表性的监测结果有何意义。
4. 说明大气采样器的基本组成部分及各部分的作用。简要说明大气环境自动监测系统组成部分及各部分的功能。
5. 已知某采样点的温度为27℃，大气压力为100kPa。现用溶液吸收法采样测定SO_2的日平均浓度，每隔4h采样一次，共采集6次，每次采30min，采样流量0.5L/min。将6次气样的吸收液定容至50mL，取10.00mL用分光光度法测知含SO_2 2.5μg，求该采样点大气在标准状态下的SO_2日平均浓度（以mg/m^3表示）。
6. 大气中的污染物以哪些形态存在？它们是怎样产生的？
7. 大气中污染物的分布有何特点？掌握它们的分布特点对进行监测有何意义？
8. 直接采样法和富集采样法各适用于什么情况？怎样提高溶液吸收法的富集效率？填充柱阻留法和滤料阻挡法各适用于采集何种污染物质？其富集原理有什么不同？
9. 说明大气采样器的基本组成部分及各部分的作用。
10. 用容积为20L的配气瓶进行常压配气，如果SO_2原料气的纯度为50%（体积分数），欲配制0.005%的SO_2标准气，需要加入多少原料气？

项目五
环境噪声监测

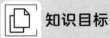 **知识目标**

1. 掌握噪声常用物理量的意义;
2. 掌握噪声叠加的计算方法;
3. 掌握环境噪声采样点布设方法;
4. 了解噪声评价和噪声标准。

 能力目标

1. 学会噪声监测方案的制订;
2. 学会声级计的使用;
3. 学会环境噪声监测实际操作。

 **素质目标**

1. 加深对仪器原理、结构的理解;
2. 培养现场计算、分析能力。

任务一　环境噪声监测点布设

一、声学基础知识

从物理定义而言，振幅和频率上完全无规律的震荡称之为噪声。从环境保护角度而论，凡是人们所不需要的声音统称为噪声。噪声的显著特点是：无污染物存在、不产生能量积累、时间有限、传播不远、振动源停止振动噪声消失、不能集中治理。

声音的本质是振动。受作用的空气发生振动，当振动频率在 20~20000Hz 时，作用于人的耳鼓膜而产生的感觉称为声音。声源可以是固体、也可以是流体（液体和气体）。声音的传播介质有空气、水和固体，分别称为空气声、水声和固体声等。

噪声监测主要讨论空气声。人类生活在一个声音的环境中，通过声音进行交谈、表达思想感情以及开展各种活动。但有些声音也会给人类带来危害。例如，震耳欲聋的机器声，呼啸而过的飞机声等。这些人们生活和工作所不需要的声音叫噪声。从物理现象判断，一切无规律的或随机的声信号叫噪声；噪声的判断还与人们的主观感觉和心理因素有关，即一切不希望存在的干扰声都叫噪声，噪声可能是由自然现象所产生，也可能是由人类活动所产生，它可以是杂乱无章的声音，也可以是和谐的乐音，只要它超过了人们生活、生产和社会活动所允许的程度都称为噪声，所以在某些时候，某些情绪条件下音乐也可能是噪声。

噪声主要危害是损伤听力、干扰工作、影响睡眠、诱发疾病、干扰语言交流，强噪声还会影响设备正常运转和损坏建筑结构。当人在 100dB 左右的噪声环境中工作时会感到刺耳、难受，甚至引起暂时性耳聋。超过 140dB 的噪声会引起眼球的振动、视觉模糊、呼吸、脉搏、血压都会发生波动，甚至会使全身血管收缩，供血减少，说话能力受到影响。噪声会使人听力受损，这种损伤是累积性的，在强噪声下工作一天，只要噪声不是过强（120dB 以上），事后只产生暂时性的听力损失，经过休息可以恢复；但如果长期在强噪声下工作，每天虽可以恢复，经过一段时间后，就会产生永久性的听力损失；过强的噪声还会对人体其他器官或部位产生危害。

环境噪声的来源有四种：一是交通噪声，包括汽车、火车和飞机等所产生的噪声；二是工厂噪声，如鼓风机、汽轮机、织布机和冲床等所产生的噪声；三是建筑施工噪声，像打桩机、挖土机和混凝土搅拌机等发出的声音；四是社会生活噪声，例如，高音喇叭、收录机等发出的过强声音。

1. 声音的频率、波长和声速

当物体在空气中振动时，使周围空气发生疏、密交替变化并向外传递，且这种振动频率在 20~20000Hz 之间，人耳可以感觉，称为可听声，简称声音。频率低于 20Hz 的叫次声，高于 20000Hz 的叫超声，它们作用到人的听觉器官时不引起声音的感觉，所以不能听到。

声源在一秒内振动的次数叫频率，记作 f，单位为 Hz。

振动一次所经历的时间叫周期，记作 T，单位为 s。显然，频率和周期互为倒数，即：
$$T=1/f$$
沿声波传播方向，振动一个周期所传播的距离，或在波形上相位相同的相邻两点间的距离称作波长，记为 λ，单位为 m。

一秒内声波传播的距离称为声速，记作 c，单位为 m/s。频率、波长和声速三者的关系是：
$$c=f\lambda$$
声速与传播声音的媒质和温度有关。在空气中，声速（c）和温度（t）的关系可简写为
$$c=331.4+0.607t$$
常温下，声速约为 345m/s。

2. 声功率、声强和声压

（1）声功率（W）　指单位时间内，声波通过垂直于传播方向某指定面积的声能量。在噪声监测中，声功率是指声源总声功率。单位为 W。

（2）声强（I）　指单位时间内，声波通过垂直于声波传播方向单位面积的声能量。单位为 W/m²。

（3）声压（P）　指由于声波的存在而引起的压力增值，单位为 Pa。声波是空气分子有指向、有节律的运动，在空气中传播时形成压缩和稀疏交替变化，所以压力增值是正负交替的。但通常讲的声压是取均方根值，叫有效声压，故实际上总是正值，对于球面波和平面波，声压与声强的关系是
$$I=\frac{P^2}{\rho c}$$
式中，ρ 为空气密度。

如以标准大气压与 20℃时的空气密度和声速代入，得到 $\rho c=408$ 国际单位值，也叫瑞利，称为空气对声波的特性阻抗。

3. 分贝、声功率级、声强级和声压级

（1）分贝　人们日常生活中遇到的声音，若以声压值表示，则变化范围非常大，可以达 10^6 数量级以上，而且人体听觉对声信号强弱刺激反应不是线性的，而是成对数比例关系。为了准确而又方便地反映人对噪声听觉的感受，人们引用了声压比或声能量比的对数成倍关系——"级"来表示噪声强度的大小。当用"级"来衡量声压大小时，就称为声压级。

"级"是指两个相同的物理量（例 A_1 和 A_0）之比取以 10 为底的对数并乘以 10（或 20）：
$$N=10\lg\frac{A_1}{A_0}$$
"级"的单位为分贝（dB），在噪声测量中是很重要的参量。式中 A_0 是基准量（或参考量），A_1 是被量度量。被量度量和基准量之比取对数，该对数值称为被量度量的"级"。即用对数标度时，所得到的是比值，它代表被量度量比基准量高出多少"级"。

（2）声功率级
$$L_w=10\lg\frac{W}{W_0}$$

式中 L_w——声功率级，dB；
　　　W——声功率，W；
　　　W_0——基准声功率，为 10^{-12} W。

(3) 声强级

$$L_I = 10\lg\frac{I}{I_0}$$

式中 L_I——声强级，dB；
　　　I——声强，W/m²；
　　　I_0——基准声强，为 10^{-12} W/m²。

(4) 声压级

$$L_P = 10\lg\frac{P^2}{P_0^2} = 20\lg\frac{P}{P_0}$$

式中 L_P——声压级，dB；
　　　P——声压，Pa；
　　　P_0——基准声压，为 2×10^{-5} Pa，该值是对 1000Hz 声音人耳刚能听到的最低声压。

4. 噪声的叠加和相减

(1) 噪声的叠加　两个以上独立声源作用于某一点，产生噪声的叠加。

噪声的叠加

声能量是可以代数相加的，设两个声源的声功率分别为 W_1 和 W_2，那么总声功率 $W_总 = W_1 + W_2$。两个声源在某点的声强为 I_1 和 I_2 时，叠加后的总声强 $I_总 = I_1 + I_2$。但压强是矢量，故声压不能直接相加。

由于　$I_1 = \dfrac{P_1^2}{\rho c}$　$I_2 = \dfrac{P_2^2}{\rho c}$

故　$P_总 = \sqrt{P_1^2 + P_2^2}$

又　$\left(\dfrac{P_1}{P_0}\right)^2 = 10^{L_{P1}/10}$　$\left(\dfrac{P_2}{P_0}\right)^2 = 10^{L_{P2}/10}$

故总声压级为：

$$L_P = 10\lg\frac{P_1^2 + P_2^2}{P_0^2} = 10\lg(10^{L_{P1}/10} + 10^{L_{P2}/10})$$

如 $L_{P1} = L_{P2}$，即两个声源的声压级相等，则总声压级为：

$$L_P = L_{P1} + 10\lg 2 \approx L_{P1} + 3(\text{dB})$$

也就是说，作用于某一点的两个声源声压级相等，其合成的总声压级比一个声源的声压级增加 3dB。当声压级不相等时，按上式计算较麻烦。设 $L_{P1} > L_{P2}$，以声级差值 $(L_{P1} - L_{P2})$ 按表 5-1 查得 ΔL_P，则总声压级 $L_P = L_{P1} + \Delta L_P$。

表 5-1　声压级相加的增值表　　　　　　　　　　　　　　　　单位：dB

声压级差($L_{P1}-L_{P2}$)	0	1	2	3	4	5	6	7	8	9	10	11	12	13	14	15
增值(ΔL_P)	3	2.5	2.1	1.8	1.5	1.2	1	0.8	0.6	0.5	0.4	0.3	0.3	0.2	0.1	0.1

[例 5-1] 两声源作用于某一点的声压级分别为 $L_{P1} = 96$dB，$L_{P2} = 93$dB，由于 $L_{P1} - L_{P2} = 3$dB，查表可得 $\Delta L_P = 1.8$dB，因此 $L_P = 96$dB $+ 1.8$dB $= 97.8$dB。

由表5-1可知，两个噪声相加，总声压级不会比其中任一个大3dB以上；而两个声压级相差15dB以上时，叠加增量可忽略不计。

掌握了两个声源的叠加，就可以推广到多声源的叠加，只需逐次两两叠加即可，而与叠加次序无关。

例如，有八个声源作用于一点，声压级分别为70dB、70dB、75dB、82dB、90dB、93dB、95dB、100dB，任选两种叠加次序如图5-1所示。

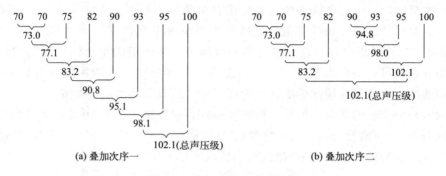

图 5-1 噪声叠加次序示意图

应该指出，根据波的叠加原理，若是两个相同频率的单频声源叠加，会产生干涉现象，即需考虑叠加点各自的相位，不过这种情况在环境噪声中几乎不会遇到。

（2）噪声的相减　噪声测量中经常碰到如何扣除背景噪声问题，这就是噪声相减的问题。通常是指噪声源的声级比背景噪声高，但由于后者的存在使测量读数增高，需要减去背景噪声。通常是利用背景噪声修正曲线，如图5-2所示。

[例5-2] 为测定某车间中一台机器的噪声大小，从声级计上测得声级为104dB，当机器停止工作，测得背景噪声为100dB，求该机器噪声的实际大小。

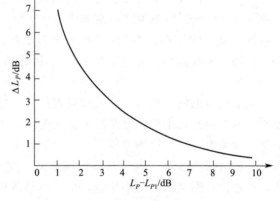

图 5-2 背景噪声修正曲线

解：由题可知104dB是指机器噪声和背景噪声之和（L_P），而背景噪声是100dB（L_{P1}）。

$L_P - L_{P1} = 4$dB，在曲线上查得相应之 $\Delta L_P = 2.2$dB，因此该机器的实际噪声噪级 L_{P2} 为：$L_{P2} = L_P - \Delta L_P = 101.8$dB。

二、噪声评价

从噪声的定义可知：噪声包括客观的物理现象（声波）和主观感觉两个方面。但最后判别噪声的是人耳。所以确定噪声的物理量和主观听觉的关系十分重要，不过这种关系相当复杂，因为主观感觉牵涉到复杂的生理机构和心理因素。这类工作是用统计方法在实验基础上进行研究的。

1. 响度和响度级

(1) 响度（N） 人的听觉与声音的频率有非常密切的关系，一般来说两个声压相等而频率不相同的纯音听起来是不一样响的。响度是人耳判别声音由轻到响的强度等级概念，它不仅取决于声音的强度（如声压级），还与频率及波形有关。响度的单位叫"宋"，1 宋的声压级为 40dB，频率为 1000Hz，且来自听者正前方的平面波形的强度。如果另一个声音听起来比这个大 n 倍，则响度为 n 宋。

(2) 响度级（L_N） 响度级的概念也是建立在两个声音的主观比较上的。定义 1000Hz 纯音声压级的分贝值为响度级的数值，任何其他频率的声音强度与 1000Hz 纯音一样响时，则 1000Hz 纯音的声压级就称为这一声音的响度级值。响度级的单位叫"方"。利用与基准声音比较的方法，可以得到人耳听觉频率范围内一系列响度相等的声压级与频率的关系曲线，即等响曲线，该曲线为国际标准化组织所采用，所以又称 ISO 等响曲线。

(3) 响度与响度级的关系 根据大量实验得到，响度级每改变 10 方，响度加倍或减半。例如，响度级 30 方时响度为 0.5 宋；响度级 40 方时响度为 1 宋；响度级为 50 方时响度为 2 宋，以此类推。它们的关系可用下列数学式表示：

$$N = 2^{(L_N - 40)/10}$$

或

$$L_N = 40 + 33 \lg N$$

响度级的合成不能直接相加，而响度可以相加。例如：两个频率不同但响度级都为 60 方的声音，合成后的响度级不是 60+60=120（方），而是先将响度级换算成响度进行合成，然后再换算成响度级。本例中 60 方相当于响度 4 宋，所以两个声音响度合成为 4+4=8 (宋)，而 8 宋按数学计算可知为 70 方，因此两个响度级为 60 方的声音合成后的总响度级为 70 方。

上面所讨论的是指纯音（或狭频带信号）的声压级和主观听觉之间的关系，但实际上声源所发射的声音几乎都包含很广的频率范围。为了能用仪器直接反映人的主观响度感觉的评价量，有关人员在噪声测量仪器——声级计中设计了一种特殊滤波器，叫计权网络，计权网络是一种特殊滤波器，当含有各种频率的声波通过时，它对不同频率成分的衰减是不一样的。通过计权网络测得的声压级，已不再是客观物理量的声压级，而叫计权声压级或计权声级，简称声级。

计权声级用来模拟人耳对 55dB 以下低强度噪声的频率特性，能够较好地反映人对噪声的主观评价。声级计上以分贝表示的读数，即声场中某一点的声级。声级计读数是在全部可听声频率范围内，按规定频率计权和时间计权而测得的声压级。频率计权、时间计权和基准声压都必须指明。常用的频率计权有 A、B、C、D 四种，A 计权声级是模拟人耳对 55dB 以下低强度噪声的频率特性；B 计权声级是模拟 55dB 到 85dB 的中等强度噪声的频率特性；C 计权声级是模拟高强度噪声的频率特性；D 计权声级是对噪声参量的模拟，专用于飞机噪声的测量。一般常用 A 计权测量，在测量条件中以 A 表示。A 声级已为国际标准化组织和绝大多数国家用做对噪声进行主观评价的主要指标。A 计权声级以 L_{PA} 或 L_A 表示，其单位用 dB(A) 表示。

2. 等效连续声级、噪声污染级和昼夜等效声级

(1) 等效连续声级 A 计权声级能够较好地反映人耳对噪声的强度与频率的主观感觉，

因此对一个连续的稳态噪声,它是一种较好的评价方法,但对一个起伏的或不连续的噪声,A 计权声级就显得不合适了。例如,交通噪声随车辆流量和种类而变化;又如,一台机器工作时的声级是稳定的,但由于它是间歇地工作,与另一台声级相同但连续工作的机器对人的影响就不一样。因此提出了一个用噪声能量按时间平均方法来评价噪声对人影响的问题,即等效连续声级,指在规定测量时间 T 内 A 声级的能量平均值,用 $L_{Aeq,T}$ 表示(简写为 L_{eq}),单位 dB(A)。它是用一个相同时间内声能与之相等的连续稳定的 A 声级来表示该段时间内噪声的大小。例如,有两台声级为 85dB 的机器,第一台连续工作 8 小时,第二台间歇工作,其有效工作时间之和为 4 小时。显然作用于操作工人的平均能量是前者比后者大一倍,即大 3dB。因此,等效连续声级反映在声级不稳定的情况下,人实际所接受的噪声能量的大小,是一个用来表达随时间变化的噪声的等效量。根据定义,等效声级表示为:

$$L_{eq}=10\lg\left[\frac{1}{T}\int_0^T 10^{0.1L_A}dt\right]$$

式中　L_{eq}——等效连续 A 声级,dB(A);

　　　L_A——t 时刻的瞬时 A 声级,dB(A);

　　　T——规定的测量时间段。

如果数据符合正态分布,其累积分布在正态概率纸上为一直线,则可用下面近似公式计算:

$$L_{Aeq,T}\approx L_{50}+d^2/60, d=L_{10}-L_{90}$$

其中 L_{10}、L_{50}、L_{90} 为累积百分声级,其定义是:

L_{10}——测定时间内,10% 的时间超过的噪声级,相当于噪声的平均峰值。

L_{50}——测量时间内,50% 的时间超过的噪声级,相当于噪声的平均值。

L_{90}——测量时间内,90% 的时间超过的噪声级,相当于噪声的背景值。

累积百分声级 L_{10}、L_{50} 和 L_{90} 的计算方法有两种:其一是在正态概率纸上画出累积分布曲线,然后从图中求得;另一种简便方法是将测定的一组数据(例如 100 个),从大到小排列,第 10 个数据即为 L_{10},第 50 个数据为 L_{50},第 90 个数据即为 L_{90}。目前大多数声级计都有自动计算并显示功能,不需手工计算。

(2) **噪声污染级**　许多非稳态噪声的实践表明,涨落的噪声所引起人的烦恼程度比等能量的稳态噪声要大,并且与噪声暴露的变化率和平均强度有关。经试验证明,在等效连续声级的基础上加上一项表示噪声变化幅度的量,更能反映实际污染程度。用这种噪声污染级评价航空或道路的交通噪声比较恰当。故噪声污染级 (L_{NP}) 公式为

$$L_{NP}=L_{eq}+K\sigma$$

式中　K——常数,对交通和飞机噪声取值 2.56;

　　　σ——测定过程中瞬时声级的标准偏差。

$$\sigma=\sqrt{\frac{1}{n-1}\sum_{i=1}^{n}(\overline{L}_{PA}-L_{PAi})}$$

式中　L_{PAi}——测得第 i 个瞬时 A 声级;

　　　$\overline{L}_{PA}$——所测声级的算术平均值;

　　　n——测得总数。

对于许多重要的公共噪声,噪声污染级也可写成:

$$L_{NP} = L_{eq} + d$$

或

$$L_{NP} = L_{50} + d + d^2/60$$

式中，$d = L_{10} - L_{90}$。

(3) 昼夜等效声级　在昼间时段内测得的等效连续 A 声级称为昼间等效声级，用 L_d 表示，单位 dB(A)。在夜间时段内测得的等效连续 A 声级称为夜间等效声级，用 L_n 表示，单位 dB(A)。"昼间"是指 6:00 至 22:00 之间的时段；"夜间"是指 22:00 至次日 6:00 之间的时段。县级以上人民政府为环境噪声污染防治的需要（如考虑时差、作息习惯差异等）而对昼间、夜间的划分另有规定的，应从其规定。

考虑到夜间噪声具有更大的烦扰程度，故提出一个新的评价指标：昼夜等效声级（也称日夜平均声级），符号为 L_{dn}，用来表达社会噪声昼夜间的变化情况，表达式为：

$$L_{dn} = 10\lg\left[\frac{16 \times 10^{0.1L_d} + 8 \times 10^{0.1(L_n+10)}}{24}\right]$$

式中　L_d——白天的等效声级，时间是从 6:00～22:00，共 16 个小时；

L_n——夜间的等效声级，时间是从 22:00 至第二天的 6:00，共 8 个小时。

为了表明夜间噪声对人的烦扰更大，故计算夜间等效声级这一项时应加上 10dB 的计权。

(4) 最大声级　在规定的测量时间段内或对某一独立噪声事件，测得的 A 声级最大值，用 L_{max} 表示，单位 dB(A)。

(5) 累积百分声级　用于评价测量时间段内噪声强度时间统计分布特征的指标，指占测量时间段一定比例的累积时间内 A 声级的最小值，用 L_N 表示，单位为 dB(A)。

如果数据采集是按等间隔时间进行的，则 L_N 也表示有 N% 的数据超过的噪声级。

3. 噪声的频谱分析

一般声源所发出的声音，不会是单一频率的纯音，而是由许许多多不同频率、不同强度的纯音组合而成。将噪声的强度（声压级）按频率顺序展开，使噪声的强度成为频率的函数，并考查其波形，叫作噪声的频率分析（或频谱分析）。研究噪声的频谱分析很重要，能深入了解噪声声源的特性，帮助寻找主要的噪声污染源，并为噪声控制提供依据。

频谱分析的方法是使噪声信号通过一定带宽的滤波器，通带越窄，频率展开越详细；反之通带越宽，展开越粗略。以频率为横坐标，相应的强度（如声压级）为纵坐标作图。经过滤波后各通带对应声压级的包络线（即轮廓）叫噪声谱。

滤波器有等带宽滤波器、等百分比带宽滤波器和等比带宽滤波器。等带宽滤波器是指任何频段上的滤波，通带都是固定的频率间隔，即含有相等的频率数；等百分比带宽滤波器具有固定的中心频率百分数间隔，故它所含的频率数随滤波通带的频率升高而增加，例如，等百分比为 3% 的滤波器，100Hz 的通带为 100±3Hz；1000Hz 的通带为 1000±30Hz，而 10000Hz 的通带为 10000±300Hz。噪声监测中所用的滤波器是等比带宽滤波器，指滤波器的上、下截止频率（f_2 和 f_1）之比以 2 为底的对数为某一常数，常用的有倍频程滤波器和 1/3 倍频程滤波器等。它们的具体定义是：

1 倍频程：$\log_2 \dfrac{f_2}{f_1} = 1$

1/3 倍频程：$\log_2 \dfrac{f_2}{f_1} = \dfrac{1}{3}$

其通式为：$\dfrac{f_2}{f_1} = 2^n$

其中最常用的是 1 倍频程，常简称为倍频程，在音乐上称为一个八度。表 5-2 列出了经国际标准化认定的 1 倍频程滤波器最常用的中心频率值（f_m）以及上、下截止频率，也是各国滤波器产品的标准值。

表 5-2 常用 1 倍频程滤波器的中心频率和截止频率

中心频率 f_m/Hz	上截止频率 f_2/Hz	下截止频率 f_1/Hz	中心频率 f_m/Hz	上截止频率 f_2/Hz	下截止频率 f_1/Hz
31.5	44.5	22.3	1000	1414	707.1
63	88.4	44.5	2000	2828	1414
125	176.8	88.4	4000	5657	2828
250	353.6	176.8	8000	11314	5657
500	707.1	353.6	16000	22627	11314

中心频率（f_m）按下式计算：

$$f_m = \sqrt{f_2 f_1}$$

三、噪声标准

噪声对人的影响与声源的物理特性、暴露时间和个体差异等因素有关。所以噪声标准的制订是在大量实验基础上进行统计分析的，主要考虑因素是保护听力、噪声对人体健康的影响、人们对噪声的主观烦恼度和目前的经济、技术条件等方面，对不同的场所和时间分别加以限制，即同时考虑标准的科学性、先进性和现实性。

从保护听力而言，一般认为每天 8 小时长期工作在 80dB 以下听力不会损失。根据国际标准化组织（ISO）的调查，在声级分别为 85dB 和 90dB 的环境中工作 30 年，耳聋的可能性分别为 8% 和 18%。在声级 70dB 的环境中，谈话就感到困难。而干扰睡眠和休息的噪声级阈值白天为 50dB，夜间为 45dB。

1. 声环境质量标准

（1）声环境功能区分类 按区域的使用功能特点和环境质量要求，声环境功能区分为以下五种类型：

0 类声环境功能区：指康复疗养区等特别需要安静的区域。

1 类声环境功能区：指以居民住宅、医疗卫生、文化教育、科研设计、行政办公为主要功能，需要保持安静的区域。

2 类声环境功能区：指以商业金融、集市贸易为主要功能，或者居住、商业、工业混杂，需要维护住宅安静的区域。

3 类声环境功能区：指以工业生产、仓储物流为主要功能，需要防止工业噪声对周围环境产生严重影响的区域。

4 类声环境功能区：指交通干线两侧一定距离之内，需要防止交通噪声对周围环境产生严重影响的区域，包括 4a 类和 4b 类两种类型。4a 类为高速公路、一级公路、二级公路、城市快速路、城市主干路、城市次干路、城市轨道交通（地面段）、内河航道两侧区域；4b类为铁路干线两侧区域。

（2）声环境功能区划分

① 区划的基本原则。区划以有效地控制噪声污染的程度和范围，有利于提高声环境质量为宗旨。区划应遵循的基本原则为：区划应以城市规划为指导，按区域规划用地的主导功能、用地现状确定，应覆盖整个城市规划区面积；区划应便于城市环境噪声管理和促进噪声治理；单块的声环境功能区面积，原则上不小于 $0.5km^2$，山区等地形特殊的城市，可根据城市的地形特征确定适宜的区域面积；调整声环境功能区类别需进行充分的说明，严格控制4类声环境功能区范围。

② 区划的方法。区划宜首先对 0、1、3 类声环境功能区确认划分，余下区域划分为 2 类声环境功能区，在此基础上划分 4 类声环境功能区。

0 类声环境功能区适用于康复疗养区等特别需要安静的区域。该区域内及附近区域应无明显噪声源，区域界限明确。

符合下列条件之一的划为 1 类声环境功能区：

a. 城市用地现状已形成一定规模或近期规划已明确主要功能的区域，其用地性质符合声环境功能区分类的区域；

b. Ⅰ类用地占地率大于 70%（含 70%）的混合用地区域。

符合下列条件之一的划为 2 类声环境功能区：

a. 城市用地现状已形成一定规模或近期规划已明确主要功能的区域，其用地性质符合声环境功能区分类的区域；

b. 划定的 0、1、3 类声环境功能区以外居住、商业、工业混杂区域。

符合下列条件之一的划为 3 类声环境功能区：

a. 城市用地现状已形成一定规模或近期规划已明确主要功能的区域，其用地性质符合声环境功能区分类的区域；

b. Ⅱ类用地占地率大于 70%（含 70%）的混合用地区域。

将交通干线边界线外一定距离内的区域划分为 4a 类声环境功能区。距离的确定方法为：相邻区域为 1 类声环境功能区，距离为 50m±5m；相邻区域为 2 类声环境功能区，距离为 35m±5m；相邻区域为 3 类声环境功能区，距离为 20m±5m。

当临街建筑高于三层楼房以上（含三层）时，将临街建筑面向交通干线一侧至交通干线边界线的区域定为 4a 类声环境功能区。

交通干线边界线外一定距离以内的区域划分为 4b 类声环境功能区。距离的确定方法同 4a 类。

4 类声环境功能区时，不同的道路、不同的路段、同路段的两侧及道路的同侧，其距离可以不统一。

③ 其他规定。大型工业区中的生活小区，根据其与生产现场的距离和环境噪声现状水平，可从工业区中划出，定为 2 类或 1 类声环境功能区。

铁路和城市轨道交通（地面）场站、公交枢纽、港口站场、高速公路服务区等具有一定规模的交通服务区域，划为 4a 类或 4b 类声环境功能区。

尽量避免 0 类声环境功能区紧邻 3 类、4 类声环境功能区的情况。

（3）环境噪声限值　各类声环境功能区适用表 5-3 规定的环境噪声等效声级限值。

表 5-3　环境噪声限值　　　　　　　　　　　　　　　　单位：dB(A)

声环境功能区类别		时段	
		昼间	夜间
0 类		50	40
1 类		55	45
2 类		60	50
3 类		65	55
4 类	4a 类	70	55
	4b 类	70	60

2. 社会生活环境噪声排放标准

（1）边界噪声排放限值　社会生活噪声排放源边界噪声不得超过表 5-4 规定的排放限值。

表 5-4　社会生活噪声排放源边界噪声排放限值　　　　　　单位：dB(A)

边界外声环境功能区类别	时段	
	昼间	昼间
0	50	40
1	55	45
2	60	50
3	65	55
4	70	55

（2）结构传播固定设备室内噪声排放限值　在社会生活噪声排放源位于噪声敏感建筑物内情况下，噪声通过建筑物结构传播至噪声敏感建筑物室内时，噪声敏感建筑物室内等效声级不得超过表 5-5 规定的限值。

表 5-5　结构传播固定设备室内噪声排放限值（等效声级）　　单位：dB(A)

噪声敏感建筑物声环境所处功能区类别	房间类型			
	A 类房间		B 类房间	
	昼间	夜间	昼间	夜间
0	40	30	40	30
1	40	30	45	35
2、3、4	45	35	50	40

注：A 类房间指以睡眠为主要目的，需要保证夜间安静的房间，包括住宅卧室、医院病房、宾馆客房等。B 类房间指主要在昼间使用，需要保证思考与精神集中、正常讲话不被干扰的房间，包括学校教室、会议室、办公室、住宅中卧室以外的其他房间等。

3. 工业企业厂界环境噪声排放标准

工业企业厂界环境噪声不得超过表 5-6 规定的限值。

表 5-6　工业企业厂界环境噪声排放限值　　　　　　　　单位：dB(A)

厂界外声环境所处功能区类别	时段	
	昼间	昼间
0	50	40
1	55	45
2	60	50
3	65	55
4	70	55

夜间频繁出现的噪声（如风机等），其峰值不准超过标准值10dB(A)；夜间偶尔出现的噪声（如短促鸣笛声），其峰值不准超过标准值15dB(A)。

四、环境噪声监测点布设方法

1. 网格测量法

将整个城市建成区划分成多个等大的正方形网格（如1000m×1000m），对于未连成片的建成区，正方形网格可以不衔接。网格中水面面积或无法监测的区域（如：禁区）面积为100%及非建成区面积大于50%的网格为无效网格。整个城市建成区有效网格总数应多于100个。

在每一个网格的中心布设1个监测点位。若网格中心点不宜测量（如水面、禁区、马路行车道等），应将监测点位移动到距离中心点最近的可测量位置进行测量。测点条件为一般户外条件。监测点位高度距地面为1.2~4.0m。

网格测量法适用于0~3类声环境功能区普查监测和城市区域环境噪声监测。

2. 定点测量法

根据如下原则确定定点监测点位：

① 能满足监测仪器测试条件，安全可靠。
② 监测点位能保持长期稳定。
③ 能避开反射面和附近的固定噪声源。
④ 监测点位应兼顾行政区划分。
⑤ 4类声环境功能区选择有噪声敏感建筑物的区域。

监测点位数量：巨大、特大城市≥20个，大城市≥15个，中等城市≥10个，小城市≥7个。各类功能区监测点位数量比例按照各自城市功能区面积比例确定。

监测点位距地面高度1.2m以上。

在标准规定的城市建成区中，优化选取一个或多个能代表某一区域或整个城市建成区环境噪声平均水平的测点，进行24h连续监测。

定点测量法适用于城市区域环境噪声监测和城市声环境常规监测。

3. 4类声环境功能区普查监测

以自然路段、站场、河段等为基础，考虑交通运行特征和两侧噪声敏感建筑物分布情况，划分典型路段（包括河段）。在每个典型路段对应的4类区边界上（指4类区内无噪声敏感建筑物存在时）或第一排噪声敏感建筑物户外（指4类区内有噪声敏感建筑物存在时）选择1个测点进行噪声监测。这些测点应与站、场、码头、岔路口、河流汇入口等相隔一定的距离，避开这些地点的噪声干扰。

4. 噪声敏感建筑物监测

监测点一般设于噪声敏感建筑物户外。不得不在噪声敏感建筑物室内监测时，应在门窗全打开状况下进行室内噪声测量，并采用较该噪声敏感建筑物所在声环境功能区对应环境噪声限值低10dB(A)的值作为评价依据。

5. 城市交通噪声监测

选点原则如下：

① 能反映城市建成区内各类道路（城市快速路、城市主干路、城市次干路、含轨道交通走廊的道路及穿过城市的高速公路等）交通噪声排放特征。

② 能反映不同道路特点（考虑车辆类型、车流量、车辆速度、路面结构、道路宽度、敏感建筑物分布等）的交通噪声排放特征。

③ 道路交通噪声监测点位数量：巨大、特大城市≥100个；大城市≥80个；中等城市≥50个；小城市≥20个。一个测点可代表一条或多条相近的道路。根据各类道路的路长比例分配点位数量。

测点选在路段两路口之间，距任一路口的距离大于50m，路段不足100m的选路段中点，这样该测点的噪声可以代表两路口间的该段道路交通噪声。道路边人行道上，离车行道的路沿（含慢车道）20cm处，监测点位高度距地面为1.2~6.0m。测点应避开非道路交通源的干扰，传声器指向被测声源。

为调查道路两侧区域的道路交通噪声分布，垂直道路按噪声传播由近及远方向设测点测量。直到噪声级降到邻近道路所属功能区（如混合区）的允许标准值为止。

实训操作：环境噪声监测点布设方案设计

1. 噪声监测布点的一般原则

① 声环境现状测量点布置一般要覆盖整个评价范围，包括厂界（或场界、边界）和敏感目标，但重点要布置在现有噪声源对敏感区有影响的那些点上。多层或高层敏感建筑要增加垂直声场分布测点，选取有代表性的不同楼层设置测点，视情况可间隔一、二层布点，或逐层布点。监测布点示意图如图 5-3 所示，绘制时要明确敏感目标与工程之间的相对位置（方位、距离、高差）及环境特征。

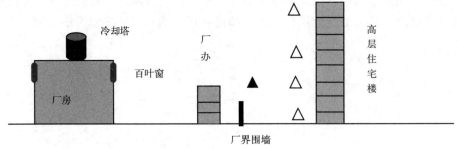

图 5-3　厂界处有高层建筑的监测点示意图

② 声环境现状测量点布设要考虑建设项目的声源性质：对于点声源性质建设项目，靠近声源处的测点密度应高于距声源较远处的测点密度；对于线声源性质建设项目，可根据噪声敏感区域分布状况和工程特点，贯彻"以点代线，点段结合，反馈全线"的原则，应确定若干有代表性的典型噪声测量断面，如图 5-4 所示。

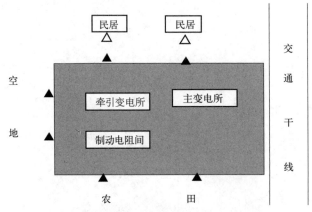

图 5-4　敏感区域噪声监测点分布示意图

③ 声环境现状测点布设要考虑现状声源源强特性：对于新建工程，当评价范围内没有明显噪声源且声级较低时，现状测点可以大幅度减少；对于改、扩建工程，可按室内和室外声源分别给出主要声源的源强；若要绘制现状等声级线图，可采用网格法布设测点。

④ 评价范围内没有明显的声源（如工业噪声、交通运输噪声、建设施工噪声、社会生活噪声等），且声级较低时，可选择有代表性的区域布设测点。

⑤ 评价范围内有明显的声源,并对敏感目标的声环境质量有影响,或建设项目为改、扩建工程,应根据声源种类采取不同的监测布点原则。

⑥ 当声源为固定声源时,现状测点应重点布设在可能既受到现有声源影响,又受到建设项目声源影响的敏感目标处,以及有代表性的敏感目标处;为满足预测需要,也可在距离现有声源不同距离处设衰减测点。

⑦ 当声源为流动声源,且呈现线声源特点时,现状测点位置选取应兼顾敏感目标的分布状况、工程特点及线声源噪声影响随距离衰减的特点,布设在具有代表性的敏感目标处。为满足预测需要,也可选取若干线声源的垂线,在垂线上距声源不同距离处布设监测点。其余敏感目标的现状声级可通过具有代表性的敏感目标噪声的验证和计算求得。

2. 噪声监测点布设示例

某机械加工厂噪声监测方案如下:

(1) 生产环境噪声监测 若车间各处 A 声级波动小于 3dB 则只需在车间内选择 1~3 个监测点,如果车间各处 A 声级波动大于 3dB,须将车间分成若干区域,使任意两个区域的声级波动大于或等于 3dB 在每个区域里分别设置 1~3 个监测点。

根据实地调查,整个车间设备见表 5-7,将车间划分为三个区域,在每个区域内均布置 3 个监测点,如图 5-5 所示。

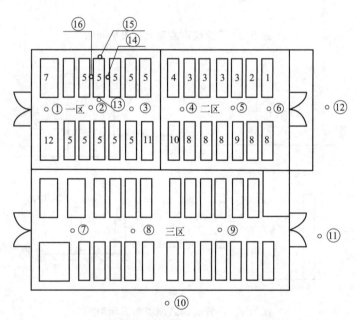

注:图中三区内均为数控机床,带圈编号(如①)为监测点

图 5-5 某机械加工厂噪声监测点布置图

表 5-7 设备名称一览表

序号	设备名称	序号	设备名称	序号	设备名称
1	平面磨床	5	普通车床	9	立式升降台铣床
2	卧轴矩台平面磨床	6	开式可倾压力机	10	滚齿机
3	牛头刨床	7	开式双拉可倾压力机	11	马鞍车床
4	摇臂钻床	8	万能升降台铣床	12	外圆磨床

(2) 厂界噪声监测　经实地调查,将厂界噪声监测点布置在车间东侧和南侧的敏感区。

根据工业企业声源、周围噪声敏感建筑物的布局以及毗邻的区域类别,在工业企业厂界布设多个测点,其中包括距噪声敏感建筑物较近以及受被测声源影响大的位置。一般情况下,测点选在工业企业厂界外1m、高度1.2m以上、距任一反射面距离不小于1m的位置。

当厂界有围墙且周围有受影响的噪声敏感建筑物时,测点应选在厂界外1m、高于围墙0.5m以上的位置。

当厂界无法测量到声源的实际排放状况时(如声源位于高空、厂界设有声屏障等),应按一般情况设置测点,同时在受影响的噪声敏感建筑物户外1m处另设测点。

厂界噪声监测点平面布设如图5-6所示,厂界噪声监测点高度布设如图5-7所示。

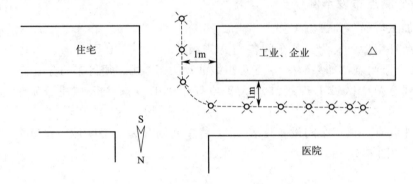

图5-6　厂界噪声监测点布设平面图

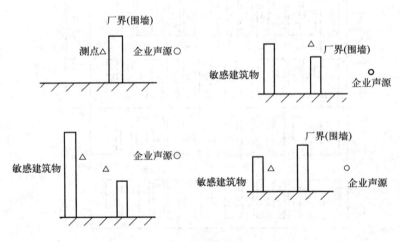

图5-7　厂界噪声监测点布设示意图

(3) 室内噪声监测　室内噪声测量时,室内测量点位设在距任一反射面至少0.5m、距地面1.2m高度处,在受噪声影响方向的窗户开启状态下测量。

固定设备结构传声至噪声敏感建筑物室内,在噪声敏感建筑物室内测量时,测点应距任一反射面至少0.5m、距地面1.2m、距外窗1m以上,窗户关闭状态下测量。被测房间内其他可能干扰测量的声源(如电视机、空调机、排气扇以及镇流器较响的日光灯、运转时出声的时钟等)应关闭。

室内噪声监测点布设如图5-8所示。

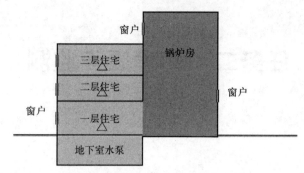

图 5-8　室内噪声监测点布设示意图

（4）机器设备噪声监测　随机选择一台机器进行监测，根据相关规定监测点选择在距设备边界 1m 处，高度为半个机器高度，选择 4 个监测点。

任务二　环境噪声监测

一、声级计

噪声测量仪器的测量内容有噪声的强度，主要是声场中的声压，声强、声功率的直接测量较麻烦，故较少直接测量，只在研究中使用；其次是测量噪声的特征，即声压的各种频率组成成分。噪声测量仪器主要有声级计、声频频谱仪、记录仪、录音机和实时分析仪器等。

声级计又叫噪声计，是一种按照一定的频率计权和时间计权测量声音的声压级和计权声级的仪器，是声学测量中最常用的基本仪器。声级计是一种电子仪器，但又不同于电压表等客观电子仪表，在把声信号转换成电信号时，可以模拟人耳对声波反应速度的时间特性；对高低频有不同灵敏度的频率特性以及不同响度时改变频率特性的强度特性。因此，声级计是一种主观性的电子仪器。声级计适用于环境噪声、机器（如风机、空压机、内燃机、电动机）噪声、车辆噪声以及其他各种噪声的测量，也可用于电声学、建筑声学等测量。

1. 声级计的工作原理

声级计主要由传声器、放大器、衰减器、计权网络、电表电路及电源等部分组成。其工作原理是：声压由传声器膜片接收后，将声压信号转换成电信号，经前置放大器作阻抗变换后送到输入衰减器，由于表头指示范围一般只有 20dB，而声音范围变化可高达 140dB，甚至更高，所以必须使用衰减器来衰减较强的信号。再由输入放大器进行定量放大。放大后的信号由计权网络进行计权，模拟人耳对不同频率有不同灵敏度的听觉响应。在计权网络处可外接滤波器，这样可做频谱分析。输出的信号由输出衰减器减到额定值，随即送到输出放大器放大。使信号达到相应的功率输出，输出信号经 RMS（均方根检波电路）检波后送出有效值电压，推动电表或数字显示器，显示所测的声压级。

2. 声级计的分类

声级计整机灵敏度是指在标准条件下测量 1000Hz 纯音所表现出的精度。按其精度可分为四种类型，即 O 型声级计，是实验用的标准声级计；Ⅰ 型声级计，相当于精密声级计；Ⅱ 型声级计和Ⅲ型声级计作为一般用途的普通声级计。按体积大小可将声级计分为台式声级计、便携式声级计和袖珍式声级计；按其指示方式可分为模拟指示（电表、声级灯）和数字指示声级计。

按其精度将声级计分为 1 级和 2 级。两种级别的声级计的各种性能指标具有同样的中心值，仅仅是容许误差不同，而且随着级别数字的增大，容许误差放宽。根据 IEC651 标准和国家标准，两种声级计在参考频率、参考入射方向、参考声压级和基准温湿度等条件下，测量的准确度（不考虑测量不确定度）见表 5-8。

表 5-8　两种声级计测量准确度

声级计级别	1	2
准确度/dB	±0.7	±1.0

仪器上有阻尼开关能反映人耳听觉动态特性,快挡"F"用于测量起伏不大的稳定噪声。如噪声起伏超过 4dB 可利用慢挡"S",有的仪器还有读取脉冲噪声的"脉冲"挡。老式声级计的示值采用表头刻度方式,通常采用由 -5(或 -10)到 0,以及 0 到 10,跨度共 15(或 20)dB。现在使用的声级计一般具有自动加权处理数据的功能。

二、环境噪声监测方法

1. 测量仪器

测量仪器精度为 2 型的积分平均声级计或环境噪声自动监测仪器,其性能需符合规定,并定期校验。测量前后使用声校准器校准测量仪器的示值偏差不得大于 0.5dB,否则测量无效。测量时传声器应加防风罩,风罩不应影响传声器的频率响应。

2. 测点选择

根据监测对象和目的,可选择以下三种测点条件(指传声器所置位置)进行环境噪声的测量:

① 一般户外:距离任何反射物(地面除外)至少 35m 外测量,距地面高度 1.2m 以上。必要时可置于高层建筑上,以扩大监测受声范围。使用监测车辆测量,传声器应固定在车顶部 1.2m 高度处。

② 噪声敏感建筑物户外:在噪声敏感建筑物外,距墙壁或窗户 1m 处,距地面高度 1.2m 以上。

③ 噪声敏感建筑物室内:距离墙面和其他反射面至少 1m,距窗约 1.5m 处,距地面 1.2~1.5m 高。

3. 测量记录

测量记录应包括:①日期、时间、地点及测定人员;②使用仪器型号、编号及其校准记录;③测定时间内的气象条件(风向、风速、雨雪等天气状况);④测量项目及测定结果;⑤测量依据的标准;⑥测点示意图;⑦声源及运行工况说明(如交通噪声测量的交通流量等);⑧其他应记录的事项。

4. 背景噪声

测量时,背景噪声级应至少比测量值低 10dB。如果测量值和背景噪声值相差 3~9dB,则可以按表 5-9 所列数值对测量结果进行修正。当差值小于 3dB,则不符合测试条件,不能进行测量。

表 5-9　背景噪声修正值　　　　　单位:dB

测量值和背景噪声值之差	修正值
3	-3
4~5	-2
6~9	-1

三、噪声监测

1. 城市区域环境噪声监测

城市区域环境噪声监测是为了解某一类区域或整个城市的总体环境噪声水平、环境噪声污染的时间与空间分布规律而进行的测量。基本方法有网格测量法和定点测量法两种。

(1) 网格测量法　应分别在昼间和夜间进行测量。在规定的测量时间内,每次每个测点测量 10min 的连续等效 A 声级 (L_{Aeq})。将全部网格中心测点测得的 10min 连续等效 A 声级做算术平均运算,所得到的平均值代表某一区域或全市的噪声水平。

将测量到的连续等效 A 声级按 5dB 一档分级（如 60～65dB, 65～70dB, 70～75dB）。用不同的颜色或阴影线表示每一档等效 A 声级,绘制在覆盖某一区域或城市的网格上,用于表示区域或城市的噪声污染分布情况。

(2) 定点测量法　在标准规定的城市建成区中,优化选取一个或多个能代表某一区域或整个城市建成区环境噪声平均水平的测点,进行 24h 连续监测。测量每小时的 L_{Aeq} 及昼间的 L_d 和夜间的 L_n 可按网格测量法的测量方法测量。将每一小时测得的连续等效 A 声级按时间排列,得到 24h 的声级变化图形,用于表示某一区域或城市环境噪声的时间分布规律。

(3) 区域监测的频次、时间与测量量　昼间监测每年 1 次,监测工作应在昼间正常工作时段内进行,并应覆盖整个工作时段。

夜间监测每五年 1 次,在每个五年规划的第三年监测,监测从夜间起始时间开始。

监测工作应安排在每年的春季或秋季,每个城市监测日期应相对固定,监测应避开节假日和非正常工作日。

每个监测点位测量 10min 的等效连续 A 声级 L_{eq}（简称:等效声级）,记录累积百分声级 L_{10}、L_{50}、L_{90}、L_{max}、L_{min} 和标准偏差（SD）。

计算整个城市环境噪声总体水平:将整个城市全部网格测点测得的等效声级分昼间和夜间,进行算术平均运算,所得到的昼间平均等效声级和夜间平均等效声级代表该城市昼间和夜间的环境噪声总体水平。

$$\overline{S} = \frac{1}{n}\sum_{i=1}^{n} L_i$$

式中　$\overline{S}$——城市区域昼间平均等效声级（$\overline{S}_d$）或夜间平均等效声级（$\overline{S}_n$）,dB(A);

L_i——第 i 个网格测得的等效声级,dB(A);

n——有效网格总数。

城市区域环境噪声总体水平按表 5-10 进行评价。

表 5-10　城市区域环境噪声总体水平等级划分　　　　　　　　单位:dB(A)

等级	一级	二级	三级	四级	五级
昼间平均等效声级($\overline{S}_d$)	≤50.0	50.1～55.0	55.1～60.0	60.1～65.0	>65.0
夜间平均等效声级($\overline{S}_n$)	≤40.0	40.1～45.0	45.1～50.0	50.1～55.0	>55.0

城市区域环境噪声总体水平等级"一级"至"五级"可分别对应评价为"好"、"较好"、"一般"、"较差"和"差"。

2. 道路交通声环境监测

昼间监测每年 1 次,监测工作应在昼间正常工作时段内进行,并应覆盖整个工作时段。

夜间监测每五年 1 次,在每个五年规划的第三年监测,监测从夜间起始时间开始。

监测工作应安排在每年的春季或秋季,每个城市监测日期应相对固定,监测应避开节假日和非正常工作日。

在规定的测量时间段内，各测点每隔 5s 记一个瞬时 A 声级（慢响应），连续记录 200 个数据，同时记录车流量（辆/h）。将 200 个数据从小到大排列，第 20 个数为 L_{90}，第 100 个数为 L_{50}，第 180 个数为 L_{10}。并计算 L_{eq}，因为交通噪声基本符合正态分布，故可用下式表示：

$$L_{eq} \approx L_{50} + \frac{d^2}{60}, \quad d = L_{10} - L_{90}$$

目前使用的积分式声级计大多带有计算 L_{eq} 的功能，可自动将所测数据从大到小排列后计算显示 L_{eq} 的值。

评价量为 L_{eq} 或 L_{10}，将每个测点 L_{10} 按 5dB 一档分级（方法同前），以不同颜色或不同阴影线画出每段马路的噪声值，即得到城市道路交通噪声污染分布图。

将道路交通噪声监测的等效声级采用路段长度加权算术平均法，按下式计算城市道路交通噪声平均值。

$$\overline{L} = \frac{1}{l} \sum_{i=1}^{n} (l_i L_i)$$

式中　$\overline{L}$——道路交通昼间平均等效声级（$\overline{L}_d$）或夜间平均等效声级（$\overline{L}_n$），dB(A)；

　　　l——监测的路段总长，m；

　　　l_i——第 i 测点代表的路段长度，m；

　　　L_i——第 i 测点测得的等效声级，dB(A)。

道路交通噪声平均值的强度级别按表 5-11 进行评价。

表 5-11　道路交通噪声强度等级划分　　　　　单位：dB(A)

等级	一级	二级	三级	四级	五级
昼间平均等效声级（$\overline{S}_d$）	≤68.0	68.1~70.0	70.1~72.0	72.1~74.0	>74.0
夜间平均等效声级（$\overline{S}_n$）	≤58.0	58.1~60.0	60.1~62.0	62.1~64.0	>64.0

道路交通噪声强度等级"一级"至"五级"可分别对应评价为"好"、"较好"、"一般"、"较差"和"差"。

3. 功能区声环境监测

功能区声环境监测用于评价声环境功能区监测点位的昼间和夜间达标情况，反映城市各类功能区监测点位声环境质量随时间的变化状况。

每年每季度监测 1 次，各城市每次监测日期应相对固定。

每个监测点位每次连续监测 24h，记录小时等效声级 L_{eq}、小时累积百分声级 L_{10}、L_{50}、L_{90}、L_{max}、L_{min} 和标准偏差（SD）。

监测应避开节假日和非正常工作日。

将某一功能区昼间连续 16h 和夜间 8h 测得的等效声级分别进行能量平均，按下式计算昼间等效声级和夜间等效声级。

$$L_d = 10 \lg \left(\frac{1}{16} \sum_{i=1}^{16} 10^{0.1 L_i} \right)$$

$$L_n = 10 \lg \left(\frac{1}{8} \sum_{i=1}^{8} 10^{0.1 L_i} \right)$$

式中 L_d——昼间等效声级,dB(A);
L_n——夜间等效声级,dB(A);
L_i——昼间或夜间小时等效声级,dB(A)。

各监测点位昼、夜间等效声级,按相应的环境噪声限值进行独立评价。

各功能区按监测点次分别统计昼间、夜间达标率。

以每一小时测得的等效声级为纵坐标、时间序列为横坐标,绘制得出24h的声级变化图形,用于表示功能区监测点位环境噪声的时间分布规律。

同一点位或同一类功能区绘制总体时间分布图时,小时等效声级采用对应小时算术平均的方法计算。

实训操作：室内环境噪声监测

1. 实验目的

通过对实际建筑物室内环境噪声的测定，了解环境噪声监测的布点原则与方法，并做出相应分析及评价。

2. 实验仪器和测量条件

（1）仪器　HY104 型声级计。

（2）测量条件

① 天气条件：要求无雨无雪，声级计应保持传声器膜片清洁，风力在三级以上必须加风罩（以避免风噪声干扰），五级以上大风应停止测量。

② 手持仪器测量，传声器要求距离地面 1.2m。

3. 实验步骤

（1）仪器校准　HY104 型声级计用 HY602 型声级校准器外部基准信号源进行声学校准，这种校准是对包括传声器在内的声级计的整机校准。HY602 型声级校准器产生一个频率为 1000Hz、94dB 的稳定信号。校准程序如下。

① 取下 HY104 头部的一个小橡胶盖，里面是一个供调整仪器灵敏度用的电位器。将 HY104 型声级计各开关置于：量程选择"60～105"档；时间计权"F"档；读数标志"3s"或"5s"。

② 将电源开关置于"开"，此时显示器上有数字显示，预热"60s"。

③ 将声级校准器套在传声器上，启动校准器。

④ 用小螺丝刀调整灵敏度调节器，使显示值为 93.8dB。

⑤ 小心取下校准器，盖上小橡胶盖。

（2）测量

① 根据被测声音大小将量程置于合适档位，如无法估计其大小，应先将量程置"85～130"。

② 将时间计权开关置于测量标准所规定的位置。如测量方法中无规定，则声音较稳定用"F"档；声音变化大用"S"档。

③ 将读数标志置于"5s"或"3s"。

④ 将电源开关置于"开"，仪器开始工作并显示数字，记录测量结果。连续读取 100 个数据。读数的同时要判断和记录附近主要噪声来源和天气条件。

⑤ 监测完毕后，将电源开关置于"关"。

（3）注意事项

① 声级计使用的电池电压不足时应更换。更换时，电源开关应置于"关"，长时间不用应将电池取出。

② 每次测量前均应仔细校准声级计。

③ 在测量中改变任何开关位置都必须按一下复位按钮，以消除开关换档时可能引起的干扰。

④ 在读取最大值时，若出现过量程或欠量程标志，应改变量程开关的档位，重新测量。

⑤ 测量天气应无雨雪，为防止风噪声对仪器的影响，在户外测量时要在传声器上装上

风罩，风力超过五级时应停止测量。传声器的护罩不能随意拆下。

⑥ 注意反射对测量的影响，一般应使传声器远离反射面2～3m，手持声级计应尽量使身体离开话筒，传声器离地面1.2m，距人体至少50cm。

⑦ 快档"F"用于稳态噪声，如表头指示数字超过4dB，则用慢档"S"。读数不稳时可读中间值。

⑧ HY602有自动切断开关，按一次启动按钮，约30s后自动停机。如30s内未校准好声级计，需再按一次校准器启动按钮。

4. 数据处理

环境噪声是随时间起伏的无规则噪声，测量结果一般用统计值或等效声级表示，本实验用等效声级表示。

将各测点的测量数据由大到小顺序排列，找出L_{10}、L_{50}、L_{90}并求出等效声级L_{eq}；以5dB为一个等级，用不同颜色或阴影线绘制室内环境噪声污染图。环境噪声污染图图例参考表5-12。

表5-12 环境噪声污染图图例

噪声带/dB	颜色	阴影线
35以下	浅绿色	小点,低密度
36～40	绿色	中点,中密度
41～45	深绿色	大点,高密度
46～50	黄色	垂直线,低密度
51～55	褐色	垂直线,中密度
56～60	橙色	垂直线,高密度
61～65	朱红色	交叉线,低密度
66～70	洋红色	交叉线,中密度
71～75	紫红色	交叉线,高密度
76～80	蓝色	宽条垂直线
81～85	深蓝色	全黑

5. 声环境监测报告

声环境监测报告应主要包括下列内容：

① 概述：概略性描述监测工作概况以及声环境监测结果。

② 区域声环境监测结果与评价。

③ 道路交通声环境监测结果与评价。

④ 功能区声环境监测结果与评价。

⑤ 相关分析。

⑥ 结论。

6. 测量结果分析

① 测试的室内环境噪声与室内空气质量卫生规范进行对比。

② 根据实验结果分析得出结论，分析降低室内环境噪声可采用哪些措施。

7. 数据记录

区域声环境监测记录可参考表5-13，道路交通声环境监测记录可参考表5-14，功能区声环境24h监测记录可参考表5-15。

表 5-13　区域声环境监测记录表

监测站名称：
监测仪器（型号、编号）：
声校准器（型号、编号）：
监测前校准值（dB）：
监测后校准值（dB）：
气象条件：

网格代码	测点名称	月	日	时	分	声源代码	L_{eq}	L_{10}	L_{50}	L_{90}	L_{max}	L_{min}	标准差（SD）	备注

负责人：　　　审核人：　　　测试人员：　　　监测日期：

注：声源代码：1—交通噪声；2—工业噪声；3—施工噪声；4—生活噪声。两种以上噪声填主噪声。除交通、工业、施工噪声外的噪声，归入生活噪声。

表 5-14　道路交通声环境监测记录表

监测站名称：
监测仪器（型号、编号）：
声校准器（型号、编号）：
监测前校准值（dB）：
监测后校准值（dB）：
气象条件：

网格代码	测点名称	月	日	时	分	L_{eq}	L_{10}	L_{50}	L_{90}	L_{max}	L_{min}	标准差（SD）	车流量/(辆/min)		备注
													大型车	中小型车	

负责人：　　　审核人：　　　测试人员：　　　监测日期：

表 5-15　功能区声环境 24h 监测记录表

监测站名称：
测点名称：
测点代码：
功能区类别：
监测仪器（型号、编号）：
声校准器（型号、编号）：
监测前校准值（dB）：
监测后校准值（dB）：
气象条件：

监测开始时间			L_{eq}	L_{10}	L_{50}	L_{90}	L_{max}	L_{min}	标准差（SD）	备注
月	日	时								

负责人：　　　审核人：　　　测试人员：　　　监测日期：

思考与练习

1. 如何监测城市区域环境噪声、道路交通噪声及工业企业厂界噪声?
2. 声级计基本组成是怎样的?
3. 什么叫计权声级?它在噪声测量中有何作用?环境监测主要采用哪种计权声级?为什么?
4. 什么是噪声?环境噪声有哪几种?如何区分?
5. 人耳的可听频率范围是多少?哪一频段为敏感区域?
6. "分贝"是计量噪声的一种物理量,这种讲法对吗?用"分贝"表示声学量有什么好处?
7. 响度级、频率和声压级三者之间有何关系?
8. 简述 L_{10}、L_{50}、L_{90} 和 L_{eq} 含义分别是什么?
9. 有五个声源作用于某一点的声压级分别为 78dB、80dB、84dB、89dB 和 90dB,分别用公式法和图表法计算同时作用于这一点的总声压级。

项目六

建设项目环境保护验收监测

知识目标

1. 掌握建设项目环境保护验收监测的方法；
2. 了解制药建设项目环境保护验收技术规范。

能力目标

1. 学会设计建设项目竣工环境保护验收监测方案；
2. 学会环境保护设施竣工验收监测技术。

素质目标

1. 建立严谨的环境保护法律意识；
2. 培养理解环境保护规范的能力。

任务一　建设项目环境保护验收监测概述

基本建设工程项目，亦称建设项目，是指在一个总体设计或初步设计范围内，由一个或几个单项工程所组成，经济上实行统一核算，行政上实行统一管理的建设单位。一般以一个企业（或联合企业）、事业单位或独立工程作为一个建设项目。一般指符合国家总体建设规划，能独立发挥生产功能或满足生活需要，其项目建议书经批准立项和可行性研究报告经批准的建设任务，包括新建、改建、扩建等扩大生产能力的建设项目和技术改造项目。如工业建设中的一座工厂、一个矿山，民用建设中的一个居民区、一幢住宅、一所学校等均为一个建设项目。

建设项目竣工环境保护验收是指建设项目竣工后，环境保护行政主管部门根据规定，依据环境保护验收监测或调查结果，并通过现场检查等手段，考核该建设项目是否达到环境保护要求的活动。

一、建设项目环境保护管理条例

环境保护设施竣工验收监测是指对建设项目环境保护设施建设、管理、运行及其效果和污染物排放情况全面的检查与测试。

1998年11月29日，国务院颁布《建设项目环境保护管理条例》，同日施行。2014年修订的《中华人民共和国环境保护法》删除了建设项目环境保护设施竣工验收的规定。2017年7月16日，《国务院关于修改〈建设项目环境保护管理条例〉的决定》（以下简称新《条例》）将建设项目环保设施竣工验收由环保部门验收改为建设单位自主验收。

新《条例》强调事中、事后监管，虽然取消了验收行政许可，但保留了验收环节，新增建设项目竣工后环保设施验收的程序和要求，规定建设单位应当按照生态环境部规定的标准和程序验收环保设施，编制验收报告，并向社会公开，不得弄虚作假，验收合格后方可投产使用。

新《条例》将过去由生态环境保护部门组织验收的方式调整为由建设单位自行组织环境保护设施验收，彻底理顺了责任关系：生态环境保护设施的有效运行是建设单位自己的事，生态环境保护部门不再为其背书，环境保护部门与建设项目及其建设单位是监管和被监管的关系，监管中发现的问题由建设单位承担责任。

实行建设单位自行验收后，配套验收管理制度、程序、技术规范等也发生了一定调整，这是逐步完善和规范的过程。自新《条例》生效之日起，建设单位就必须履行自行验收的法定责任。因此，建设单位应高度重视自行验收工作，主动学习环保部门的管理要求，探索建立自行验收的程序和方法，必要时委托有关咨询机构，确保如实查验、监测、记载建设项目环境保护设施的建设和调试情况，履行新自行验收责任。

新《条例》在第三章对环境保护设施建设进行了详细规定：建设项目分类目录中环境影响很小只需要填写环境影响登记表的建设项目无需进行环保验收，而编制环境影响报告书、环境影响报告表的建设项目竣工后，建设单位应当按照国务院环境保护行政主管部门规定的标准和程序，对配套建设的环境保护设施进行验收，编制验收报告。建设单位在环境保护设施验收过程中，应当如实查验、监测、记载建设项目环境保护设施的建设和调试情况，不得弄虚作假。除按照国家规定需要保密的情形外，建设单位应当依法向社会公开验收报告。其配套建设的环境保护设施经验收合格，方可投入生产或者使用；未经验收或者验收不合格的，不得投入生产或者使用。分期建设、分期投入生产或者使用的建设项目，其相应的环境保护设施应当分期验收。环境保护行政主管部门应当对建设项目环境保护设施设计、施工、验收、投入生产或者使用情况，以及有关环境影响评价文件确定的其他环境保护措施的落实情况，进行监督检查。对违反规定，需要配套建设的环境保护设施未建成、未经验收或者验收不合格，建设项目即投入生产或者使用，或者在环境保护设施验收中弄虚作假的，由县级以上环境保护行政主管部门责令限期改正，处 20 万元以上 100 万元以下的罚款；逾期不改正的，处 100 万元以上 200 万元以下的罚款；对直接负责的主管人员和其他责任人员，处 5 万元以上 20 万元以下的罚款；造成重大环境污染或者生态破坏的，责令停止生产或者使用，或者报经有批准权的人民政府批准，责令关闭。对建设单位违反规定未依法向社会公开环境保护设施验收报告的，由县级以上环境保护行政主管部门责令公开，处 5 万元以上 20 万元以下的罚款，并予以公告。

编制环境影响报告书（表）的建设项目竣工后，建设单位或者其委托的技术机构应当依照国家有关法律法规、建设项目竣工环境保护验收技术规范、建设项目环境影响报告书（表）和审批决定等要求，如实查验、监测、记载建设项目环境保护设施的建设和调试情况，同时还应如实记载其他环境保护对策措施"三同时"落实情况，编制竣工环境保护验收报告。验收报告编制人员对其编制的验收报告结论终身负责，不得弄虚作假。

验收报告编制完成后，建设单位应组织成立验收工作组。验收工作组由建设单位、设计单位、施工单位、环境影响报告书（表）编制机构、验收报告编制机构等单位代表和专业技术专家组成。验收工作组应当严格依照国家有关法律法规、建设项目竣工环境保护验收技术规范、建设项目环境影响报告书（表）和审批决定等要求对建设项目配套建设的环境保护设施进行验收，形成验收意见。验收意见应当包括工程建设基本情况、工程变更情况、环境保护设施落实情况、环境保护设施调试效果和工程建设对环境的影响、验收存在的主要问题、验收结论和后续要求。建设单位应当对验收工作组提出的问题进行整改，合格后方可出具验收合格的意见。建设项目配套建设的环境保护设施经验收合格后，其主体工程才可以投入生产或者使用。

建设项目竣工环境保护验收应当在建设项目竣工后 6 个月内完成。建设项目环境保护设施需要调试的，验收可适当延期，但总期限最长不得超过 9 个月。

除按照国家规定需要保密的情形外，建设单位应当在出具验收合格的意见后 5 个工作日内，通过网站或者其他便于公众知悉的方式，依法向社会公开验收报告和验收意见，公开的期限不得少于 1 个月。公开结束后 5 个工作日内，建设单位应当登录全国建设项目竣工环境保护验收信息平台，填报相关信息并对信息的真实性、准确性和完整性负责。

二、建设项目竣工环境保护验收

建设项目竣工环境保护验收范围包括：①与建设项目有关的各项环境保护设施，包括为防治污染和保护环境所建成或配备的工程、设备、装置和监测手段，各项生态保护设施；

②环境影响报告书（表）或者环境影响登记表和有关项目设计文件规定应采取的其他各项环境保护措施。

国务院环境保护行政主管部门负责制定建设项目竣工环境保护验收管理规范，指导并监督地方人民政府环境保护行政主管部门的建设项目竣工环境保护验收工作，并负责对其审批的环境影响报告书（表）或者环境影响登记表的建设项目竣工环境保护验收工作。

县级以上地方人民政府环境保护行政主管部门按照环境影响报告书（表）或环境影响登记表的审批权限负责建设项目竣工环境保护验收。

建设项目竣工后，建设单位应当向有审批权的环境保护行政主管部门，申请该建设项目竣工环境保护验收。

进行试生产的建设项目，建设单位应当自试生产之日起3个月内，向有审批权的环境保护行政主管部门申请该建设项目竣工环境保护验收。对试生产3个月确不具备环境保护验收条件的建设项目，建设单位应当在试生产的3个月内，向有审批权的环境保护行政主管部门提出该建设项目环境保护延期验收申请，说明延期验收的理由及拟进行验收的时间。经批准后建设单位方可继续进行试生产。试生产的期限最长不超过一年。

建设单位申请建设项目竣工环境保护验收，应当向有审批权的环境保护行政主管部门提交以下验收材料：①对编制环境影响报告书的建设项目，为建设项目竣工环境保护验收申请报告，并附环境保护验收监测报告或调查报告；②对编制环境影响报告表的建设项目，为建设项目竣工环境保护验收申请表，并附环境保护验收监测表或调查表；③对填报环境影响登记表的建设项目，为建设项目竣工环境保护验收登记卡。

建设项目竣工环境保护申请报告、申请表、登记卡以及环境保护验收监测报告（表）、环境保护验收调查报告（表）的内容和格式，由国务院环境保护行政主管部门统一规定。

建设单位是建设项目竣工环境保护验收的责任主体，应当按照规定的程序和标准，组织对配套建设的环境保护设施进行验收，编制验收报告，公开相关信息，接受社会监督，确保建设项目需要配套建设的环境保护设施与主体工程同时投产或者使用，并对验收内容、结论和所公开信息的真实性、准确性和完整性负责，不得在验收过程中弄虚作假。对于编制环境影响报告书（表）由建设单位实施环境保护设施竣工验收的建设项目，其建设项目竣工环境保护验收的主要依据包括：①建设项目环境保护相关法律、法规、规章、标准和规范性文件；②建设项目竣工环境保护验收技术规范；③建设项目环境影响报告书（表）及审批部门审批决定。

建设项目竣工后，建设单位应当如实查验、监测、记载建设项目环境保护设施的建设和调试情况，编制验收监测（调查）报告。

以排放污染物为主的建设项目，参照《建设项目竣工环境保护验收技术指南污染影响类》编制验收监测报告；主要对生态造成影响的建设项目，按照《建设项目竣工环境保护验收技术规范生态影响类》（HJ/T 394—2007）编制验收调查报告；已发布行业验收技术规范的建设项目，按照该行业验收技术规范编制验收监测报告或者验收调查报告。

验收监测（调查）报告编制完成后，建设单位应当根据验收监测（调查）报告结论，逐一检查是否存在验收不合格的情形，提出验收意见。存在问题的，建设单位应当进行整改，整改完成后方可提出验收意见。验收意见包括工程建设基本情况、工程变动情况、环境保护设施落实情况、环境保护设施调试效果、工程建设对环境的影响、验收结论和后续要求等内容，验收结论应当明确该建设项目环境保护设施是否验收合格。

建设项目环境保护设施存在下列情形之一的，建设单位不得提出验收合格的意见：

① 未按环境影响报告书（表）及其审批部门审批决定要求建成环境保护设施，或者环境保护设施不能与主体工程同时投产或者使用的；

② 污染物排放不符合国家和地方相关标准、环境影响报告书（表）及其审批部门审批决定或者重点污染物排放总量控制指标要求的；

③ 环境影响报告书（表）经批准后，该建设项目的性质、规模、地点、采用的生产工艺或者防治污染、防止生态破坏的措施发生重大变动，建设单位未重新报批环境影响报告书（表）或者环境影响报告书（表）未经批准的；

④ 建设过程中造成重大环境污染未治理完成，或者造成重大生态破坏未恢复的；

⑤ 纳入排污许可管理的建设项目，无证排污或者不按证排污的；

⑥ 分期建设、分期投入生产或者使用依法应当分期验收的建设项目，其分期建设、分期投入生产或者使用的环境保护设施防治环境污染和生态破坏的能力不能满足其相应主体工程需要的；

⑦ 建设单位因该建设项目违反国家和地方环境保护法律法规受到处罚，被责令改正，尚未改正完成的；

⑧ 验收报告的基础资料数据明显不实，内容存在重大缺项、遗漏，或者验收结论不明确、不合理的；

⑨ 其他环境保护法律法规规章等规定不得通过环境保护验收的。

三、建设项目环境保护设施竣工验收监测技术要求

1. 验收监测一般工作程序、结果及结果报告形式

根据建设项目环境管理的分类，编制环境影响报告书的建设项目、因所在地区已进行区域环境影响评价而编写建设项目环境影响报告表或环境影响评价时编写建设项目环境影响报告表但监测内容较多的建设项目，应通过收集有关的技术资料、现场勘察、编制验收监测方案、进行现场监测，以验收监测报告形式报告监测结果。

根据建设项目环境管理的分类，编写建设项目环境影响报告表并且验收监测内容比较简单的建设项目，通过收集有关的技术资料、现场勘察、进行现场监测、以建设项目环境保护设施竣工验收监测表形式报告监测结果。

填写建设项目环境影响登记表的建设项目，只对有一定污染物排放规模和按要求应设有废水、废气、噪声处理设施的污染源进行监测，以建设项目环境保护设施竣工验收监测表形式报告检查结果。

验收工作主要包括验收监测工作和后续工作，其中验收监测工作可分为启动、自查、编制验收监测方案、实施监测与检查、编制验收监测报告五个阶段。具体工作程序见图 6-1。

验收监测工作程序

2. 验收监测方案编制

验收监测方案根据验收监测的需要进行编制。验收监测方案一般应包括以下内容：

（1）前言部分　主要简述建设项目和验收监测任务由来。一般包括工程建成并投入试运行时间、环境保护行政主管部门、负责验收监测工作的环境监测站、委托单位、环保设施竣工验收现场勘察时间和参加单位等。

（2）验收监测的依据　国家有效的建设项目环境保护管理法规、办法和技术规定；与建设项目有关的环保技术文件；有关建设项目工程环保工作的意见和批复；开展建设项目环保设施竣工验收监测的依据；工程建设中有关环保设施设计改动的报批手续和批复文件；环保设施运行情况自检报告；其他有关需要说明问题和情况及其有关资料或文件等。

（3）建设项目工程概况　应以简练文字并配图表进行叙述：

① 工程基本情况：工程所处的位置；工程占地面积；工程总投资；工程环保设施投资；环境影响评价完成单位与时间；初步设计完成单位与时间；环保设施设计单位和施工单位；投入试运行日期；其他需要说明的情况等（包括工程变化情况）。

② 生产工艺简介：主要生产工艺原理、流程、关键生产单元，可附生产工艺流程示意图。

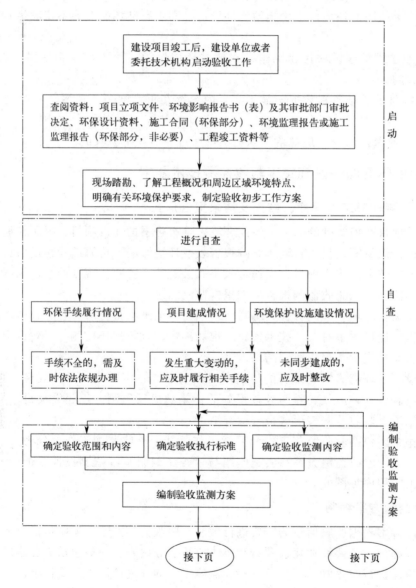

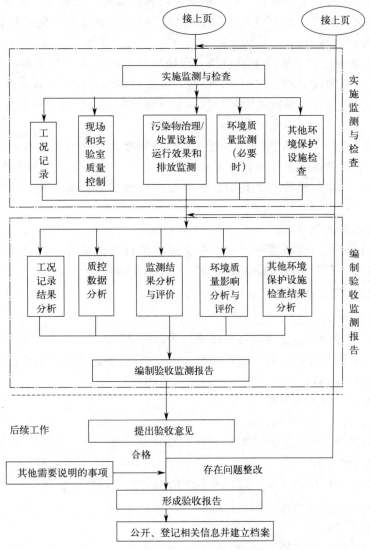

图 6-1 验收监测工作程序框图

③ 环保设施和相应主要污染物及其排放情况：对各生产单元所产生的污染物、环保处理设施、污染物排放方式等列表或简述。

④ 环保设施试运行情况。

（4）环境影响评价意见及环境影响评价批复的要求　建设项目环境影响评价的主要结论、建议及环境影响评价批复的要求，或环保行政部门对本项目的环保要求等（主要应参见环境影响评价批复的要求）。

（5）验收监测评价标准　应列出环境影响评价报告批复时，有效的国家或地方排放标准和环境质量标准的名称、标准号、工程《初步设计》（环保篇）的设计指标和总量控制指标。这些标准和指标等将被用于作为本建设项目的环保设施验收监测的评价标准。同时，也应列出相应现行的国家或地方排放标准和环境质量标准作为参照标准。

（6）验收监测的内容

① 废水、废气排放源及其相应的环保设施、厂界噪声、工业固（液）体废物和无组织

排放源监测内容的编写，主要包括：监测断面或监测点位的布设情况，必要时附示意图；验收监测因子、频次；采样、监测分析方法和验收监测（工况要求）的质量控制措施及依据（国家标准分析方法应写出标准号）。

② 厂区附近的环境质量监测主要包括：环境敏感点环境质量状况和可能受到影响的简要描述；简述监测断面或监测点位的布设情况，必要时附示意图；验收监测因子、频次的确定；采样、监测分析方法和验收监测的质量控制措施及依据（国家标准分析方法应写出标准号）。

③ 环境生态状况调查的主要内容包括：建设项目环境保护行政主管部门对进行环境生态状况调查的要求；简述生态状况调查区域及调查内容确定（必要时附示意图）；验收监测环境生态状况调查方法、验收监测环境生态状况调查的质量控制措施；环境生态状况评价依据。

(7) 监测时间安排

监测合同签订时间；现场监测时间（根据监测项目工作量确定，包括数据整理时间）；监测报告编写时间（根据监测项目工作量确定）提交监测报告时间。

3. 验收监测主要工作内容

(1) 环境保护检查

① 建设项目执行国家建设项目环境影响报告制度的情况；

② 建设项目建设过程中，对环境影响报告书（表）、登记表中污染物防治和生态保护要求及环保行政主管部门审批文件中批复内容的实施情况；

③ 环保设施运行情况和效果；

④ "三废"处理和综合利用情况；

⑤ 环境保护管理和监测工作情况，包括环保机构设置、人员配置、监测计划和仪器设备、环保管理规章制度等；

⑥ 事故风险的环保应急计划，包括配备、防范措施，应急处置等；

⑦ 环境保护档案管理情况；

⑧ 周边区域环境概况；

⑨ 生态保护措施实施效果。

(2) 环境保护设施运行效率测试　对涉及以下领域的环境保护设施或设备均应进行运行效率监测：①各种废水处理设施的处理效率；②各种废气处理设施的处理效率；③工业固（液）体废物处理设备的处理效率等；④用于处理其他污染物的处理设施的处理效率。

(3) 污染物达标排放检测　对涉及以下领域的污染物均应进行达标排放监测：①排放到环境中的废水；②排放到环境中的各种废气；③排放到环境中的各种有毒有害工业固（液）体废物及其浸出液；④厂界噪声（必要时测定噪声源）；⑤建设项目的无组织排放；⑥国家规定总量控制污染物的排放总量。

(4) 环境影响检测　建设项目环保设施竣工验收监测对环境影响的检测，主要针对环境影响报告书（表）及其批复中对环境敏感保护目标的要求。检测建设项目投运后，环境敏感保护目标能否达到相应环境功能区所要求的环境质量标准，主要考虑以下几方面：①环境敏感保护目标的环境地表水、地下水和海水质量；②环境敏感保护目标的环境空气质量；③环境敏感保护目标的声学环境质量；④环境敏感保护目标的环境土壤质量；⑤环境敏感保护目标的环境振动铅垂向Z振级；⑥环境敏感保护目标的电磁辐射公众照射导出限值。

4. 验收监测污染因子的确定

监测因子确定的原则如下：①环境影响报告书（表）和建设项目《初步设计》（环保篇）中确定的需要测定的污染物；②建设项目投产后，在生产中使用的原辅材料、燃料，产生的产品、中间产物、废物（料），以及其他涉及的特征污染物和一般性污染物；③现行国家或地方污染物排放标准中规定的有关污染物；④国家规定总量控制的污染物指标；⑤厂界噪声；⑥生活废水中的污染物及生活用锅炉（包括茶炉）废气中的污染物；⑦影响环境质量的污染物，包括环境影响报告书（表）及其批复意见中，有明确规定或要求考虑的影响环境保护敏感目标环境质量的污染物；试生产中已造成环境污染的污染物；地方环境保护行政主管部门提出的，对当地环境质量已产生影响的污染物；负责验收的环境保护行政主管部门根据当前环境保护管理的要求和规定而确定的对环境质量有影响的污染物；⑧对"环境影响评价"中涉及有电磁辐射和振动内容的，应将电磁辐射和振动列入应监测的污染因子；⑨废水、废气和工业固（液）体废物排放总量。

5. 环境保护设施竣工验收监测频次

为使验收监测结果全面和真实地反映建设项目污染物排放和环保设施的运行效果，采样频次应充分反映污染物排放和环保设施的运行情况，因此，监测频次一般按以下原则确定：

① 对有明显生产周期、污染物排放稳定的建设项目，对污染物的采样和测试频次一般为 2～3 个周期，每个周期 3～5 次（不应少于执行标准中规定的次数）。

② 对无明显生产周期、稳定、连续生产的建设项目，废气采样和测试频次一般不少于 2 天，每天采 3 个平行样；废水采样和测试频次一般不少于 2 天，每天 4 次；厂界噪声测试一般不少于连续 2 昼夜（无连续监测条件的，需 2 天，昼夜各 2 次）；固（液）体废物采样和测试一般不少于 6 次（堆场采样和分析样品数都不应少于 6 个）。

③ 对污染物确实稳定排放的建设项目，废水和废气的监测频次可适当减少，废气采样和测试频次不得少于 3 个平行样，废水采样和测试频次不少于 2 天，每天 3 次。

④ 对污染物排放不稳定的建设项目，必须适当增加的采样频次，以便能够反映污染物排放的实际情况。

⑤ 对型号、功能相同的多个小型环境保护设施效率测试和达标排放检测，可采用随机抽测方法进行。抽测的原则为：随机抽测设施数量比例应不小于同样设施总数量的 50%。

⑥ 需进行环境质量监测时，水环境质量测试一般为 1～3 天，每天 1～2 次；空气质量测试一般不少于 3 天；环境噪声测试一般不少于 2 天，测试频次按相关标准执行。

⑦ 对考核处理效率的测试，可选择主要因子并适当减少监测频次。

⑧ 若需进行环境生态状况调查，工作内容、采样和测试频次按负责审批该建设项目环境影响报告书（表）的环境保护行政主管部门的要求进行。

6. 验收监测报告编制

验收监测报告根据验收监测要求的需要进行编制。前言、验收监测的依据、建设项目工程概况、环境影响评价意见及环境影响评价批复的要求、验收监测评价标准部分的编写应在原验收监测方案的基础上，加入需要补充的内容。验收监测报告还应包括以下内容：

（1）验收监测的结果及分析评价　验收监测结果及分析应充分反映验收监测中检查和现场监测的实际情况，进行必要和符合实际的分析。

应给出监测期间，能反映工程或设备运行情况的数据或参数。对工业生产型建设项目，还应计算出实际运行负荷。

分别对废水、废气、厂界噪声（必要时测噪声源）、工业固（液）体废物和无组织排放源监测内容进行编制的主要内容包括：①进行现场监测的情况；②验收监测方案要求和规定的验收监测项目、频次、监测断面或监测点位、监测采样、分析方法及监测结果；③用相应的国家和地方的新、旧标准值，设施的设计值和总量控制指标，进行分析评价；④出现超标或不符合设计指标要求时的原因分析等。

厂区附近的环境质量监测主要内容包括：①环境敏感点环境质量状况和可能受到影响的简要描述；②进行环境质量监测的区域情况和监测情况；③验收监测方案要求和规定的验收监测项目、频次、监测断面或监测点位、监测采样、分析方法及监测结果；④用相应的国家和地方的新、旧标准值和设施的设计值，进行分析评价；⑤出现超标或不符合设计指标要求时的原因分析等。

环境生态状况调查编写的主要内容包括：①建设项目环境保护行政主管部门对进行环境生态状况调查的要求，详细地介绍环境生态状况调查的评价依据；②进行环境生态状况调查区域的情况；③简述生态状况调查区域及调查项目、频次的确定，监测断面或监测点位的布设情况（必要时附示意图）；④验收监测环境生态状况调查方法、来源和质量控制措施；⑤验收监测环境生态状况调查的结果及分析评价。

国家规定的总量控制污染物的排放情况。目前国家规定实施总量控制的污染物为 As、Cd、Hg、Pb、CN^-、Cr、COD、石油类、SO_2、烟尘、粉尘、固体废弃物排放量，根据各排污口的流量和监测的浓度，计算并以表列出建设项目污染物年产生量和年排放量。对改扩建项目还应根据环境影响报告书列出改扩建工程原有排放量和根据监测结果计算改扩建后原有生产设施现在的污染物产生量排放量。

（2）验收监测结论与建议

① 结论。根据验收监测的检查和测试结果进行分析评价，按执行制度、废水、废气排放源及其相应的环保设施、厂界噪声、工业固（液）废物、无组织排放源、监测厂区附近的环境质量监测和环境生态状况调查，给出验收监测的综合结论（主要以污染物达标排放、以新代老、总量控制执行情况、执行国家对建设项目环境管理有关制度和环境保护行政主管部门的有关要求进行说明）。

② 建议。根据现场监测、检查结果的分析和评价，在结论中明确指出存在的问题，提出需要改进的设施或措施建议等，可根据以下几个方面的问题提出合理的整改意见和建议：环保设备对污染物的处理效率及污染物的排放未达到原设计指标和要求；环保设备对污染物的处理效率和污染物的排放未达到设计时的国家或地方标准要求；环保设备对污染物的处理效率和污染物的排放未达到现行有效的国家或地方标准；环保设备及排污设施未按规范完成；环境保护敏感目标的环境质量未达国家或地方标准要求或存在的扰民现象；固废处理或综合利用、环境绿化、生态或植被恢复等未达到环境影响报告书（表）及其批复或初步设计的要求；国家规定实施总量控制的污染物排放量超过有关环境管理部门规定或核定的总量等。

任务二 建设项目竣工环境保护验收技术规范——制药

一、验收技术工作程序和内容

制药建设项目竣工环境保护验收技术工作，包括准备阶段、编制验收技术方案阶段、实施验收技术方案阶段和编制验收技术报告（表）阶段四个阶段。验收技术工作程序见图 6-2。

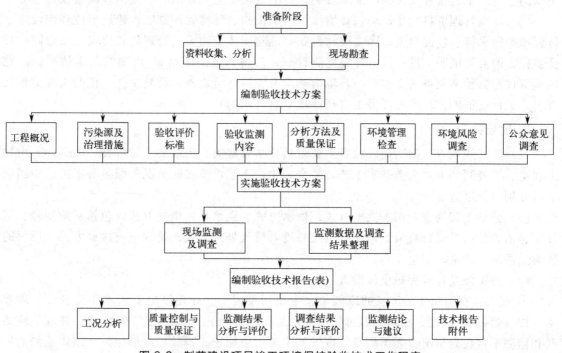

图 6-2 制药建设项目竣工环境保护验收技术工作程序

1. 准备阶段

资料收集、分析，现场勘查等。

2. 编制验收技术方案阶段

在查阅相关资料、现场勘查的基础上确定验收工作范围、验收评价标准、验收监测及验收调查内容。

3. 实施验收技术方案阶段

依据验收技术方案确定的工作内容进行监测及调查。

4. 编制验收技术报告阶段

汇总监测数据、检查及调查结果，分析评价得出结论，以验收技术报告书（表）形式反映建设项目竣工环境保护验收监测、调查的结果，作为建设项目竣工环境保护验收的技术依据。

二、验收准备阶段的技术要求

1. 资料收集

（1）文件报告资料　建设项目环境影响评价文件及各级生态环境保护主管部门的审批意见；建设项目设计和施工中的变更情况及相应的批复文件；建设项目初步设计（环保篇）；建设项目立项批复、试生产意见（取消试生产意见的除外）等。

（2）图件资料　建设项目地理位置图、厂区总平面布置图（应标注有主要污染源位置和厂区周边环境情况、排水管网、环境敏感点分布等）、项目所在地风向风玫瑰图、物料及水平衡图、生产工艺流程及污染产生示意图、污染处理工艺流程图、主要治理设施设计图等。

（3）环境管理资料　建设单位环境保护组织机构、环境管理制度；建设单位环保设施运行台账；污水接管佐证材料；固体废物台账、危险固体废物委托处理处置协议（或合同）及受委托方的资质证明文件；日常环境监测计划；环境风险防范措施/设施的落实情况，突发环境事件应急预案及备案文件；与环境敏感点有关的许可文件、批复文件、证明文件等相关资料，如拆迁证明；环境监理报告（环评批复有要求的）。

2. 现场勘查

（1）生产线勘查　制药建设项目主要包括化学合成类、提取类、发酵类、中药类、生物工程类、混装制剂类六大类基本工艺，复合式生产工艺可按实际情况参照各基本工艺中相应工段分别进行勘查。

（2）公辅工程勘查　调查供电方式；供水方式、供水量；供气方式，包括锅炉型号、蒸发量、锅炉数量及运行负荷、烟囱数量及高度，废气处理方式、处理量及排放方式，燃料的种类、质量、产地、用量。

（3）污染源及环境保护设施勘查

① 废气：有组织排放废气的废气量、主要污染因子、处理设施工艺流程及设计处理效率、排气筒数量/高度、相同类型排气筒间距、处理设施出入口、排气筒尺寸、规范化监测孔和监测平台设置情况。无组织排放废气的主要污染因子、排放控制措施，无组织监测的地理条件和气象条件。

② 生产废水和生活污水：排放量、主要污染因子及排放去向，污水处理站的建设规模和处理工艺；清污分流、雨污分流落实情况；污水回用情况，初期雨水收集、事故应急池建设情况和切换措施；废水排口规范化整治情况、在线监控的安装情况、日常运维管理情况。

③ 固体废物：一般固体废物的来源、种类、数量、处理处置去向。贮存场是否满足 GB 18599 的要求，处置场可能造成的土壤、地下水二次污染，环境保护敏感点的确定。危险固体废物的来源、种类、数量、处理处置去向和危险废物转移联单。贮存场是否符合 GB 18597 的要求。若项目配套建设危险废物处置设施，还应按照 HJ 2025 等相关技术规范检查其处理工艺、防渗措施、运行管理情况等内容。

④ 噪声：噪声来源、噪声控制设施/措施；声源在厂区平面布置中的具体位置及与厂界

外噪声保护敏感目标的距离。

三、验收监测内容

1. 监测期间工况要求

以文字或表格形式叙述现场监测期间企业生产情况、实际产量、设计产量、生产或运行负荷率（以主产品产量考核生产负荷）；环境保护设施设计处理污染物量、实际处理污染物量、处理负荷率。

2. 验收监测的内容

制药建设项目验收监测内容主要依照以下几个方面进行：

① 有组织废气排放监测，厂界无组织废气排放监测（同时记录风向、风速、气温、气压等气象参数及天气情况），废水车间及总排口污染物排放监测，项目雨排口监测，噪声监测；
② 废气净化设施处理效率的监测，污水处理设施及各主要处理单元处理效率的监测；
③ 单位产品排水量的核查；
④ 废水排入集中的污水处理厂的建设项目根据实际情况的需要对污水处理厂的进口、出口进行监测并对运行期间进口、出口数据进行收集和分析；
⑤ 受建设项目影响的环境敏感目标的环境质量监测（环境批复有要求时）；
⑥ 环境影响评价文件批复中需现场监测数据评价的项目和内容及总量控制指标的监测。

3. 监测点位

根据现场勘查情况及相关的技术规范确定各项监测内容的具体监测点位并绘制各监测点所在的厂区位置图、各监测点位的平面布设图；对于废气排气筒，应给出测点所在截面的几何尺寸。

对产污工艺相同、污染物排放因子也相同的多个排放口，可采用随机抽测的方式监测（随机抽测设施数量比例应不小于同样设施总数量的50%）。对于安全防护措施无法落实的排放口可不布点监测。

4. 监测因子

制药建设项目验收监测主要污染因子参考表6-1。

表6-1 制药建设项目验收监测主要污染因子一览表

污染源类型及其监测点位			监测污染因子
废气	有组织	化学合成类	
		化学合成工序	氯化氢、颗粒物、氨、非甲烷总烃、苯、甲苯、甲醛、二氯甲烷、三氯甲烷、四氯化碳、苯胺类、氯苯类、乙腈、四氢呋喃、二甲基甲酰胺、臭气浓度等
		精制工序	颗粒物、甲苯、甲醇、乙醇、甲醛、丙酮、非甲烷总烃等
		溶剂回收	甲苯、甲醇、乙醇、甲醛、丙酮、非甲烷总烃等
		提取类、中药类	
		粉碎前处理	颗粒物
		提取	甲苯、甲醇、乙醇、甲醛、丙酮、非甲烷总烃、臭气浓度等
		分离纯化	
		干燥	
		溶剂回收	
		发酵类	
		发酵工序	非甲烷总烃、臭气浓度、颗粒物等
		废菌渣烘干废气	非甲烷总烃、臭气浓度等
		精制工序	颗粒物、甲苯、甲醇、乙醇、甲醛、丙酮、非甲烷总烃等
		溶剂回收	甲苯、甲醇、乙醇、甲醛、丙酮、非甲烷总烃等

续表

污染源类型及其监测点位			监测污染因子
废气	有组织	生物工程类	制备	非甲烷总烃、臭气浓度
			扩大化	二氧化碳、乙醇、非甲烷总烃等
			分离纯化	颗粒物、氯化氢、氨、苯酚、环氧乙烷、乙腈、甲醛、非甲烷总烃、臭气浓度等
			溶剂回收	甲苯、甲醇、乙醇、甲醛、丙酮、非甲烷总烃等
			动物房	臭气浓度
		混装制剂类	粉碎、干燥	颗粒物、非甲烷总烃
		锅炉、焚烧炉废气		烟气黑度、烟尘、二氧化硫、氮氧化物等
		其他废气		按照排放标准要求及设计指标设监测因子
	无组织	污水处理站罐区或其他露天操作工艺		氨、硫化氢、臭气浓度、非甲烷总烃
		厂界上、下风向		甲苯、甲醛、丙酮、乙醇、非甲烷总烃等
废水	生产废水处理设施及各处理单元			按照排放标准要求及设计指标设监测因子,计算去除效率
	生活污水处理设施及各处理单元			按照设计指标设监测因子,计算去除效率
	车间或车间处理设施排口			流量、一类污染物(总汞、烷基汞、总镉、六价铬、总砷、总铅、总镍等)
	生活污水(如单独排放)排水口			pH、悬浮物、化学需氧量、动植物油、氨氮、总磷、总氮等
	总排放口	化学合成类		色度、化学需氧量、悬浮物、生化需氧量、挥发酚、总氰化物、氨氮、总氮、总磷、总铜、总锌、硫化物、氯化物、硝基苯类、苯胺类、二氯甲烷、总有机碳、急性毒性等
		提取类、中药类		色度、化学需氧量、悬浮物、氨氮、动植物油、生化需氧量、总氮、总磷、总有机碳、总氰化物、急性毒性等
		发酵类		色度、化学需氧量、悬浮物、氨氮、生化需氧量、总氮、总磷、总有机碳、总氰化物、氯化物、急性毒性、总锌等
		生物工程类		色度、化学需氧量、悬浮物、氨氮、生化需氧量、动植物油、挥发酚、总氮、总磷、甲醛、乙腈、总余氯、粪大肠菌群、总有机碳、急性毒性等
		混装制剂类		悬浮物、化学需氧量、悬浮物、氨氮、生化需氧量、总氮、总磷、总有机碳、急性毒性等
	集中式污水处理厂的进出口(根据实际情况需要时)			色度、化学需氧量、悬浮物、生化需氧量、挥发酚、总氰化物、氨氮、总氮、总磷、总铜、总锌、硫化物、氯化物、硝基苯类、苯胺类、二氯甲烷、总有机碳、急性毒性等
	雨排及清下水排口			pH、化学需氧量、石油类、总有机碳等
噪声	厂界噪声			等效连续A声级
	敏感点噪声			等效连续A声级
其他	要求核查的工艺参数			水循环利用率

注:1. 因制药行业化学品种类多,表中所列主要污染物及监测因子应结合项目工艺种类、产污特点,针对原辅材料、稳定中间体、产品所涉及的特征因子,参考环评报告和相关排放标准,根据实际情况确定。

2. 表中所列其他废气,主要指产生二次污染、易扰民的污染源所排放的废气,应结合产污特点,根据项目实际建设情况确定,如污水处理站有组织废气、废菌渣烘干废气等。

3. 废气无组织排放源厂界布点原则根据 HJ/T 55 进行。

4. 雨排口仅在有流动水时采样。

5. 厂界噪声布点原则:根据厂内主要噪声源距厂界位置布点;根据厂界周围敏感点布点;"厂中厂"原则上不布点;面对海洋、大江、大河的厂界原则上不布点;厂界紧邻交通干线原则上不布点。

6. 以上敏感点或敏感目标指按国家和地方法律法规规定及环评审批文件规定需重点关注的区域或目标。

实训操作：建设项目竣工环境保护验收监测方案设计

建设项目竣工环境保护验收监测方案示例
××污水处理工程（一期）
竣工环境保护验收监测方案

承担单位：××××××
项目负责：××××
方案编写：××××
审　　核：××××
审　　定：××××

1. 建设项目概况

（1）地理位置　××市地处××江以南，××山西麓，位于××省中部偏北，北纬××°22′～××°29′和东经××°53′～××°32′之间。东靠××县，南邻××，西接××，北毗××，东北和××县接壤。市域南北长70km，东西宽63km，总面积为×××km^2，该污水处理厂位于××市区以北，××江与××铁路之间，××江汇合处以北约1500m处。

（2）地形、地貌　略。

（3）水文气象　略。

（4）工程基本情况

采用改良型氧化沟工艺，其设计处理能力达×万吨/天，主要设施包括粗格栅、进水泵房、细格栅、旋流式沉砂池、厌氧池、氧化沟、二沉池、污泥泵房、出水泵房、污泥脱水机房。厂区平面布置图略，污水处理工艺流程详见图6-3。

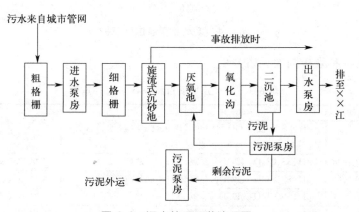

图6-3　污水处理工艺流程图

设计进水水质指标为COD_{Cr}，300mg/L；BOD_5，120mg/L；SS，160mg/L；NH_3-N，35mg/L；T-P，4mg/L。

设计进水水量：×万吨/天，污水停留时间：12.8h。

设计出水水质指标为：COD_{Cr}，≤60mg/L；BOD_5，≤20mg/L；SS，≤20mg/L；

NH_3-N，≤15mg/L；T-P，≤0.5mg/L。

(5) 主要污染源及环保设施

① 污水。污水处理厂本身为污水治理的环保工程，处理对象为××城市生活污水和工业废水，目前主要为生活污水，工程运行过程本身亦产生一些废水，主要包括厂区内生活污水、雨排水及处理构筑物排出的废水，均进厂区污水处理系统一并处理，污水处理厂污水处理后排往××江，事故排放废水亦排至××江。

② 废气。污水处理工程大气污染物主要为恶臭，主要排放点为氧化沟、沉砂池、沉淀池和污泥脱水机房，排放方式为无组织面源排放。

③ 噪声。污水处理厂的噪声主要来源于鼓风机房的鼓风机和污水泵房的各类水泵，平均声功率级见表6-2。

表6-2 设备噪声声功率级

设备名称	离心鼓风机	污水泵	潜污泵	空气压缩机
声功率级/dB(A)	95～105	95～100	70～80	95～105

④ 固废。该工程固废主要为栅渣、曝气沉砂池分离出的沉砂、污泥和厂区生活垃圾，共计3653吨/年，均外送垃圾填埋厂处理。

2. 竣工验收监测内容

(1) 废水 废水监测点见图6-4。

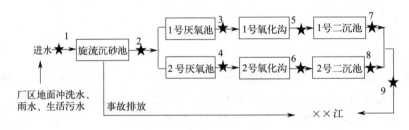

★ 监测点位

图6-4 废水监测点位示意图

废水分析项目和采样频次见表6-3。

表6-3 废水分析项目和采样频次一览表

测点号	点位名称	分析项目	采样频次
1	旋流沉砂池进口	pH、SS、色度、COD_{Cr}、BOD_5、硫化物、氨氮、油、LAS、总氮、总磷、六价铬、总砷、挥发酚、TOC	6次/天，采2天
2	旋流沉砂池出口	pH、SS、COD_{Cr}、BOD_5、总氮、NH_3-N、总磷	3次/天，采2天
3	1号厌氧池出口	pH、SS、COD_{Cr}、BOD_5、总氮、NH_3-N、总磷	3次/天，采2天
4	2号厌氧池出口	pH、SS、COD_{Cr}、BOD_5、总氮、NH_3-N、总磷	3次/天，采2天
5	1号氧化沟出口	pH、SS、COD_{Cr}、BOD_5、总氮、NH_3-N、总磷	3次/天，采2天
6	2号氧化沟出口	pH、SS、COD_{Cr}、BOD_5、总氮、NH_3-N、总磷	3次/天，采2天
7	1号二沉池出口	pH、SS、COD_{Cr}、BOD_5、总氮、NH_3-N、总磷	3次/天，采2天
8	2号二沉池出口	pH、SS、COD_{Cr}、BOD_5、总氮、NH_3-N、总磷	3次/天，采2天
9	总排口	pH、SS、色度、COD_{Cr}、BOD_5、硫化物、氨氮、油、LAS、总氮、总磷、六价铬、总砷、挥发酚、TOC	6次/天，采2天，其中COD_{Cr}、氨氮、总氮、总磷、TOC每2小时采一次样，一天采12次，采2天

(2) 地表水　地表水监测断面详见图6-5。

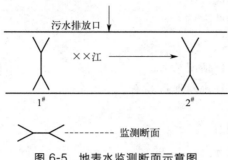

图 6-5　地表水监测断面示意图

地表水分析项目和采样频次见表6-4。

表 6-4　地表水分析项目和采样频次一览表

测点号	断面名称	分析项目	采样频次
1	排污口上游约500米	水温、pH、COD_{Mn}、COD_{Cr}、NH_3-N、BOD_5、Cr^{6+}、石油类、DO、挥发酚、TP	2次/天，2天
2	排污口下游约500米	水温、pH、COD_{Mn}、COD_{Cr}、NH_3-N、BOD_5、Cr^{6+}、石油类、DO、挥发酚、TP	2次/天，2天

(3) 废气无组织排放　在厂界上、下风向侧分别设1个和3个监测点，监测NH_3和H_2S的无组织排放浓度。每天每个测点采样4次（上、下午各2次），测2天。

(4) 噪声

① 设备噪声：对该工程主要噪声源设备进行测量，测试各类潜水泵和离心浓缩、脱水等设备的噪声，每台设备测试一次。

② 厂界噪声：围绕污水处理厂厂界设8个测点，北庄污水提升泵站设1个测点，监测厂界噪声，每个测点分别在白天、夜间各测量一次，测量2天。

③ 敏感点噪声：距污水处理厂厂界15米范围内有居住点，在居民居住处设1个噪声敏感点进行监测；在北庄污水提升泵站设2个噪声敏感点进行监测，白天监测2次，夜间监测1次，每次测量20分钟，连续测量2天。

(5) 污泥　在污泥压滤机出口采集2个污泥样，分析项目为铜、锌、砷、pH、含水率。

(6) 监测分析方法和质量保证　略。

3. 监测依据

略。

4. 验收监测目的

通过现场调查和监测，评价经处理后排放的废水是否达到国家有关排放标准；评价该项目产生的噪声、废气是否达到国家有关标准的要求；废水处理工程建设、运行情况及处理效率是否达到设计要求；该项目环评批复意见的落实情况；检查项目环境管理情况；检查排污口是否规范，提出存在问题及对策措施。

5. 评价标准

略。

6. 环评主要结论与建议及环评批复意见

(1) 环评主要结论与建议　略。

(2) 环评批复意见　详见附件。

7. 环境管理检查

(1) 环保设施运行及维护情况检查。

(2) 环保机构设置及管理规章制度检查。

(3) 环境绿化情况。

(4) 固体废弃物处置情况。

(5) 环评批复的落实情况。

8. 经费预算

经费预算见表 6-5。

表 6-5　验收监测经费预算表

项目		费用/万元
前期踏勘及方案编制		×
监测费	废水采样、分析及流量测算	×
	地表水采样、分析	×
	废气无组织排放监测	×
	噪声	×
	污泥监测	×
报告编制及打印		×
交通差旅费		×
税金（以上几项的 5.5%）		×
总计		×

思考与练习

一、单选题

1. 验收监测应在工况稳定、生产负荷达到设计能力（　　）的情况下进行。

A. 50%以上　　　B. 75%以上　　　C. 85%以上　　　D. 95%以上

2. 关于环境保护设施竣工验收的说法，正确的是（　　）。

A. 环境保护设施未经竣工验收，主体工程投入使用的，由环境保护行政主管部门责令停止使用

B. 需要进行试生产的建设项目，环境保护设施应当在投入试生产前申请竣工验收

C. 分期建设、分期投入生产或者使用的建设项目，其相应的环境保护设施应当同时验收

D. 建设项目投入试生产超过 3 个月，建设单位未申请环境保护设施竣工验收的，应当处 10 万元以下的罚款

3. 在建设项目环境保护设施竣工验收中，采用随机抽样方法进行检测，随机抽测的比例不小于总数的（　　）。

A. 40%　　　　　B. 50%　　　　　C. 65%　　　　　D. 80%

4. 建设项目竣工环境保护验收时，验收监测数据应经（　　）审核。

A. 一级　　　　　B. 二级　　　　　C. 三级　　　　　D. 四级

二、多选题

1. 竣工验收的分析评价方法一般包括（　　）。

A. 类比分析法

B. 列表清单法

C. 指数法与综合指数法

D. 生态系统综合评价法

2. 建设项目竣工验收调查方法包括（　　）。

A. 文件核实

B. 现场踏勘

C. 现场监测

D. 生态监测

E. 公众意见调查

F. 遥感调查

三、简答题

1. 验收监测的主要工作内容是什么？
2. 验收监测污染因子的确定原则有哪些？
3. 简述验收调查报告编制的技术要求。

项目七

环境监测质量保证

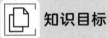 **知识目标**

1. 掌握环境监测报告编写的方法;
2. 了解不确定度评定与分析。

 能力目标

1. 学会编制环境监测报告;
2. 学会简单的不确定度评定方法。

 素质目标

1. 培养细致认真的工作态度;
2. 培养遵守规章、严格按程序办事的理念。

从质量保证和质量控制的角度出发，为使监测数据能够准确地反映水环境质量的现状，要求环境监测数据具有代表性、准确性、精密性、可比性和完整性。环境监测结果的"五性"反映了对监测工作的质量要求。

① 代表性：指在具有代表性的时间、地点，并按规定要求采集的有效样品。所采集的样品必须能反映水质总体的真实状况。所以在采样时要充分考虑所测污染物的时空分布。

② 准确性：指测定值与真实值的符合程度。监测数据的准确性受从试样的现场固定、保存、传输，到实验室分析等环节的影响。一般用通过对标准样品的分析来了解分析准确度。

③ 精密性：精密性和准确性是监测分析结果的固有属性，必须按照所用方法的特性使之正确实现。精密性表现为测定值有无良好的重复性和再现性。可通过对同一样品进行平行测定。

④ 可比性：指用不同测定方法测定同一样品的某污染物，所得结果的吻合程度。

⑤ 完整性：完整性强调工作整体规划的切实完成，即保证按预期计划取得有系统性和连续性的有效样品，获得这些样品的监测结果及相关信息。

环境监测是环境保护的眼睛，而环境监测数据是环境监测的重要产品，数据的精密性和准确性主要体现在实验室分析测试方面，代表性、完整性主要体现在优化布点、样品采集、保存、运输和处理等方面，而可比性又是代表性、精密性、准确性、完整性的综合体现，只有前四者具备了，才有可比性而言。

任务一 环境监测报告编写

一、环境监测报告的编写程序

1. 环境监测报告的种类

（1）法定监测报告　法定监测报告分为数据型和文字型两种。数据型报告是指根据监测原始数据编制的各种报表、软盘等；文字型报告是指依据各种监测数据及综合计算结果进行文字表述为主的报告。

法定监测报告按内容和周期分为环境监测快报、简报、月报、季报、年报、环境质量报告书及污染源监测报告。如：中国环境监测总站发布的《全国地表水水质月报》《空气质量状况报告》《声环境报告》等，以及各地方环境监测站发布的地表水、空气质量、声环境报告等。

（2）有资质的第三方检测机构出具的具有法律效力的监测报告　指检机构依据相关标准或技术规范，利用仪器设备、环境设施等技术条件和专业技能，对产品/样品进行检测，得出检测数据、结果后，出具的书面（或其他形式）证明。

2. 环境监测报告的编写程序

监测报告编写原则：①各类检查报告必须实事求是、准确可靠、数据真实、判定正确；②报告及时，保证报告的时效性；③必须运用科学的理论、方法和手段；④表述应统一、规范，内容、格式应符合标准和规范的要求；⑤要容易被社会各界接受和利用，使其尽快发挥作用。

监测报告均须经过校核、审核、批准严格的三级审核程序。监测报告一般由主要检测人员或专人编写，报告编制人负责录入现场采样（或监测）信息、录入方法、检出限、设备相关信息、原始分析数据，编制报告。监测报告编写完成后，由技术负责人或业务室主任负责对报告进行审核。最后由授权签字人负责批准，重点把握报告总体结构、结论等综合情况。

监测报告审核的内容：①监测报告编制所依据的各种原始记录和单据的完整性；②监测报告与原始记录的一致性；③采用检测依据的适用性和有效性；④测量所用设备的适用性和有效性；⑤监测报告形式和内容的完整性和正确性；⑥原始记录的规范性和完整性，采样具体信息、实验室分析原始数据录入是否完整、正确；⑦检测结论和单项检测结论的正确性、一致性；⑧报告唯一性标识、方法检出限、监测数据的合理性、项目数据之间的逻辑性；⑨质量控制措施是否按要求落实，质控结果是否达到要求；⑩分析方法是否合理，质控报告表填报是否符合规范。

监测报告批准应检查的内容：①检查报告是否经过了审核。②报告内容的完整性和符合性。③检测结果的合理性和检测结论的正确性，如饮用水中溶解氧低于 $3mg/L$，就要考虑数据的合理性，可能是采样、监测分析或数据计算时出现了错误，一般情况下溶解氧低于3mg/L鱼都难以存活；数据相关性是对有相关性的监测项目、监测指标的合理性进行判定，如：监测项目中总氮＞硝酸盐氮＋氨氮、化学需氧量＞高锰酸盐指数≈生化需氧量的关系等；水质监测中透明度、悬浮物、浊度三者的对比关系；天然水体中电导率乘以因数（一般为0.55~0.7）得出溶解性总固体（mg/L）的理论值，与实测值进行比较；海水中电导率和盐度可以用经验公式验算；氟化物与总硬度负相关；等等。④报告审核人员提出的需要在报告批准中裁定的问题。⑤判断标准是否恰当，判断项目名称、监测分类是否恰当，判断报告编制格式是否合格。⑥报告批准人认为有必要检查的其他内容。

二、环境监测报告的格式和内容

1. 格式

报告一般由封面、声明页、首页、数据页四部分组成，每部分内容宜独立成页，必要时可添加附件页。栏目内字符间不留不必要的空格。文字采用国务院正式公布、实施的简化汉字。不确定、不适用或不选择栏目内容统一填写"——"或"/"，不得空白。

2. 内容

（1）监测报告应包含下列信息：

① 报告标题及其他标志。

② 检测性质（委托、监督等）。

③ 报告编制单位名称、地址、联系方式、编制时间，采样（监测）现场的地点（必要时）。

④ 检验检测的地点（如果与检验检测机构的地址不同）。

⑤ 委托单位（或受检单位）的名称、地址、联系方式。

⑥ 检测目的、检测依据（依据的文件名和编号）。

⑦ 样品的描述、状态和明确的标识（样品名称、类别和监测项目等必要的描述），若为委托样，应特别予以注明。

⑧ 样品接收和测试日期。

⑨ 需要时，列出采样与分析人员，检测所使用的主要仪器名称、型号及品牌。

⑩ 检测结果：按检测方法的要求报出结果，包括检测值和计量单位等信息。

⑪ 报告编制人员、审核人员的签名，授权签字人的姓名、职务、签字或等效的标识和签发日期。

⑫ 检测委托情况（委托方、委托内容和项目等）。

⑬ 检验检测结果的测量单位（适用时）。

⑭ 标注资质认定标志，加盖检验检测专用章（适用时），报告有多页时还应加盖骑缝章。

⑮ 未经检验检测机构书面批准，不得复制（全文复制除外）检验检测报告或证书的声明。

⑯ 需要时（如接受委托送检的），应注明检测结果仅对样品或批次有效的声明。

⑰ 报告统一编号（唯一性标志）、总页数和页码、每一页上的标识，以确保能够识别该页是属于监测报告或证书的一部分，以及表明监测报告或证书结束的清晰标识；报告编号见

图 7-1，报告编号用"No:"表示，第一部分表示机构名称，用汉语拼音字母缩写表示，字母数不少于四位；第二部分表示 4 位数字的年代号；第三部分为流水号，位数由机构自定；第四部分表示专业领域类别代码，按照 RB/T 213—2017 附录 A 中专业领域类别代码确定，如环保为 12、水质为 13 等；封面、声明页一般不加页码；报告宜有总页数和本页数，以"第×页共×页"表示；"第×页"：首页为第 1 页，以下各页依次排列；"共×页"：首页、数据页、附件页的总页数。

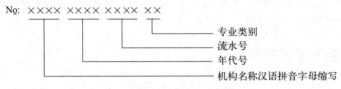

图 7-1 报告编号示意图

(2) 其他内容 当需对检测结果做出解释时，监测报告中还应包括：①对检测方法的偏离、增添或删减，以及特殊检测条件（如环境条件的说明）；②当委托单位（或受检单位）有特殊要求时，或当不确定度与检测结果的有效性或应用有关，或当不确定度影响到对规范限度的符合性时，应包括测量不确定度的信息；③相关时，符合（或不符合）要求、规范的声明；④需要时，提出其他意见和解释；⑤特定方法、委托单位（或受检单位）要求的附加信息。

对含采样结果在内的监测报告，还应包括：①采样日期；②采集样品的名称、类别、性质、清晰标识（适当时，包括制造者的名称、标示的型号或类型和相应的系列号）和监测项目；③采样地点（必要时，附点位布置图或照片）；④采样方案或程序的说明等；⑤若采样过程中的环境条件（如生产工况、环保设施运行情况、采样点周围情况、天气状况等）可能影响检测结果时，应附详细说明；⑥列出与采样方法或程序有关的标准或规范，以及对这些规范的偏离、增添或删减时的说明；⑦需要时，增加项目工程建设、生产工艺、污染物的产生与治理介绍等。

当监测报告或证书包含了由分包方所出具的检测结果时，这些结果应予清晰标明。分包方应以书面或电子方式报告结果。

报告中还应包括检测全过程质量控制和质量保证情况（质量保证措施和质量控制数据的统计结果和结论等）、有关图表和引用资料、必要的建议等。

监测报告或证书签发后，若有更正或增补应予以记录。修订的监测报告或证书应标明所代替的报告或证书，并注以唯一性标识。

检测机构应当对检测原始记录、报告、证书归档留存，保证其具有可追溯性。检测原始记录、报告、证书的保存期限不少于 6 年。

3. 结果表示

(1) 效位数和小数点 监测报告中的数据记录极其重要，要特别注意数据的有效位数和小数点位数的适当性。对于原始数据，除有效位数第一位为 1 的数据以外，所有原始数据有效位数最多保留 4 位；对于计算结果，标准方法对结果表示的有效位数和小数点位数有规定的，从其规定；标准方法对结果表示的有效位数和小数点位数没有规定时，计算结果的小数点位数不得多于检出限规定值的小数点位数，没有规定检出限但规定了测定下限的,计算结果的小数点位数不得多于测定下限规定值的小数点位数多1位,计算结果的有效位数不得多于测定上限规定值叠加测定下限规定值的小数点位数所具有的有效位数,且除氨氮、酸度、碱度等少量项目外最多为3位。常见环境监测项目测定结果的有效位数、小数点位数见表7-1。

表7-1 常见环境监测项目测定结果的有效位数、小数点位数

监测项目	分析方法/标准号	最低检出浓度(量)	有效位数最多位数	小数点后最多位数
水温	温度计法/GB 13195—91	0.1℃	3	1
浊度	分光光度法/GB 13200—91	3度	3	0
	目视比浊法/GB 13200—91	1度	3	1
pH	电极法/HJ 1147—2020	0.1	2	2
悬浮物	重量法/GB 11901—89	4mg/L	3	0
总硬度	EDTA滴定法/GB 7477—87	0.05mol/L	3	2
溶解氧	碘量法/GB 7489—87	0.2mg/L	3	1
	电化学探头法/HT 506—2009	—	3	1
高锰酸盐指数	高锰酸钾法/GB 11892—89	0.5mg/L	3	1
化学需氧量	重铬酸钾法/HJ 505—2009	5mg/L	3	0
生化需氧量	稀释与接种法/GB 7488-87	2mg/L	3	1
氨氮	纳氏试剂法/HJ 535—2009	0.025mg/L	4	3
	蒸馏和滴定法/HJ 537—2009	0.2mg/L	4	2
	水杨酸分光光度法/HJ 536—2009	0.01mg/L	4	3
总磷	钼酸铵分光光度法/GB 11893—89	0.01mg/L	3	3
氯化物	硝酸银滴定法/GB 11896—89	2mg/L	3	0
硫酸盐	重量法/GB 11899—89	10mg/L	3	0
镉	火焰原子吸收法/GB 7475—87	0.05mg/L	3	2
	双硫腙分光光度法/GB 7471—87	1μg/L	3	1
六价铬	二苯碳酰二肼分光光度法/GB 7467—87	0.004mg/L	3	3
铜	火焰原子吸收法/GB 7475—87	0.05mg/L	3	2
汞	冷原子吸收分光光度法/HJ 597—2007	0.1μg/L	3	2
	双硫腙分光光度法/GB 7469—87	2μg/L	3	1
铁	火焰原子吸收法/GB 11911—89	0.03mg/L	3	3
	邻菲罗林分光光度法/HJ/T 345—2007	0.03mg/L	3	3
铅	火焰原子吸收法/GB 7475—87	0.2mg/L	3	2
	双硫腙分光光度法/GB 7470—87	0.01mg/L	3	3
锌	火焰原子吸收法/GB 7475—87	0.02mg/L	3	3
	双硫腙分光光度法/GB 7472—87	1μg/L	3	1
钾	火焰原子吸收法/GB 11904—89	0.03mg/L	3	2
钠	火焰原子吸收法/GB 11904—89	0.010mg/L	3	3
钙	火焰原子吸收法/GB 11905—89	0.02mg/L	3	3
	EDTA滴定法/GB 7476—87	1.00mg/L	3	2
镁	火焰原子吸收法/GB 11905—89	0.002mg/L	3	3
	EDTA滴定法/GB 7476—87	1.00mg/L	3	2

注:小数点后最多位数是根据最低检出浓度(量)的单位选定的,如单位改变其相应的小数点后最多位数也随之改变。

(2) 检出限、测定下限、测定上限 监测报告的结果表示问题主要集中在小于测定下限(同"检测限""定量限"等,以下均表述为"测定下限")和检出限时如何表示,此时应该认真查找相关行业规范的规定,按相关规范执行,如在环境行业里,在地表水、污水、地下水等监测报告中,当测定结果在检出限(或最小检出浓度)以上时,报实际测得结果值,当

低于方法检出限时，报所使用方法的检出限值，并在其后加标志位 L；而在土壤监测报告中，低于分析方法检出限的测定结果以"未检出"报出；在《环境监测质量管理技术导则》（HJ 630—2011）中则要求"监测结果低于方法检出限时，用'ND'表示，并注明'ND'表示未检出，同时给出方法检出限值"。

结果表示的适用原则是：在环境行业的具体领域有规范规定的可从其规定，也可以统一按《环境监测质量管理技术导则》适用；在其他行业有规范规定的从其规定，如饮用水检测中，对于低于测定方法最低检测质量浓度（测定下限）的测定结果，报告者应以所用分析方法的最低检测质量浓度报告检测结果，如 $<0.005\mathrm{mg/L}$ 等；相关行业规范没有规定时，可以参照相近行业的规范执行，并可在检测报告中予以说明或留底备查；也可参照以下方法处理：

① 计算结果小于检出限的报告"未检出"并给出检出限，未规定检出限但规定了测定下限，则可以测定下限值的 1/4 为检出限；

② 计算结果不小于检出限但小于测定下限的，可报告为"$<\times\times.\times\times$"（$\times\times.\times\times$ 为测定下限）；

③ 计算结果不小于测定下限的报告具体数值，未规定测定下限但规定了检出限的，则可以检出限值的 4 倍为测定下限，但微生物计数法测定下限与检出限一致；

④ 计量检定合格的仪器测定结果直接显示"未检出"等表示低于仪器检出限的，报告"未检出"，同时给出仪器检出限，并予以说明。

当规范中检出限、测定下限、测定上限规定不明确时的辅助判断方法：①所有规定中的高值均为测定上限。②标准方法表述为"适用××到××"等，或将高值与低值写在一句话中表示范围的，低值为测定下限，高值为测定上限。③检出限一般接近分析方法中的最小绝对误差 2～3 倍所对应的理论计算值，当低值与之相近时为检出限；在滴定法中与滴定绝对误差 0.02mL 或最小液滴体积 0.05mL 所对应的理论计算值接近；在分光光度法中可按校正吸光度 0.01 所对应的浓度值为检出限；仪器分析中可按信噪比的 2～3 倍确定。④测定下限在分光光度法中可按校正吸光度 0.02 所对应的含量或质量浓度确定，常常对应标准溶液最低含量（不是零浓度）。

实训操作：环境监测报告编制

监测报告的格式具体要求如下：

1. 封面

（1）封面一般由标志、标题、报告编号、产品/样品名称、委托单位、检验检测类别、机构名称等内容组成，必要时可添加生产单位等内容。

（2）标志的使用应符合资质认定部门的规定。

（3）标题宜位于标志区的下方。

（4）报告编号宜位于标题的下方。

（5）产品/样品名称应填被检样品、物品（对象）的名称，该名称填写应与产品标准名称或标识（商品）名称相一致，不得使用简称（写）、俗名。如需说明，可在名称之后用括号加以说明。

（6）委托单位也称委托方，是对样品进行委托检验检测的组织或自然人，应填写该组织全称或委托人姓名，必要时可在报告备注栏内注明委托人的证件类型和证件号。

（7）检验检测类别一般分为监督检验和委托检验检测；有特殊要求的从其规定。

（8）机构名称应填获取资质认定的机构全称。

（9）生产单位宜填样品的制造、加工单位，按样品本体或包装、标签、质量证明、说明书上明示并经确认的名称填写全称，未明示但经确认的亦可按确认名称填写，生产单位信息未明示且不能确认时填写"——"或"/"。

2. 声明页

声明页位于封面背面。

3. 首页

（1）内容及样式　首页宜包含基本信息、样品提供方信息、样品信息、抽样信息等内容。

（2）基本信息　基本信息宜包含如下内容：

① 机构名称应位于首页正上方居中位置；

② 标题应位于机构名称下方；

③ 报告编号；

④ 页码编号；

⑤ 检测类别；

⑥ 收样日期应填样品送达且被机构接收的日期；

⑦ 合同编号应填机构业务受理合同号，一个合同包含多个样品时，可加后缀以区别；

⑧ 检测日期宜填从检验检测开始到结束的时间段，包括对样品的状态条件等预处理时间，如 2020 年 01 月 01 日开始检验，2020 年 01 月 07 日结束检验，可填 2020.01.01～2020.01.07 或 2020-01-01～2020-01-07；

⑨ 检测项目中进行全部项目检验检测时，填写"全项"，进行部分项目检验检测时，如

项目较少，填写具体项目名称，如项目较多，可填写"××、××等 n 项"（其中 n 为实际检验检测项目数）；

⑩ 检测依据、判定依据及填写要求如表 7-2 所示；

表 7-2　检测依据、判定依据及填写要求

检测依据、判定依据	填写要求
现行有效的产品标准、方法标准，即国家标准、行业标准、地方标准、团体标准和企业标准	填写标准代号（含年代号）及名称； 检验检测依据为企业标准，须经确认后与报告一并归档； 采用已作废或被替代的标准时，宜在报告首页的"备注"栏予以说明。例如："本检验检测依据的标准被××标准替代，客户要求按此作废标准检测"
正式发布的技术文件、文献或特殊的法律、法规规定，行政机关以文件等形式规定的检验、判定依据	采用现行有效版本
未经颁布实施的其他标准（如标准讨论稿、报批稿）、合同、图样、产品技术要求、产品说明书、实物样品及其他技术要求	未经颁布实施的标准（如标准讨论稿、报批稿）应注明其版本状态； 合同填写合同号及名称、图样填写"图样"、实物样品填写"实物样品"； 其他技术要求等文字资料尽可能注明版本号或年代号； 以上依据须经确认后与报告一并归档

⑪ 检测数据、结果应填具体的数据、结果或填写为"详见数据页"；

⑫ 签发日期应填报告批准人签发报告的时间，签发日期宜在批准人签发时手写填入或网上信息管理系统自动生成；

⑬ 批准、审核、编制/主检的姓名、签字或等效的标识。

(3) 样品提供方信息　样品提供方信息宜包含如下内容：

① 委托单位；

② 生产单位，必要时在生产单位一栏填写生产单位地址及联系电话；

③ 送样人应填将样品送到机构办理检验检测事项的人员。

(4) 抽样信息　抽样信息宜包含如下内容：

① 抽样人应填现场抽取样品的人员，当抽样人员不是机构人员时，应注明其所属单位；

② 抽样地点应填抽取样品时产品检验批的具体存放地点，内容详细、准确，可追溯；

③ 抽样基数应填参与抽样的单位产品总和，产品标准对抽样组批有规定时，应执行其规定；

④ 抽样日期应填抽取样品的时间，按实际时间如实填写，应与抽样单抽样日期一致；

⑤ 抽样依据/方法应填抽样所执行的标准、技术文件或合同商定的具体方法；

⑥ 抽样单编号按规定的编号规则填写。

4. 数据页

(1) 数据页应包含机构名称、标题、报告编号、页码编号、检验检测数据、结果的描述。

(2) 数据页中机构名称、标题、报告编号、页码编号填写要求同首页。

(3) 数据页通常情况宜用表格进行检验检测数据、结果的描述，表格内容包括：

① 序号；

② 检验检测项目；

③ 计量单位；

④ 标准（技术）要求；

⑤ 检验检测方法；

⑥ 抽样方案；

⑦ 检验检测数据、结果；

⑧ 不合格（品）数。

5. 附件页

（1）附件页应包含机构名称、标题、报告编号、页码编号和其他与报告相关的补充信息。

（2）附件页中机构名称、标题、报告编号、页码编号填写要求同首页。

（3）附件页中添加的补充信息为结果说明、意见和解释、机构从事抽样时完整充分的抽样信息。

（4）附件页中的信息可以是文字、图表、图片等多种形式。

6. 参考样式

委托检测报告封面可参考图 7-2，委托检测报告声明页可参考图 7-3，委托检测报告首页可参考图 7-4，委托检测报告数据页可参考图 7-5。

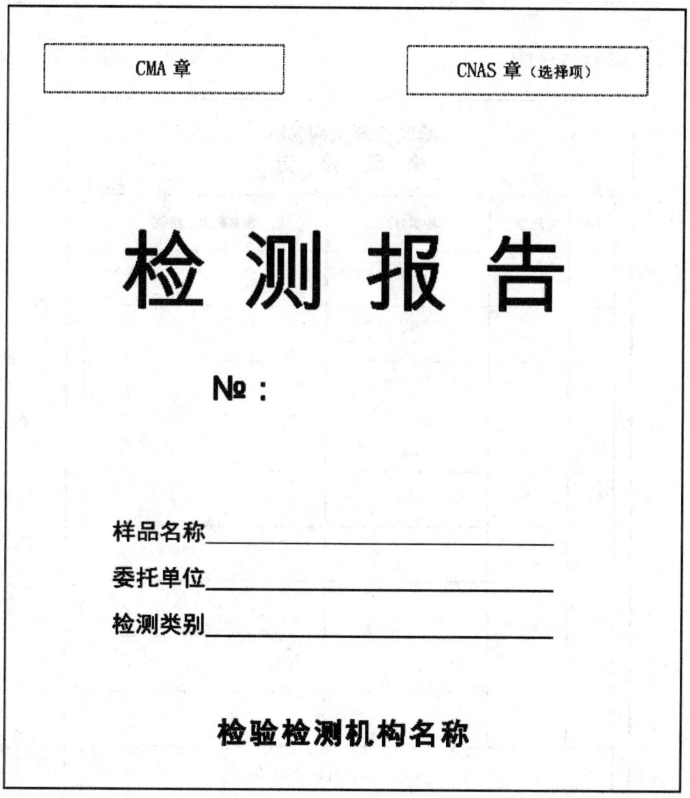
CMA 章

CNAS 章（选择项）

检 测 报 告

№：

样品名称____________________

委托单位____________________

检测类别____________________

检验检测机构名称

图 7-2　委托检测报告封面

声 明 事 项

1. 检测结果栏无"检验检测专用章/公章"、报告无骑缝章无效。部分复制或复制报告未重新加盖"检验检测专用章/公章"无效。
2. 报告无编制/主检、审核、批准签字无效。报告涂改无效。
3. 本报告及本机构名称未经同意，不得用于产品标签、包装、广告等宣传活动。
4. 本机构对检测数据、结果的准确性负责，委托方对所提供的样品及其相关信息的真实性负责。
5. 未经委托方许可，不向第三方泄漏委托方商业机密、技术机密。
6. 委托送样检测数据、结果仅对所检样品有效，不代表样品所属批次产品的质量。
7. 对检测报告若有异议，应于收到报告之日起××日内向本机构提出。
8. 本报告仅提供给委托方，本机构不承担其他方应用本报告所产生的责任。

地址：××××××
电话：区号-××××××× 传真：区号-×××××××
邮政编码：××××××
网址：××××××

图 7-3　委托检测报告声明页

检验检测机构名称
检 测 报 告

№：　　　　　　　　　　　　　　　　　　　第 1 页 共×页

样品名称		商　标	
型号规格		样品等级	
委托单位		检测类别	
生产单位		生产日期	
送 样 人		收样日期	
样品数量		原编号或批号	
样品状态描述		合同编号	
检测项目		检测日期	
检测依据			
检测数据、结果			
		（检验检测专用章/公章）	
		签发日期：　年　月　日	
备注			

批准：　　　　　审核：　　　　　编制/主检：

图 7-4　委托检测报告首页

检验检测机构名称
检 测 报 告

№：　　　　　　　　　　　　　　　　　　　第×页 共×页

序号	检测项目	检测方法	检测数据、结果
		以下空白	

图 7-5　委托检测报告数据页

任务二　环境监测不确定度评定与分析

国际上对于测量不确定度的定义为：表征合理地赋予被测量之值的分散性，与测量结果相联系的参数。此参数可以是标准偏差（或其给定倍数）或置信区间的半宽度等。测量不确定度通常包括很多分量。其中一些分量可由一系列测量结果的统计学分布评估得出，可表示为标准偏差；另一些分量可基于经验和其他信息确定的假设概率分布评估得出，也可以用标准偏差表示。很显然测量结果是被测量值的最佳估计值，不确定度所有的分量，包括那些系统效应所产生的分量（例如与校正和参照标准相联系的不确定度要素），都是分散性的成因。通常，对于一组给定的信息，测量不确定度是对应于所赋予被测量的值的，该值的改变将导致相应的不确定度的改变。

人们有时意识不到分析结果的变异性以及这种变异性有多大，特别是测定低浓度的被测量时。如：大部分定量分析结果以"$a\pm 2u$"或"$a\pm U$"的形式表示，其中"a"是对被测变量浓度真实值的最佳估计值（分析结果），"u"为68%置信水平的标准不确定度，而"U"（等于$2u$）为95%置信水平的扩展不确定度。"$a\pm 2u$"表示真实值落在这一范围内的置信水平为95%。分析者通常采用和报告的数值就是"U"或"$2u$"，通常被称为"测量不确定度"。因此，测量不确定度可视为报告结果值的上下变异程度，在判断扩展不确定度时将其量化为U，我们可以预期"真实"结果落在U的范围之内。

不确定度的定义重点在于分析人员相信能合理赋予被测量的值的范围。通常意义上，不确定度这一词汇与怀疑一词的概念接近。不确定度一词指与定义相关的参数，或是指对于一个特定值的认知的局限性。测量不确定度一词没有对测量有效性怀疑的意思，而是表明对测量结果有效性的信心的增加。

一、不确定度评定的方法

不确定度概念以规范的形式引入我国已经有30年，虽然我国现在还没有像国际上一样对所有测量结果都强制要求进行不确定度评定，但我国各类规范对特定条件下（如有效性、符合性、客户要求等）已经强制要求进行不确定度评定，部分领域（如校准领域等）已经全面强制要求进行不确定度评定，总之，未来全面进行不确定度评定是大势所趋。

简单地说，传统分析化学教材中通常用实验标准偏差来表征误差，但实际上实验标准偏差表征的是多个测得值之间的分散性，它只是合成标准不确定度的一个分量，以前的误差概念是基于正态分布、仅对重复测得值进行统计学计算得出的，而不确定度包含了所有能引起被测量之值的分散性的因素以及各种因素的不同概率分布；对应地，置信区间在统计学中也必须是在大量数据基础上的统计学计算结果，而不确定度除了可用统计学计算进行评估外、也可基于经验或其他信息设定概率分布来评估；与误差相应的准确度概念已经被新规范定义为定性描述概念、不再用确定的量值表示，而不确定度是一个参数、要用确定的量值表示。总之，测量结果存在分散性且分散性有不同的概率分布，因此传统分析化学的误差概念和统计学的置信区间概念都不能全面、合理地表征被测量之值的分散性。

评定不确定度必须建立在对测量过程全面、正确理解的基础之上，不确定度的评定只能在特定的测量过程中具体问题具体分析。

1. 被测量的表述

化学分析测定标准方法中都有明确的计算公式，通式为：

$$y = f(x_1, x_2, \cdots, x_i, f_1, f_2, \cdots, f_i, f'_1, f'_2, \cdots, f'_i)$$

被测量的表述

其中 y 是被测量（测定结果），x_i 是测得值，通常计算公式中的测得值 x_i 不能涵盖全部不确定度分量，因此引入虚拟的不确定度修正因子 f'_i 或修正系数 f_i，所有不确定度修正因子 f'_i 的期望为 0、所有不确定度修正系数 f_i 的期望为 1。修正因子的单位如果与被测量不同，则无法应用式(7-2)，只能应用修正系数及式(7-1)。

根据经验，化学分析中被测量的表述公式中一般只包含四则运算，可以简化为明确的形式：

$$y = A x_1^{A_1} x_2^{A_2} \cdots x_i^{A_i} f_1 f_2 \cdots f_i \tag{7-1}$$

或

$$y = A_1 x_1 + A_2 x_2 + \cdots + A_i x_i + f'_1 + f'_2 + \cdots + f'_i \tag{7-2}$$

其中：A 为常数，A_i 也为常数且简化为取值 1 或 -1。

某些 x_i 可能有次级计算公式，且该次级计算公式有确定的简化形式：

$$x_i = A_{i1} x_{i1} + A_{i2} x_{i2} + \cdots + A_{ij} x_{ij}$$

或

$$x_i = A x_{i1}^{A_{i1}} x_{i2}^{A_{i2}} \cdots x_{ij}^{A_{ij}}$$

将 A_{ij} 简化为只取值 1 或 -1。

总之，计算公式、次级计算公式或再次级计算公式都简化为一次变量的单纯加减或单纯乘除。

2. 识别不确定度来源

不确定度的来源包括（但不限于）所用的参考标准和参考物质、所用的方法和设备、环境条件、被检测或校准物品的性能和状态以及操作人员。在评定测量不确定度时，通常不考虑被检测和/或校准物品预计的长期性变化。识别不确定度来源是不确定度评定的关键点和难点，必须建立在对测量过程全面、正确理解的基础之上，并且只能在特定的测量过程中具体问题具体分析，尽量做到不重复、不遗漏。检测实验室在制订不确定度评定规则时，可

识别不确定度来源

以将所有可能的不确定度来源列表，针对每一个测量步骤对照该表逐项寻找、分析、确认不确定度来源。不确定度来源识别项目列表可将相关规范中已经列举出的项目作为必须识别的项目，同时根据常识、经验或专家研究结果等增加合适的识别项目。识别项目可以附加说明，用以判断识别项目在具体评定过程中是否需要应用、是否重复。不确定度来源识别项目可参考表 7-3。

表 7-3 不确定度来源识别项目

操作过程	识别项目	说明
描述被测量	定义不完全	
	均匀性	被测量不均匀性的不确定度
	稳定性	被测量不稳定性的不确定度
取样	样品代表性	
	取样方法	如随机、定向等
	样品移动	如运输导致密度改变
	物理状态	如固体、液体、气体
	温度和压力	
	取样过程	如在取样系统中吸附不同
	存储条件	
样品制备	均匀性	如制备后试份不均匀性的不确定度
	次级取样	如土壤样品制备后的分取
	干燥	
	粉碎	
	溶解	
	萃取	
	沾污	痕量分析尤为突出
	衍生	化学影响
	失活	生物样品
	稀释	
	富集	
测量用标准物质	标准物质本身	如工作基准物质纯度的不确定度
	匹配	标准物质与样品不完全一致的不确定度
仪器	仪器校准本身	如称量和容量器具检定本身就具有不确定度
	校准所用标准	如天平所用砝码
	匹配	样品与检定/校准用标准物质的不一致的不确定度
	仪器重复性	与测量重复性不同
	仪器参数设定	如火焰原子吸收中的积分时间参数
	控温器偏离	
	残留效应	
	分辨率	
	灵敏度	仪器内在的数学模型(校准模型)的不确定度
	仪器稳定性	
	噪声水平	
	仪器的偏倚	
	响应滞后	
分析测量	记忆效应	自动仪器的记忆效应
	本身的局限性	
	操作的影响	如颜色的盲区、视差和其他系统影响
	基体干扰	
	背景扣除	
	测量重复性	重复性实验的精密度
	随机影响	
	稳定性	样品/被分析物在测定过程中的稳定性
	回收率	
	测定条件	
	其他分析物	
	空白修正	
	操作人员	
	随机效应	
	环境条件	包括对环境条件的测量的不确定度

续表

操作过程	识别项目	说明
数据处理(计算影响)	估计值的获得	如噪声监测不是平均值
	引用的参数	如原子量
	数据修约	修约误差
	统计	
	近似和假设	如计算公式中假设的化学计量比与被测量不一致
	数学模型	或者说校准模型,如线性最小二乘法

3. 量化各组标准不确定度分量 u_i

在进行合成标准不确定度的计算时所有分量必须是标准不确定度或者相对标准不确定度的形式。

(1) 不确定度的 A 类评定 对被测量独立重复测量 n 次,通过所得到的一系列测得值,用统计分析方法获得实验标准偏差 $s(x)$,当用算术平均值 $\bar{x}$ 作为被测量估计值时:

$$u_A = u(\bar{x}) = s(\bar{x}) = s(x)/\sqrt{n}$$

不确定度的 A 类评定

$s(x)$ 的计算可以简化为四种方法:

① 贝塞尔公式法。公式如下:

$$s(x) = \sqrt{\frac{1}{n-1}\sum_{i=1}^{n}(x_i - \bar{x})^2}$$

② 极差法。一般在测量次数较少(少于 10 次)且测得值接近正态分布时采用。按下式计算:

$$s(x) = R/C$$

式中,R 是极差;C 是极差系数,极差系数见表 7-4。

表 7-4 极差系数 C

n	2	3	4	5	6	7	8	9
C	1.13	1.69	2.06	2.33	2.53	2.70	2.85	2.97

③ 合并标准偏差法。若有多次核查数据,为提高不确定度评定的可靠性可采用合并标准偏差[用 $s_p(x)$ 表示]替代实验标准偏差 $s(x)$。当测量过程处于统计控制状态,每次核查时的测量次数简化为相同次数 n,每次核查时的实验标准偏差为 s_j,共核查 m 次,则:

$$s_p(x) = \sqrt{\frac{\sum_{j=1}^{m} s_j^2}{m}}$$

$$u_A = s_p(x)/\sqrt{n}$$

④ 预评估重复性法。常规检测工作的受控状态,可预先对典型被测件的典型被测量值进行 n 次测量(一般 n 不小于 10),由贝塞尔公式计算出单个测得值的实验标准偏差 $s(x)$,即测量重复性。在对某个被测件进行不确定度评定时,可以只测量 n' 次($1 \leqslant n' \leqslant n$),并以 n' 次独立测量的算术平均值作为被测量的估计值,则:

$$u_A = s(x)/\sqrt{n'}$$

(2) 不确定度的 B 类评定 B 类评定的方法是根据有关的信息或经验,判断被测量的可

能值区间 $[\bar{x}-a, \bar{x}+a]$（a 是被测量可能值区间的半宽度），然后假设被测量之值的概率分布，根据概率分布和要求的概率 p 确定 k，则 B 类标准不确定度 u_B 按下式计算。

$$u_B = a/k$$

B 类评估的信息来源可来自：权威机构发布的量值；有证参考物质的量值；校准证书；检定证书；其他证书提供的数据；检测依据的标准；经检定的测量仪器的准确度等级；仪器的漂移；手册给出的参考数据的不确定度；生产厂提供的技术说明书测试报告及其他材料；以前测量的数据；根据人员经验推断的极限值；对有关材料和仪器特性的经验或了解；经验和一般知识等。

不确定度的
B 类评定

确定 a 的方法有：若信息来源给出了最大允许误差或误差限为 $\pm\Delta$，则 $a=\Delta$；若信息来源给出了扩展不确定度 U，则 $a=U$；若信息来源给出了最小可能值为 a_- 和最大可能值为 a_+，则 $a=(a_+ - a_-)/2$；若信息来源给出了分辨力、最小分度等（以 δ 表示），则 $a=\delta/2$。

确定 k 的方法有：若信息来源只给出了扩展不确定度 U，没有具体指明 k，则可以认为 $k=2$（对应约 95% 的包含概率）。若信息来源只给出了 U_P（其中 P 为包含概率），此时除非另有说明一般按照正态分布考虑，k 可以查相应统计学表得到。若信息来源给出了 U_P 及有效自由度 ν_{eff}，则 k 可查相应统计学表得到，即 $k=t_P(\nu_{eff})$。若信息来源给出了概率分布类型，则两点分布 $k=1$，反正弦分布 $k=\sqrt{2}$，均匀分布 $k=\sqrt{3}$，梯形分布 $k=2$（简化按 $\beta=0.71$ 处理，β 为梯形的上底与下底之比），三角分布 $k=\sqrt{6}$，正态分布 $k=2$（95% 的包含概率）或 $k=3$（99% 的包含概率）。若信息来源没有给出概率分布类型，则依据经验和一般知识进行假设：当测得值只有 2 个取值时，按两点分布处理；当测得值在可能值区间上下限处的可能性大于中间时，按反正弦分布处理；当没有信息来源能假设为其他概率分布时，或者能假设测得值在可能值区间各处出现的概率相同时，按均匀分布处理；当测得值在可能值区间上下限处的可能性小于中间时，按三角分布或梯形分布处理；多个随机变量的合成（如由多个变量经计算公式得出的测量结果）按正态分布处理。

直接确定 u_B 的方法有：若信息来源给出了扩展不确定度 U 和包含因子 k，则：$u_B=U/k$；若信息来源明确给出了其不确定度是标准差的若干倍（k 倍），则：$u_B=U/k$；若信息来源给出了重复性限 r（不推荐使用）和复现性限 R，则 $u_B=r/2.83$ 或 $u_B=R/2.83$；若信息来源给出了重复性标准差 s_r（不推荐使用）、期间精密度标准差 s'_r、复现性标准差 s_R，则 $u_B=s_r$ 或 $u_B=s'_r$ 或 $u_B=s_R$。

(3) 其他说明 应该认识到，标准不确定度的 B 类评定与 A 类评定一样可靠，特别是当 A 类评定基于的统计独立观测次数较少时（A 类评定，当观测次数 $n=10$ 时，相对不确定度为 24%，当 $n=50$ 时则为 10%）。

重复性不确定度常与列表中的其他来源不确定度有重叠，如果产生自某种特殊效应的不确定度分量是用 B 类评定方法获得的，仅当该效应对观测值的变异性没有贡献时，它才应该在计算测量结果的合成标准不确定度时作为独立的不确定度分量。如果该效应对观测值的变异性有贡献，则其导致的不确定度已经包含在观测值的统计分析里了（即包含在观测值的重复性不确定度里）。

4. 计算合成标准不确定度 u_c

在化学分析领域，大多数情况下不确定度影响量之间的相关系数可以简化为只取 0（非独立变量之间的相关系数也可以取 0）的情形，对于已经简化为式(7-2)形式的测量模型，此时合成标准不确定度 u_c 等于各标准不确定度分量 u_i 平方之和开根号（简称"方和根"），即：

$$u_c = \sqrt{u_1^2 + u_2^2 + \cdots + u_i^2} \quad (7-3)$$

对于已经简化为式(7-1)形式的测量模型，此时相对合成标准不确定度 u_{crel} 等于各相对标准不确定度分量 u_{irel} 平方之和开根号（简称"方和根"），即：

$$u_{crel} = u_c/y = \sqrt{u_{1rel}^2 + u_{2rel}^2 + \cdots + u_{irel}^2} \quad (7-4)$$

$$u_{irel} = u_i/x_i$$

计算合成标准不确定度

如果能确定不确定度影响量之间有显著相关性且相关系数简化为只取 1 的情形，可以用变量代换的方法将相关系数取 1 的影响量合并看作为一个量，则该量的临时不确定度 $u'_c = u'_1 + u'_2 + \cdots + u'_i$ 或 $u'_{crel} = u'_{1rel} + u'_{2rel} + \cdots + u'_{irel}$，然后再用式(7-3)或式(7-4)计算合成标准不确定度。

如果能确定两个不确定度影响量之间是强负相关且相关系数简化为只取 −1 的情形，则该临时不确定度 $u'_c = |u'_1 - u'_2|$ 或 $u'_{crel} = |u'_{1rel} - u'_{2rel}|$，然后再用式(7-3)或式(7-4)计算合成标准不确定度。

5. 确定扩展不确定度 U

$$U = ku_c$$

扩展不确定度 U 是测量结果的不确定度，测量结果通常是多个变量的合成，故扩展不确定度一般按正态分布处理，$k=2$（95% 的包含概率，用于一般检测）或 $k=3$（99% 的包含概率，用于检定/校准或较高要求的检测），当然，如果能确定测量结果属于其他概率分布，则按 B 类不确定度评定所述的方法确定 k 值。

二、不确定度评定示例

可见分光光度计是检测实验室常用的分析仪器，有必要对分光光度计仪器校准不确定度进行评定，其评定结果作为参考值，当测量重复性不确定度的评定结果小于仪器校准不确定度时，应当重新考虑测量重复性不确定度评定的合理性。

可见分光光度计仪器校准不确定度评定

1. 测量模型

$$A = -\lg T$$

分光光度法的测量模型中使用的变量是吸光度 A，光度计虽然直接显示吸光度，但实际上测量的是透射比 T，吸光度的不确定度是测量透射比引入的。

2. 不确定度分量识别与评定

因为出厂检定时的测量条件显然严苛于实际测量，用生产厂家技术说明书中提供的参数评定实际测量中仪器引入的不确定度时，结果往往偏小，而且期间核查/校准/检定也仍按检定规程进行，甚至比检定规程条件宽松，因此，实际测量时的不确定度大于期间核查/校准/检定时的不确定度，故宜按检定规程规定的检定项目和技术要求进行不确定度评定。对《紫外、可见、近红外分光光度计检定规程》（JJG 178—2007）等规范中规定的检定项目逐项识别。

(1) **波长最大允许误差** 以Ⅰ级、工作波长 B 段分光光度计为例，波长最大允许误差的相对标准不确定度约在 8.5×10^{-4} 至 4.2×10^{-4}，但波长不是分光光度法测量模型中的输入量，波长对吸光度有影响，因此需将波长不确定度转换成吸光度不确定度后进行评定，考虑到波长变动对吸光度不确定度的贡献（灵敏系数）很小，故忽略。

(2) **噪声与漂移** 反映仪器对时间的稳定性，通常分光光度法测量吸光度不超过1（对应透射比为10%），而在吸光度接近0处应用较多，故选取透射比为100%时噪声≤0.1%进行评定，$a=0.05\%$，均匀分布，$u(噪声)=0.05\%/1.732=0.029\%$。漂移≤0.1%，$a=0.05\%$，均匀分布，$u(漂移)=0.05\%/1.732=0.029\%$。

(3) **透射比最大允许误差** 反映仪器的正确度，透射比最大允许误差±0.3%，$a=0.3\%$，均匀分布，$u(允差)=0.3\%/1.732=0.173\%$。

(4) **透射比重复性** 反映仪器的重复性，透射比重复性≤0.1%，$a=0.05\%$，均匀分布，$u(重复)=0.05\%/1.732=0.029\%$。

(5) **基线平直度** 主要反映仪器对波长的稳定性，对于需要扫描操作的测量应当进行评定，对于固定波长的测量可以不进行评定。基线平直度也能反映仪器对其他因素的稳定性。基线平直度以吸光度表示为±0.001，根据检定操作过程，参考《单光束紫外可见分光光度计》（GB/T 26798—2011）可以假设吸光度是在 0 附近变动，吸光度 0±0.001 换算成透射比为 100%±0.23%，$a=0.23\%$，均匀分布，$u(平直)=0.23\%/1.732=0.133\%$。

3. 以透射比表示的仪器校准不确定度 $u(T)$

检定时，可见光中性滤光片透射比 10%～30%，重铬酸钾标准溶液的透射比取 22.90%，均在最佳测量范围，故可认为按上述条件评定的不确定度分量在透射比全范围内最小，并以此最小值作为透射比全范围的统一评定标准。可按下式计算不确定度。

$$u(T)=\sqrt{u(噪声)^2+u(漂移)^2+u(允差)^2+u(重复)^2+u(平直)^2}$$
$$=\sqrt{0.029\%^2+0.029\%^2+0.173\%^2+0.029\%^2+0.133\%^2}$$
$$=0.224\%$$

$$u_r(T)=u(T)/T$$

4. 以吸光度表示的仪器校准不确定度 $u(A)$

检定规程中主要以透射比作为性能指标，但实际测量的数学模型中使用的是吸光度，故需以吸光度表示的仪器校准不确定度 $u(A)$ 进行评定。

$$c=\frac{\partial A}{\partial T}=-\frac{1}{2.3T}$$

$$u(A)=\sqrt{c^2 u(T)^2}=u(T)/2.3T=u_r(T)/2.3$$

$$u_r(A)=u(A)/A$$

三、不确定度分析示例

为提高监测实验室监测水平，过去常用误差分析的方法，但随着不确定度逐渐代替误差，通过不确定度分析指导实验改进更有科学性和方向性，比如不确定度主要分量就是需要优先重点解决的问题。

线性拟合
不确定度分析

从线性拟合不确定度计算公式可知，降低线性拟合不确定度的质量保证措施有：①提高测量精密度，即降低 s_R；②提高灵敏度，即增大 b（斜率）；③增加样品重复测量次数，即增大 P；④增加标准溶液浓度系列数量和重复测量次数，即增大 n；⑤使被测样品的浓度接近标准系列浓度的平均值，即减小 $c-\bar{c}$；⑥增加标准溶液浓度系列数量，特别是增加接近标准系列最大浓度处的标准系列密度，即增大 $c_i-\bar{c}$。

其中，增大 P 和 n 是最简单有效的措施，特别是增大 P。从计算结果能够看出，普通实验室降低线性拟合不确定度最有效的质量保证措施是重复测定样品和标准溶液各 2 次或 3 次，可使不确定度下降约 20%～30%。

实际上，线性拟合不确定度很有可能成为主要分量，此时应进一步增加标准系列数量、增加标准系列和样品的重复测量次数，作为降低不确定度的质量保证措施。

思考与练习

一、简答题

1. 环境监测报告的编写包括哪些内容？
2. 环境监测报告包括哪几种页面？
3. 什么是测量不确定度？
4. 标准不确定度有哪几种评定方法？
5. 试述标准不确定度 B 类评定的步骤。
6. 一般情况下测量不确定度的评定有哪些步骤？
7. 环境监测报告中数据的有效位数、小数点在填写过程中要注意什么？

二、单选题

1. 借助于一切可利用的有关信息进行科学判断，得到估计的标准偏差为（　　）标准不确定度。
   A. A 类　　　　　B. B 类　　　　　C. 合成　　　　　D. 扩展
2. 用对观测列进行统计分析的方法评定标准不确定度称为（　　）。
   A. A 类评定　　　　　　　　B. B 类评定
   C. 合成标准不确定度　　　　D. 相对标准不确定度
3. 一个随机变量在其中心值附近出现的概率较大，该随机变量通常估计为（　　）。
   A. 三角分布　　B. 反正弦分布　　C. 均匀分布　　D. 两点分布

项目八

环境监测管理

 知识目标

1. 掌握环境监测质量管理的方法；
2. 了解环境监测信息管理。

 能力目标

1. 学会方法验证；
2. 学会环境监测质量管理技术导则实际应用。

 素质目标

1. 培养环境监测文档材料制作、管理能力；
2. 培养对环境监测标准的理解能力。

任务一　环境监测质量管理

一、环境监测管理的意义和概念

1. 深化环境监测改革提高环境监测数据质量

立足我国生态环境保护需要，坚持依法监测、科学监测、诚信监测，深化环境监测改革，构建责任体系，创新管理制度，强化监管能力，依法依规严肃查处弄虚作假行为，切实保障环境监测数据质量，提高环境监测数据公信力和权威性，促进环境管理水平全面提升，通过深化改革，全面建立环境监测数据质量保障责任体系，健全环境监测质量管理制度，建立环境监测数据弄虚作假防范和惩治机制，确保环境监测机构和人员独立公正开展工作，确保环境监测数据全面、准确、客观、真实。

依法统一监测标准规范与信息发布。生态环境部依法制定全国统一的环境监测规范，加快完善大气、水、土壤等要素的环境质量监测和排污单位自行监测标准规范，健全国家环境监测量值溯源体系。会同有关部门建设覆盖我国陆地、海洋、岛礁的国家环境质量监测网络。各级各类环境监测机构和排污单位要按照统一的环境监测标准规范开展监测活动，切实解决不同部门同类环境监测数据不一致、不可比的问题。

生态环境保护部门统一发布环境质量和其他重大环境信息。其他相关部门发布信息中涉及环境质量内容的，应与同级生态环境保护部门协商一致或采用生态环境保护部门依法公开发布的环境质量信息。

健全行政执法与刑事司法衔接机制。生态环境保护部门查实的篡改伪造环境监测数据案件，尚不构成犯罪的，除依照有关法律法规进行处罚外，依法移送公安机关予以拘留；对涉嫌犯罪的，应当制作涉嫌犯罪案件移送书、调查报告、现场勘查笔录、涉案物品清单等证据材料，及时向同级公安机关移送，并将案件移送书抄送同级检察机关。公安机关应当依法接受，并在规定期限内书面通知生态环境保护部门是否立案。检察机关依法履行法律监督职责。生态环境保护部门与公安机关及检察机关对企业超标排放污染物情况通报、环境执法督察报告等信息资源实行共享。

落实自行监测数据质量主体责任。排污单位要按照法律法规和相关监测标准规范开展自行监测，制订监测方案，保存完整的原始记录、监测报告，对数据的真实性负责，并按规定公开相关监测信息。对通过篡改、伪造监测数据等逃避监管方式违法排放污染物的，生态环境保护部门依法实施按日连续处罚。

明确污染源自动监测要求。建立重点排污单位自行监测与环境质量监测原始数据全面直传上报制度。重点排污单位应当依法安装使用污染源自动监测设备，定期检定或校准，保证正常运行，并公开自动监测结果。自动监测数据要逐步实现全国联网。逐步在污染治理设施、监测站房、排放口等位置安装视频监控设施，并与地方生态环境保护部门联网。取消生态环境保护部门负责的有效性审核。重点排污单位自行开展污染源自动监测的手工比对，及时处理异常情况，确保监测数据完整有效。自动监测数据可作为环境行政处罚等监管执法的依据。

建立"谁出数谁负责、谁签字谁负责"的责任追溯制度。环境监测机构及其负责人对其监测数据的真实性和准确性负责。采样与分析人员、审核与授权签字人分别对原始监测数据、监测报告的真实性终身负责。对违法违规操作或直接篡改、伪造监测数据的，依纪依法追究相关人员责任。

落实环境监测质量管理制度。环境监测机构应当依法取得检验检测机构资质认定证书。建立覆盖布点、采样、现场测试、样品制备、分析测试、数据传输、评价和综合分析报告编制等全过程的质量管理体系。专门用于在线自动监测监控的仪器设备应当符合环境保护相关标准规范要求。使用的标准物质应当是有证标准物质或具有溯源性的标准物质。

严肃查处监测机构和人员弄虚作假行为。环境保护、质量技术监督部门对环境监测机构开展"双随机"检查，强化事中事后监管。环境监测机构和人员弄虚作假或参与弄虚作假的，环境保护、质量技术监督部门及公安机关依法给予处罚；涉嫌犯罪的，移交司法机关依法追究相关责任人的刑事责任。从事环境监测设施维护、运营的人员有实施或参与篡改、伪造自动监测数据、干扰自动监测设施、破坏环境质量监测系统等行为的，依法从重处罚。

环境监测机构在提供环境服务中弄虚作假，对造成的环境污染和生态破坏负有责任的，除依法处罚外，检察机关、社会组织和其他法律规定的机关提起民事公益诉讼或者省级政府授权的行政机关依法提起生态环境损害赔偿诉讼时，可以要求环境监测机构与造成环境污染和生态破坏的其他责任者承担连带责任。

严厉打击排污单位弄虚作假行为。排污单位存在监测数据弄虚作假行为的，生态环境保护部门、公安机关依法予以处罚；涉嫌犯罪的，移交司法机关依法追究直接负责的主管人员和其他责任人的刑事责任，并对单位判处罚金；排污单位法定代表人强令、指使、授意、默许监测数据弄虚作假的，依纪依法追究其责任。

推进联合惩戒。各级生态环境保护部门应当将依法处罚的环境监测数据弄虚作假企业、机构和个人信息向社会公开，并依法纳入全国信用信息共享平台，同时将企业违法信息依法纳入国家企业信用信息公示系统，实现一处违法、处处受限。

健全质量管理体系。结合现有资源建设国家环境监测量值溯源与传递实验室、污染物计量与实物标准实验室、环境监测标准规范验证实验室、专用仪器设备适用性检测实验室，提高国家环境监测质量控制水平。提升区域环境监测质量控制和管理能力，在华北、东北、西北、华东、华南、西南等地区，委托有条件的省级环境监测机构承担区域环境监测质量控制任务，对区域内环境质量监测活动进行全过程监督。

强化高新技术应用。加强大数据、人工智能、卫星遥感等高新技术在环境监测和质量管理中的应用，通过对环境监测活动全程监控，实现对异常数据的智能识别、自动报警。开展环境监测新技术、新方法和全过程质控技术研究，加快便携、快速、自动监测仪器设备的研发与推广应用，提升环境监测科技水平。

2. 环境监测管理概念

环境监测是环境保护工作的"哨兵"和"耳目"，是环境管理的重要组成部分，是环境保护工作最为重要的基础性和前沿性工作。环境监测数据是客观评价环境质量状况、反映污染治理成效、实施环境管理与决策的基本依据。任何环境决策都离不开环境监测基础数据的支持，每一项环境管理措施的优劣成败都要依靠环境监测来验证。

环境监测体系是污染物总量减排的三大支撑体系之一。通过建立先进的环境监测预警体系，才能实现对减排工作成效的客观评价，对各项减排措施的科学验证。科学的减排指标体系必须依靠监测手段来度量，科学的减排考核体系必须依靠监测数据来支撑，建立先进的环境监测预警体系要做到数据准确、代表性强，方法科学、传输及时；做到全面反映环境质量状况和变化趋势，及时跟踪污染源污染物排放的变化情况，准确预警和及时响应各类环境突发事件，满足环境管理需要。

环境质量监测、污染源监督性监测、突发环境污染事件应急监测、为环境状况调查和评价等环境管理活动提供监测数据的其他环境监测活动，这几类环境监测活动都定性为政府环境管理行为，代表公众利益，是为更好地行使公权力开展的公共事务。因此，环境监测的成果具有法律效力，依法取得的环境监测数据，是环境统计、排污申报核定、排污费征收、环境执法、目标责任考核的依据。

环境监测需要统一监督：一是统一标准，生态环境部负责依法制定统一的国家环境监测技术规范，省级生态环境保护部门对国家环境监测技术规范未作规定的项目，可以制定地方环境监测技术规范，并报生态环境部备案，统一技术标准和规范，有利于提高各类机构监测数据的可比性；二是统一信息发布，明确由县级以上生态环境保护部门负责统一发布本行政区域的环境污染事故、环境质量状况等环境监测信息，环境监测数据信息统一发布，有利于维护政府环境信息的权威性、严肃性和公信力，有利于保障广大人民群众的环境知情权益；三是统一标志，就是建立一整套色彩鲜明、含义准确、便于认知的识别系统，建立统一的识别系统，有利于提高工作效率，便于监测人员顺利进入指定场地、点位，同时，也有利于公众监督，特别是在突发环境事件的应急处置过程中，具有统一标志的监测车辆和监测人员方便交通、安全等相关部门识别，以便快速通行和进入应急现场。

排污企业有责任定期向政府环保部门提供污染物排放数据，并保证数据的准确性、真实性和及时性。企业对自身排污状况进行监测责无旁贷，排污状况监测既是环保主管部门的责任，同时也是环境管理相对人——排污企业的责任，排污者必须按照县级以上生态环境保护部门的要求和国家环境监测技术规范，开展排污状况自我监测，这是企业的责任和义务。要求有能力的企业必须建立自测机构，其监测能力和数据的有效性由省级生态环境保护主管部门所属的环境监测站进行审核和定期验证；不具备能力的，必须委托有资质的环境监测机构进行监测。环保部门所属环境监测机构对于企业排污状况，由承担具体监测任务转向对企业自我监测行为的监督管理上。这样规定，丰富了环境管理的内涵，完善了环境管理的责权体系，界定了监管与被监管双方的责任，有利于加强污染源监督监测工作。

二、环境监测管理办法

2007年7月25日，原国家环保总局颁布了《环境监测管理办法》（总局令第39号，以下简称《办法》），并于2007年9月1日实施。《办法》共二十三条，规定了生态环境保护部门和环境监测机构的职责分工、标准规范的制定、环境信息发布、环境监测数据的法律效力、环境监测网的建设原则和管理主体、环境监测质量管理要求、企业的环境监测责任和义务、环境监测机构资格认定等。

1.《办法》的重要意义

《办法》的发布，进一步完善了环境保护法规体系，填补了环境监测立法空白，为环境监测基础工作的推进和各项创新工作的开展提供了更为明确的法规依据。

（1）《办法》的发布是推进历史性转变的重要举措　要实现三个历史性转变，环境监测必须审时度势，主动变革。要实现"并重"，就必须从社会经济发展的全局认识环境监测工作，环境监测工作必须跳出环保系统融入整个经济社会发展中去。要实现"同步"，就必须突出主动、事前、预防的特点。要实现"综合"，就必须突出环境保护过程中技术因素的作用。

（2）《办法》的发布是推进节能减排工作的重要支撑条件　环境监测体系是污染物总量减排的三大支撑体系之一。科学的减排指标体系必须依靠监测手段来度量，科学的减排考核体系必须依靠监测数据来支撑。建立先进的环境监测预警体系要做到数据准确、代表性强，方法科学、传输及时；做到全面反映环境质量状况和变化趋势，及时跟踪污染源污染物排放的变化情况，准确预警和及时响应各类环境突发事件，满足环境管理需要。

环境监测体系建设的核心任务是解决长期困扰和掣肘环境监测工作的体制、机制问题。《办法》的出台，对环境监测属性、定位、管理、规范、处罚等长期依靠行政指令规范的方面进行全面梳理，为先进的环境监测预警体系建设提供了全方位的制度框架。

（3）《办法》的发布是完善环境法律体系的重要步骤　环境监测在法制化建设进程中明显滞后，尚未出台统一的、专门的环境监测法律、法规。现行法律对环境监测的规定比较分散，一些法律法规中环境监测工作界定出现交叉，法律、法规的缺失严重影响了环境监测管理的权威性和规范性，成为环境监测工作发展的主要障碍之一。

（4）《办法》的发布是革新管理体制、创新运行机制的现实需要　尽管法律法规明确了生态环境保护部门的统一监督管理职责及各部门相关监测工作的职责和分工，但从总体上看，尚未统一环境监测管理。《办法》中对环保系统环境监测工作的准确定位；对环境监测信息发布的具体规定，有助于下一步顺各方面关系，深入解决环境监测管理体制、机制问题。

（5）《办法》的发布是制定《环境监测管理条例》的重要基础　从 2002 年起，国家环保总局就着手研究环境监测立法工作，考虑到立法程序和周期，本着务实的原则，先行对环保系统所涉及的环境监测工作做出规定，发布部门规章。《办法》的出台，一方面解决了环境监测领域法律缺位问题，同时为制定《环境监测管理条例》打下较为坚实的基础。

2.《办法》的内涵

学习领会《办法》，要抓住六个要点：

（1）正确理解环境监测的法律地位　《办法》从三个方面强调了环境监测的法律属性。

一是重申并拓展了环境监测的内涵。即环境质量监测、污染源监督性监测、突发环境污染事件应急监测、为环境状况调查和评价等环境管理活动提供监测数据的其他环境监测活动。这几类环境监测活动都是政府行为，是代表公众利益，为更好地行使公权力开展的公共事务。

二是规定了环境监测成果的法律效力。依法取得的环境监测数据，是环境统计、排污申报核定、排污费征收、环境执法、目标责任考核的依据。多年来，在环境管理工作中还存在"两层皮""多层皮"的现象，环境监测、环境统计、排污申报数据相互矛盾，导致大量监测资源浪费，影响了环境管理的规范和统一。《办法》明确规定了环境监测数据的使用效力，就是要改变这种数出多门的现象。

三是强调了环境监测活动及环境监测设施受法律保护。《办法》以专门条款对企业的违法行为进行了规定，并明确了针对不同程度违法行为的处罚方式。对于环境监测设施破坏，《办法》也明确了罚责。

（2）构建统一监督管理的基本格局　由于部门职责划分不明及环境监测事业本身的发展等诸多原因，环境监测的统一监督管理一直是整个环保工作的短板。《办法》从三个方面进行了规定：

一是统一标准。《办法》规定：生态环境部负责依法制定统一的国家环境监测技术标准和规范。省级环保部门对国家环境监测技术标准和规范未作规定的项目，可以制定地方环境监测技术规范。由于开展监测的相关部门制定的行业规范不统一，导致监测数据缺乏可比性。统一技术标准和规范，有利于提高各类机构监测数据的可比性。下一步，有必要对现行环境监测技术标准和规范进行清理。一是及时废止、修订涉及环境监测的不适用规范，整合不统一的规范；二是重点围绕污染减排目标，制定污染源自动监控、环境信息传输等相关标准和技术规范；三是做好不同部门、不同行业相关技术标准、规范的衔接工作。

二是统一信息发布。《办法》明确了由县级以上生态环境保护部门负责统一发布本行政区域的环境污染事故、环境质量状况等环境监测信息。原有的环境法律法规中关于环境信息发布的规定过于笼统，环境监测数据信息的多头发布，损害了政府环境信息的权威性、严肃性和公信力。统一环境监测信息发布，必须建立统一的环境监测数据库，并逐步形成各级政府、各部门环境监测数据的共享机制。

三是统一标志。统一标志，就是建立一整套色彩鲜明、含义准确、便于认知的识别系统。

（3）实施环境监测管理与技术分离　长期以来，环境监测管理与技术的关系始终未能科学界定，一是重管理、轻技术。环境监测站同时承担环境监测管理和技术工作，导致了政事不分，影响了整体工作效能。而且，由于环境监测技术积累时间短，环境监测技术相对滞后，一些环境热点问题长期得不到有效的技术支撑；二是重建设、轻质控，在一些地方，环境监测数据质量还得不到有效保障；三是重结果、轻过程。在环境监测工作中，十分重视实验室样品分析和数据的填报汇总，但在样品采集、保存运输、样品前处理、信息传输等过程中缺乏统一规范和有效的手段，影响了环境监测数据的可靠性。

《办法》明确界定了环保部门和其所属的环境监测机构职责，概括起来就是生态环境保护主管部门负责环境监测管理工作，所属的环境监测机构承担技术支持工作，实现了生态环境保护主管部门和环境监测机构的合理分工。实现管理与技术分离，就是要成立专门的环境监测管理机构。在国家层面适时成立实施统一监督管理的环境监测管理机构，地方也应成立相应的监管机构或明确相应的职能处（科）室。对于跨区域、流域环境问题突出、长期得不到有效解决的，将考虑建立直属跨界环境监测机构。

（4）加强环境监测网络的建设与管理　《办法》规定了环境监测网的组成要素，即各环境监测要素监测点位（断面），同时规定了环境监测网的组建运行主体。

加强环境监测网建设，必须坚持统一规划，按事权划分确定投入及管理主体，合理确定不同类型网络的管理和运行模式。要建设国家环境监测网络，对网络覆盖范围进行科学优化。国家环境监测网要从国家大尺度和国际履约的角度出发，综合、优化布设环境空气、地表水、土壤、酸雨等监测点位和断面，从国家层面宏观反映环境质量的现状和变化趋势。省、市、县环境监测网建设要坚持地方为建设、运行主体的原则。地方环境监测网在点位选择优化过程中，应体现地域生态系统特征，突出重点、有所差别，可以将国家网相关点位纳入地方网，国家与地方从不同角度进行使用和评价。

（5）加强环境监测全过程质量管理　《办法》首次正式提出环境监测全过程质量管理的理念，重申了环境监测站要按建设标准规定达到相应的监测能力，对环境监测人员培训、考核、上岗做出规定，并重点强调了环保主管部门及环境监测站在质量管理方面的责任。

各级环保局和监测站必须切实履行各自的环境监测质量管理职责，要建立环境监测数据质量管理的相关制度，加强样品采集、保存、运输、前处理、实验室分析以及数据汇总、综合分析等全过程中处于受控和可追溯。

（6）明确企业环境监测责任和义务　排污状况监测既是环保主管部门的责任，同时也是排污企业的责任。全国企业自我污染源监测能力发展缓慢，监测水平普遍较低。企业排污状况的监测工作量大、涉及面广，仅仅依靠环保部门所属的环境监测机构难以取得令人满意的工作效果。《办法》开创性地规定，排污企业有责任定期向政府环保部门提供污染物排放数据，并保证数据的准确性、真实性和及时性，排污者必须开展排污状况自我监测。实施这项规定，就是要求有能力的企业必须建立自测机构，其监测能力和数据的有效性由省级生态环境保护主管部门所属的环境监测站进行审核和定期验证；不具备能力的，必须委托有资质的环境监测机构进行监测。环保部门所属环境监测机构对于企业排污状况，由承担具体监测任务转向对企业自我监测行为的监督管理上。

企业监测机构和其他社会监测机构都是环境监测整体的有机组成部分。必须建立严格的环境监测准入、监管和淘汰机制，整合社会监测力量，摒弃"小"监测，建立"大"监测的概念。

3.《办法》的部分规定

《办法》规定，我国将设立国家、省、市、县四级环境监测机构，并适时组建直属跨界环境监测机构。县级以上环保部门对本行政区域环境监测工作实施统一监督管理是办法确立的一条基本原则。同时，县级以上环保部门也具有组织编制环境监测报告、发布环境监测信息的权力。办法要求，县级环保部门须依法组建环境监测网络，建立网络管理制度，组织网络运行管理。

《办法》明确，环境质量监测、污染源监督性监测和突发环境污染事件应急监测等都由县级以上环保部门来承担；县级以上环保部门还负责统一发布本行政区域的环境污染事故、环境质量状况等环境监测信息。

对有关部门间环境监测结果不一致的，《办法》规定，由县级以上生态环境保护部门报经同级人民政府协调后统一发布；环境监测信息未经依法发布，任何单位和个人不得对外公布或者透露。这些监测数据应当作为环境统计、排污申报核定、排污费征收、环境执法、目标责任考核等环境管理的依据。

《办法》要求，环境监测人员佩戴环境监测标志，环境监测站点设立环境监测标志，环境监测车辆印制环境监测标志，环境监测报告附具环境监测标志。

《办法》对监测人员依法履行职务也做出了具体规定，其中拒报或者两次以上不按照规定的时限报送环境监测数据的，伪造、篡改环境监测数据的，擅自对外公布环境监测信息的都将由任免机关或者监察机关按照管理权限依法给予行政处分；涉嫌犯罪的，移送司法机关依法处理。而排污者拒绝、阻挠环境监测工作人员进行环境监测活动或者弄虚作假的，也要由县级以上环保部门依法给予行政处罚；构成违反治安管理行为的，由公安机关依法给予治安处罚；构成犯罪的，依法追究刑事责任。

三、环境监测质量管理工作内容

环境监测质量管理工作是指在环境监测的全过程中为保证监测数据和信息的代表性、准确性、精密性、可比性和完整性所实施的全部活动和措施，包括质量策划、质量保证、质量控制、质量改进和质量监督等内容。

环境监测质量管理是环境监测工作的重要组成部分，应贯穿于监测工作的全过程。国务院环境保护行政主管部门对环境监测质量管理工作实施统一管理。地方环境保护行政主管部门对辖区内的环境监测质量管理工作具有领导和管理职责。

各环境监测机构应对本机构出具的监测数据负责。应主动接受监督机构对环境监测质量管理工作的业务指导，并积极参加环境监测质量管理技术研究、监测资质认证、质量管理评比评审、信息交流和人员培训等工作，持续改进、不断提高环境监测质量。

各环境监测机构应有质量管理机构或质量管理人员，明确其职责，并具备必要的专用实验条件。质量管理机构（或人员）的主要职责是：①负责监督管理本环境监测机构各类监测活动以及质量管理体系的建立、有效运行和持续改进，切实保证环境监测工作质量；②组织和开展质控考核、能力验证、比对、方法验证、质量监督、量值溯源及量值传递等质量管理工作，并对其结果进行评价；③负责本环境监测机构环境监测人员持证上岗考核的申报与日常管理，国家级和省级环境监测机构组织和实施对下级环境监测机构人员的持证上岗考核工作；④建立环境监测标准、技术规范和规定、质量管理工作的动态信息库；⑤组织和实施环境监测技术及质量管理的技术培训和交流；⑥组织开展对下级环境监测机构监测质量、质量管理的监督与检查；⑦负责本环境监测机构质量管理的信息汇总和工作总结；⑧参与环境污染事件、环境污染仲裁、用户投诉、环境纠纷案件、司法机构的委托监测等涉及争议的监测活动。

各环境监测机构应进行能力建设，完善人员、仪器设备、装备和实验室环境等环境监测质量管理的基础。各环境监测机构应依法取得提供数据应具备的资质，并在允许范围内开展环境监测工作，保证监测数据的合法有效。所使用的环境监测仪器应由国家计量部门或其授权单位按有关要求进行检定或按规定程序进行校准。所使用的标准物质应是有证标准物质或能够溯源到国家基准的物质。各环境监测机构应建立健全质量管理体系，使质量管理工作程序化、文件化、制度化和规范化，并保证其有效运行。

环境监测布点、采样、现场测试、样品制备、分析测试、数据评价和综合报告、数据传输等全过程均应实施质量管理：①监测点位的设置应根据监测对象、污染物性质和具体条件，按国家标准、行业标准及国家有关部门颁布的相关技术规范和规定进行，保证监测信息的代表性和完整性。②采样频次、时间和方法应根据监测对象和分析方法的要求，按国家标准、行业标准及国家有关部门颁布的相关技术规范和规定执行，保证监测信息能准确反映监测对象的实际状况、波动范围及变化规律。③样品在采集、运输、保存、交接、制备和分析测试过程中，应严格遵守操作规程，确保样品质量。④现场测试和样品的分析测试，应优先采用国家标准和行业标准方法；需要采用国际标准或其他国家的标准时，应进行等效性或适用性检验，检验结果应在本环境监测机构存档保存。⑤监测数据和信息的评价及综合报告，应依照监测对象的不同，采用相应的国家或地方标准或评价方法进行评价和分析。⑥数据传输应保证所有信息的一致性和复现性。

各级环境监测机构应积极开展和参加质量控制考核、能力验证、比对和方法验证等质量管理活动，并采取密码样、明码样、空白样、加标回收和平行样等方式进行内部质量控制。

四、生态环境监测机构监督管理

近年来，随着生态环境监测改革不断深入，生态环境监测机构蓬勃发展，出具的各类监测数据被广泛应用于环境影响评价、环保项目竣工验收、政府环境目标责任制考核、环境税征收、排污许可核算以及监督执法的依据等领域，为环境管理和科学决策发挥了积极的作用。要充分发挥生态环境监测机构的作用，既要放开市场加快培育，又要严格监管正确引导。加强生态环境部和国家市场监督管理总局两部门协作和配合，建立信息共享机制，开展联合监督检查，提升行政监管效能，规范监测机构监测行为，营造良好市场氛围。

市场监督管理部门依据《中华人民共和国计量法》《中华人民共和国认证认可条例》《检验检测机构资质认定管理办法》等法律法规对检验检测机构（包括取得资质认定的生态环境监测机构）负有监管职责，通过资质认定评审和事中事后监管，对存在违法违规行为予以处罚；生态环境部门依法对系统内生态环境监测机构或通过政府采购、合同约定的形式为生态环境部门服务的社会化监测机构负有监管责任。

生态环境监测机构监督管理要做到三个全覆盖。一是对我国从事生态环境监测机构监管的全覆盖，既包括生态环境部门系统内的监测机构，也涵盖大量承担生态环境监测工作的社会第三方检测机构；二是对生态环境监测机构监管环节全覆盖，从资质认定部门完善生态环境监测资质认定评审，到要求生态环境监测机构自身建立全过程质量管理体系和内部管理制度，不断提高自身能力和水平，再到加强事中事后监管，建立监管信息共享，对存在违法违规行为进行严肃处理和公开通报，最后是畅通监督渠道，广泛利用社会力量进行监督，形成一条完整的监管链条，提高监管效能；三是责任落实全覆盖，加强制度建设，完善资质认定制度，建立健全质量管理体系，生态环境监测机构应按照国家规定不断健全内部管理规章制度，机构负责人及其监测人员对原始记录、监测报告的真实性和准确性负责，加强评审员队伍建设，严格规范评审行为，监督管理人员应提高监管能力和水平，对在工作中滥用职权、玩忽职守、徇私舞弊的依法依规予以处理，积极鼓励公众参与社会监督，行业协会应发挥积极作用，努力营造良好的环境和氛围。

完善资质认定制度。凡向社会出具具有证明作用的数据和结果的生态环境监测机构均应依法取得检验检测机构资质认定。国家认证认可监督管理委员会（以下简称国家认监委）和生态环境部联合制定《检验检测机构资质认定 生态环境监测机构评审补充要求》。国家认监委和各省级市场监督管理部门（以下统称资质认定部门）依法实施生态环境监测机构资质认定工作，建立生态环境监测机构资质认定评审员数据库，加强评审员队伍建设，发挥生态环境行业评审组作用，规范资质认定评审行为。

加快完善监管制度。资质认定部门依据《检验检测机构资质认定管理办法》对获得检验检测机构资质认定的生态环境监测机构实施分类监管。生态环境部修订《环境监测质量管理技术导则》（HJ 630—2011），完善生态环境监测机构质量体系建设，强化对人员、仪器设备、监测方法、手工和自动监测等重要环节的质量管理。各类生态环境监测机构应按照国家有关规定不断健全完善内部管理的规章制度，提高管理水平。

建立责任追溯制度。生态环境监测机构要严格执行国家和地方的法律法规、标准和技术规范。建立覆盖方案制定、布点与采样、现场测试、样品流转、分析测试、数据审核与传输、综合评价、报告编制与审核签发等全过程的质量管理体系。采样人员、分析人员、审核与授权签字人对监测原始数据、监测报告的真实性终身负责。生态环境监测机构负责人对监测数据的真实性和准确性负责。生态环境监测机构应对监测原始记录和报告归档留存，保证其具有可追溯性。

综合运用多种监管手段。生态环境部门和资质认定部门重点对管理体系不健全、监测活动不规范、存在违规违法行为的生态环境监测机构进行监管。健全对生态环境监测机构的"双随机"抽查机制，建立生态环境监测机构名录库、检查人员名录库。联合或根据各自职责定期组织开展监督检查，通过统计调查、监督检查、能力验证、比对核查、投诉处理、审核年度报告、核查资质认定信息、评价管理体系运行、审核原始记录和监测报告等方式加强监管。

严肃处理违法违规行为。生态环境部门和资质认定部门应根据法律法规，对生态环境监测机构和人员监测行为存在不规范或违法违规情况的，视情形给予告诫、责令改正、责令整改、罚款或撤销资质认定证书等处理，并公开通报。涉嫌犯罪的移交公安机关予以处理。生态环境监测机构申请资质认定提供虚假材料或者隐瞒有关情况的，资质认定部门依法不予受理或者不予许可，一年内不得再次申请资质认定；撤销资质认定证书的生态环境监测机构，三年内不得再次申请资质认定。

建立联合惩戒和信息共享机制。生态环境部门和资质认定部门应建立信息共享机制，加强部门合作和信息沟通，及时将生态环境监测机构资质认定和违法违规行为及处罚结果等监管信息在各自门户网站向社会公开。根据国务院办公厅《关于加强个人诚信体系建设的指导意见》相关要求，对信用优良的生态环境监测机构和人员提供更多服务便利，对严重失信的生态环境监测机构和人员，将违规违法等信息纳入全国信用信息共享平台。

加强社会监督。创新社会监督方式，畅通社会监督渠道，积极鼓励公众广泛参与。生态环境部门举报电话"12369"和市场监督管理部门举报电话"12365"受理生态环境监测数据弄虚作假行为的举报。行业协会应制定行业自律公约、团体标准等自律规范，组织开展行业信用等级评价，建立健全信用档案，推动行业自律结果的采信，努力形成良好的环境和氛围。

加强队伍建设，创新监管手段。生态环境部门和资质认定部门应加强监管人员队伍建设，强化监管人员培训，不断提高监管人员综合素质和能力水平。相关人员在工作中滥用职权、玩忽职守、徇私舞弊的，依规依法予以处理；构成犯罪的，依法追究刑事责任。充分发挥大数据、信息化等技术在监督管理中的作用，不断提高监管效能。

强化部门联动，形成工作合力。生态环境部门和资质认定部门应切实统一思想，提高认识，加强组织领导和工作协调，制定联合监管和信息共享的实施方案，建立畅通、高效、科学的联合监管机制，有效保障生态环境监测数据质量，提高监测数据公信力和权威性，促进生态环境管理水平全面提升。

任务二　环境监测信息管理

一、生态环境标准管理

《生态环境标准管理办法》紧密围绕我国生态环境管理发展需求和标准工作亟须解决的问题，提出了我国新时期生态环境标准工作的总体思路与方向，完善了标准类别和体系划分，明确了各类标准的作用定位和制定原则及实施规则，规定了地方标准制定与备案有关新要求，更加注重标准实施及评估，将有利于指导生态环境标准制修订及实施工作的开展，对于贯彻落实环境法律要求，进一步规范和促进国家、地方生态环境标准发展，加强标准实施，推进生态环境标准体系完善具有重要作用，将更有力地支撑精准治污、科学治污和依法治污。

《生态环境标准管理办法》是我国生态环境标准工作的统领与指南，《国家生态环境标准制修订工作规则》是针对国家生态环境标准制修订工作的专项管理规定，是落实《生态环境标准管理办法》的相关配套性管理文件，主要规定了国家生态环境标准制修订的基本原则、相关主体责任、制修订工作程序与要求，以及工作质量与进度管理及处罚措施等内容。

《生态环境标准管理办法》共十章五十四条，可以分为一般性规定、各类标准作用定位及其管理要求、地方标准管理要求、标准实施评估及其他规定四个部分。其中第二部分，即六类标准（生态环境质量标准、生态环境风险管控标准、污染物排放标准、生态环境监测标准、生态环境基础标准、生态环境管理技术规范）的作用定位及其管理要求，主要规定了六大类生态环境标准的制定目的、具体类型、制定原则、基本内容、实施方式等，《生态环境标准管理办法》明确了不同类别污染物排放标准的定位区别与适用范围，对污染物排放标准执行的优先顺位做出了明确规定：①地方污染物排放标准优先于国家污染物排放标准；地方污染物排放标准未规定的项目，应当执行国家污染物排放标准的相关规定。②同属国家污染物排放标准的，行业型污染物排放标准优先于综合型和通用型污染物排放标准；行业型或者综合型污染物排放标准未规定的项目，应当执行通用型污染物排放标准的相关规定。③同属地方污染物排放标准的，流域（海域）或者区域型污染物排放标准优先于行业型污染物排放标准，行业型污染物排放标准优先于综合型和通用型污染物排放标准；流域（海域）或者区域型污染物排放标准未规定的项目，应当执行行业型或者综合型污染物排放标准的相关规定；流域（海域）或者区域型、行业型或者综合型污染物排放标准均未规定的项目，应当执行通用型污染物排放标准的相关规定。

近年来，一些地方制定了地方生态环境监测标准。《生态环境标准管理办法》明确规定，制定生态环境质量标准、生态环境风险管控标准和污染物排放标准时，应当采用国务院生态环境主管部门制定的生态环境监测标准；国务院生态环境主管部门尚未制定适用的生态环境监测标准的，可以采用其他部门制定的监测标准。省级人民政府在制定地方生态环境质量标准、地方生态环境风险管控标准或者地方污染物排放标准时，若针对某一控制项目，尚无相应国家生态环境监测分析方法标准时，可以在地方生态环境质量标准、地方生态环境风险管控标准或者地方污染物排放标准中规定相应的监测分析方法，或者采用地方生态环境监测分析方法标准。在适用于该控制项目监测的国家生态环境监测分析方法标准实施后，地方生态环境监测分析方法将不再执行。

二、环境监测分析方法标准制定技术导则

1. 基本要求

方法标准应能满足生态环境质量标准、生态环境风险管控标准、污染物排放标准实施等生态环境管理工作的需求，应与环境监测技术规范等相关标准衔接。方法标准采用的方法应稳定可靠，具有科学性、合理性、实用性，并且能够实现量值溯源。方法标准内容完整、表述准确、易于理解、便于实施。方法标准相关技术文件和数据资料应完整。方法标准中不得规定采用特定企业的技术、产品和服务，不得出现特定企业的商标名称，不得采用尚在保护期内的专利技术和配方不公开的试剂。方法标准中不得使用国家明令禁止或淘汰使用的试剂。

2. 标准制定技术路线

（1）总体要求　环境监测分析方法标准制定的主要技术工作内容包括标准制定需求分析、国内外相关标准及文献调研、方法条件试验研究、实验室内方法特性指标确认、方法比对、方法验证以及标准文本和编制说明编写，环境监测分析方法标准制定技术路线见图8-1。

（2）方法条件试验研究

① 样品采集及保存条件试验研究。在相关环境监测技术规范要求的基础上，研究提出方法对样品采集的特殊要求，包括采样方法、采样设备、试剂材料等，必要时开展采样效率或穿透试验研究；研究提出方法对样品保存器具、保存剂、保存时间和温度等条件的要求；研究提出标准溶液及其他相关试剂和材料的配制及保存时间等条件的要求；必要时研究提出采样现场对样品预处理的要求。

② 样品前处理条件试验研究。研究提出方法对样品消解、提取、富集、净化等前处理的条件要求；开展必要的穿透试验，提出一定条件下的吸附、富集容量及适宜的进样量和测定浓度范围；研究高浓度（含量）样品经稀释后使用该方法进行测定的适用性，提出稀释操作的要求。

③ 干扰试验研究。分析对目标物的干扰（信号、峰等）情况；条件具备时，应明确干扰物质、干扰量；结合文献资料和试验，研究提出消除干扰的方法。

④ 分析测试条件试验研究。研究提出试料制备的方法和要求；研究提出仪器调试、校准参数等要求；若需建立校准曲线，应根据试验确定最佳线性范围，充分考虑与相关生态环境质量标准、生态环境风险管控标准、污染物排放标准中的限值浓度（含量）水平的衔接；一般要求至少6个校准点（包括零浓度）且尽可能均匀地分布在线性范围内，定量方法线性回归方程的相关系数不低于0.999；若使用平均相对响应因子进行计算，一般要求相对响应因子的相对标准偏差不超过20%；研究提出测定的操作步骤和条件参数等。

⑤ 实验室内方法特性指标确认。方法的特性指标包括检出限、测定范围（测定下限、测定上限）、准确度（精密度、正确度）等。环境监测分析方法分为定量方法和定性方法，

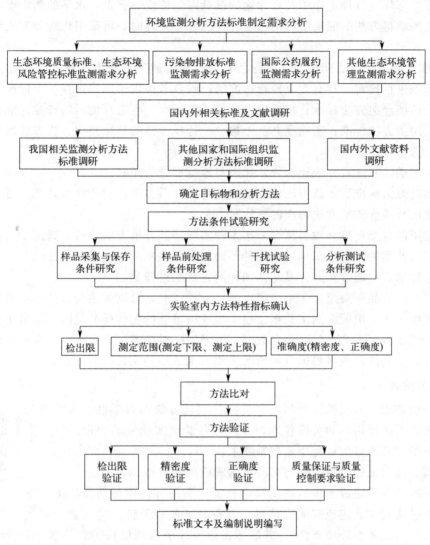

图 8-1 环境监测分析方法标准制定技术路线图

各类型方法应确认的特性指标见表 8-1。

表 8-1 环境监测分析方法确认特性指标表

特性指标		定量方法	定性方法[②]
检出限[①]		√	△
测定范围	测定下限	√	—
	测定上限	△	—
准确度	精密度	√	△
	正确度	△	—
不确定度		△	—

① 检出限的实际意义根据具体方法确定。
② 生物毒性测试方法的特性指标参照定性方法确定,可根据具体方法增加其他指标。
注:√表示正常情况下应确认的特性指标;—表示正常情况下不需要确认的特性指标;△表示有条件时宜确认的特性指标。

测定下限应尽可能满足生态环境质量标准、生态环境风险管控标准、污染物排放标准、国际履约等生态环境管理工作中对目标物的最低限值浓度（含量）水平的测定要求。

在不具备获得方法的准确度（精密度、正确度）条件时，可采用比对等方式说明方法的可靠性。

⑥ 方法比对。新方法标准的目标物已有现行环境监测分析方法标准的，应将新方法标准与现行标准进行比对。具有多个现行标准的，综合考虑以下原则选择 1 个标准作为比对方法标准：公认的经典方法标准；相关生态环境质量标准、生态环境风险管控标准、污染物排放标准已引用的方法标准；正确度高、干扰少、选择性强的环境监测分析方法标准；技术原理相近的方法标准。

修订标准的，除进行方法比对外，还应与原标准进行比对。

选定比对方法标准后，新方法标准适用的环境介质多于比对方法标准的，还应再选择 1 个包含该适用环境介质的方法标准进行比对。

应对适用的每类环境介质各至少采集 1 种实际样品开展方法比对，适用于工业废水和固定污染源废气监测的方法应至少采集 2 种不同污染源的实际样品开展方法比对。若实际样品未检出目标物的，可通过实际样品基体加标的方式获得样品。

对每类实际样品采集至少 7 个浓度水平接近的样品，分别采用新方法与比对方法标准进行测定，获得至少 7 组配对测定数据。当无法获得足够的实际样品量时，可采用实际样品基体加标的方式获得至少 7 组配对测定数据。可采用配对样本 t 检验法判定两种方法的测定结果是否具有显著差异；也可根据具体情况采用其他适用的统计检验方法。

3. 方法验证

（1）一般要求　方法验证的目的是进一步确认方法的科学性，考察方法在各环境条件下的适用性和可操作性，并根据各验证实验室的数据最终确定方法的特性指标和质量保证与质量控制要求。

各类型方法验证的特性指标与实验室内确认的特性指标相同。

方法验证

方法标准草案应通过至少 6 家实验室验证。参加方法验证的实验室应通过检验检测机构资质认定或实验室认可、具备验证实验条件；应覆盖全国代表性地理区域（或典型环境条件），并能覆盖全国环境监测机构的各类水平。若确实无法获得 6 家验证实验室，可采取同一家实验室按不同人员分组，尽可能采用不同仪器设备、环境条件和不同批次的试剂材料开展验证。

标准编制组应编制方法验证方案，根据影响方法的准确度（精密度、正确度）的主要因素和数理统计要求，选择合适的样品类型、仪器和设备、分析时间等。验证仪器和设备应覆盖市场主要类型，尽可能包含国产仪器设备。

应使用有证标准物质/标准样品（或采用市售试剂、标样配制的样品）和实际样品进行方法验证，实际样品应尽量覆盖方法标准的适用范围。验证样品应尽可能为标准编制组统一分发给各验证实验室的样品，或各验证实验室按照统一要求配制的基质相同的样品（简称为"统一样品"）。验证样品原则上应是高度均匀的样品，当样品不能均质化时（如金属、橡胶或纺织品等固体废物样品），验证数据应注明仅适用于测试的样品类型。

方法验证过程中所用的试剂和材料、仪器和设备及分析步骤应符合方法相关要求。

在方法验证前，参加验证的操作人员应熟悉和掌握方法原理、操作步骤及流程，必要时应接受培训。

参加验证的操作人员及标准编制组应按照要求如实填写方法验证报告中的原始测试数据

表，并附上与该原始测试数据表内容相符的图谱或其他由仪器产生的记录打印条等。

验证过程中各实验室应对异常值的解释、更正或剔除进行充分说明。

标准编制组根据方法验证数据及统计、分析、评估结果，最终形成方法验证报告。

(2) 具体要求

① 检出限的验证。各验证实验室使用统一样品，按方法操作步骤及流程进行分析操作，计算结果的平均值、标准偏差、相对标准偏差、检出限等各项参数。各验证实验室确定的方法检出限，与仪器检出限进行比较，取较大值。最终的方法检出限为各验证实验室确定的方法检出限的最高值。

② 精密度的验证。有证标准物质/标准样品（或采用市售试剂、标样配制的样品）的测定：各验证实验室采用高（校准曲线线性范围上限90%附近的浓度或含量）、中（校准曲线中间点附近浓度或含量）、低（测定下限附近的浓度或含量）3个不同浓度或含量的统一样品，按全程序每个样品至少平行测定6次，分别计算各浓度或含量样品测定的平均值、标准偏差、相对标准偏差等参数。

实际样品的测定：各验证实验室应对适用范围内每个样品类型的1～3个浓度或含量（应尽可能包含适用的生态环境质量标准、生态环境风险管控标准、污染物排放标准限值的浓度或含量）的样品，按全程序每个样品至少平行测定6次，分别计算各类型样品中各浓度或含量样品测定的平均值、标准偏差、相对标准偏差等参数。如无法获得适宜的浓度或含量的实际样品，可采取实际样品基体加标进行验证（样品有检出时，加标浓度应为样品浓度的0.5～3倍；样品未检出时，加标浓度应尽可能包含适用的生态环境质量标准、生态环境风险管控标准、污染物排放标准限值的浓度）。

标准编制组对各验证实验室的数据进行汇总统计分析。采用统一样品的，计算实验室间相对标准偏差、重复性限 r 和再现性限 R（数据呈偏态分布时计算实验室内和实验间95%置信区间）；采用非统一样品的，给出各验证实验室对各类型样品的相对标准偏差等参数的范围。

③ 正确度的验证。有证标准物质/标准样品（或采用市售试剂、标样配制的样品）的测定：各验证实验室采用高、中、低3个不同浓度或含量（与精密度验证相同）的统一样品，按全程序每个样品至少平行测定6次，分别计算各浓度或含量样品的相对误差。

实际样品的测定：各验证实验室应对适用范围内每个样品类型的1～3个浓度或含量（应尽可能包含适用的生态环境质量标准、生态环境风险管控标准、污染物排放标准限值的浓度或含量）的样品中分别加入一定量的有证标准物质/标准样品（或采用市售试剂、标样配制的样品）进行测定（样品有检出时，加标浓度应为样品浓度的0.5～3倍；样品未检出时，加标浓度应尽可能包含适用的生态环境质量标准、生态环境风险管控标准、污染物排放标准限值的浓度），按全程序每个加标样品至少平行测定6次，分别计算各类型样品中各浓度或含量样品的加标回收率。

标准编制组对各验证实验室的数据进行汇总统计分析。采用统一样品的，计算实验室间相对误差均值和加标回收率最终值；采用非统一样品的，给出各验证实验室对各类型样品的相对误差和加标回收率范围。

④ 质量保证和质量控制要求的确定。方法标准的质量保证和质量控制要求应结合多家实验室验证情况，并结合国内外相关标准等文献资料提出的质量保证和质量控制要求进行规定。

标准编制组汇总各验证实验室建立的校准曲线线性相关系数及中间点浓度测定偏差，或相对响应因子偏差，结合国内外相关标准等文献资料，提出方法应达到的控制指标要求。

标准编制组汇总各验证实验室平行样品测定偏差、重复性限等数据，结合国内外相关标准等文献资料，提出平行样品测定偏差等精密度控制指标要求；必要时，可根据方法的情况分段给出质控要求。

标准编制组汇总各验证实验室有证标准物质/标准样品的相对误差、加标回收率范围等数据，结合国内外相关标准等文献资料据，提出加标回收率范围等正确度控制指标要求。

三、环境监测数据统计管理

环境统计的任务是对环境状况和环境保护工作情况进行统计调查、统计分析，提供统计信息和咨询，实行统计监督。环境统计的内容包括环境质量、环境污染及其防治、生态保护、核与辐射安全、环境管理及其他有关环境保护事项。环境统计的类型有普查和专项调查、定期调查和不定期调查。定期调查包括统计年报、半年报、季报和月报等。

环境统计范围内的机关、团体、企业事业单位和个体工商户，必须依照有关法律、法规规定，如实提供环境统计资料，不得虚报、瞒报、拒报、迟报，不得伪造、篡改。环境统计范围内的机关、团体、企业事业单位应当指定专人负责环境统计工作。环境统计范围内的机关、团体、企业事业单位和个体工商户的环境统计职责是：①完善环境计量、监测制度，建立健全生产活动及其环境保护设施运行的原始记录、统计台账和核算制度；②按照规定，报送和提供环境统计资料，管理本单位的环境统计调查表和基本环境统计资料。

各级环境保护行政主管部门和企业事业单位的环境统计人员应当保持相对稳定。变动环境统计人员的，应当及时向上级环境保护行政主管部门和同级统计行政主管部门报告，并做好环境统计资料的交接工作。

在环境统计调查中，污染物排放量数据应当按照自动监控、监督性监测、物料衡算、排污系数以及其他方法综合比对获取。

为进一步加强水环境质量监测管理、规范地表水环境质量评价工作，保证评价结果的科学性、统一性和可比性，为水环境管理提供技术支撑，对地表水环境质量自动和手工监测数据应用于水环境质量评价时的数据统计方式作出规定，提出了地表水（海水除外）监测数据用于环境质量评价时，在数据统计、整合、补遗和修约等方面的技术规则。

1. 术语和定义

（1）地表水手工监测有效数据　指水样经手工采样、分析、计算、汇总得出，并通过审核、确认有效的各项指标监测数据，简称手工数据。

（2）地表水自动监测有效实时数据　指水样经水站采样、分析、计算、上传、汇总得出，并通过审核、确认有效的各项指标实时监测数据，简称自动数据。

（3）代表值　指用于代表水体在某一时段内各监测指标整体浓度水平的统计结果，根据代表时段不同，主要分为日代表值、月代表值、季代表值、年代表值等。

（4）数据整合　指同一统计范围内的各单项指标获得多个不同类型、数量的监测结果时，将多个监测结果整合为一组数据用于代表值统计的过程。

2. 数据统计

（1）日代表值　各单项指标（pH值除外）的日代表值为当日实际获得的全部自动数据的算术平均值。pH值的日代表值采用当日实际获得的全部pH值对应氢离子浓度算术平均值的负对数表示，计算时先采用pH值自动数据计算对应时段的氢离子浓度值，再计算当日全部氢离子浓度算术平均值，最终计算该算术平均值的负对数。每个自然日所有有效自动监测数据均参与评价，且实际参与计算的自动数据量不得低于当日应获得全部数据量的60%。日代表值仅针对自动数据，手工数据不参与日代表值统计。

（2）月代表值　根据监测方式不同，月代表值可分为手工月代表值和自动月代表值。手工月代表值为各单项指标的当月手工数据。如当月实际获得的日代表值不少于当月应获得全部日代表值的60%，可进行自动月代表值统计，统计时所有有效自动监测数据均参与评价。自动月代表值（pH值除外）为各单项指标当月实际获得全部自动数据的算术平均值。pH值的自动月代表值采用当月全部pH值自动数据对应氢离子浓度算术平均值的负对数表示，计算方法同日代表值。当某一单项指标由于当月或连续数月未开展监测导致月代表值缺失时，采用该指标上一个临近月份的月代表值作为替代月代表值。

（3）季代表值　根据监测方式不同，季代表值可分为手工季代表值和自动季代表值。季代表值为各单项指标（包括pH值）当季全部月份月代表值的算术平均值。

（4）年代表值　根据监测方式不同，年代表值可分为手工年代表值和自动年代表值。年代表值为各单项指标（包括pH值）当年全部月份月代表值的算术平均值。

3. 数据整合

（1）数据整合指标

① 地表水水质评价指标：《地表水环境质量标准》（GB 3838—2002）表1中除水温、粪大肠菌群和总氮以外的21项指标，包括pH值、溶解氧、高锰酸盐指数、氨氮、总磷、五日生化需氧量、化学需氧量、石油类、挥发酚、汞、铜、锌、铅、镉、铬（六价）、砷、硒、氟化物、氰化物、硫化物和阴离子表面活性剂。

② 营养状态评价指标：包括叶绿素a、总磷、总氮、透明度和高锰酸盐指数等5项。

（2）断面（点位）数据整合　同一断面（点位）不同采样点的监测指标数据整合成该断面（点位）的指标数据，遵循以下规则：pH值采用断面所有采样点氢离子浓度算术平均值的负对数；溶解氧和石油类采用表层采样点的算术平均值；透明度采用湖库所有采样垂线实测值的算术平均值；其余项目采用断面所有采样点算术平均值；入海河流断面采用退平潮采样点数据参与断面数据整合。

（3）月代表值数据整合　同一断面（点位）单项指标的手工和自动月代表值整合为一组断面（点位）数据参与水质评价。

① 地表水水质评价：pH值、溶解氧、高锰酸盐指数、氨氮和总磷等5项指标优先采用自动月代表值，当月无自动月代表值时，采用手工月代表值；其他16项指标采用手工月代表值。

② 营养状态评价：总磷、总氮和高锰酸盐指数等3项指标优先采用自动月代表值，当月无自动月代表值时采用手工月代表值；透明度和叶绿素a优先采用手工月代表值，其中叶绿素a当月无手工月代表值时采用自动月代表值。

当单项指标月代表值缺失时，采用替代月代表值参与数据整合。

单项指标月代表值的选择次序具体要求见表8-2。

表 8-2 指标整合优先规则

序号	监测指标	第一优先级	第二优先级	第三优先级
1	pH 值、溶解氧、高锰酸盐指数、氨氮、总磷、总氮	自动月代表值	手工月代表值	替代月代表值
2	五日生化需氧量、化学需氧量、石油类、挥发酚、汞、铜、锌、铅、镉、铬(六价)、砷、硒、氟化物、氰化物、硫化物、阴离子表面活性剂、透明度	手工月代表值	替代月代表值	
3	叶绿素 a	手工月代表值	自动月代表值	

（4）数据补遗　当单项指标月代表值缺失时，采用该指标上一个临近月份的月代表值进行替代，参与该断面（点位）当月代表值的数据整合，用于当月水质评价。由于污染事故造成严重超标的指标不作为替代月代表值。

由于地方基础保障工作不到位，造成自动监测指标数据量不满足统计要求的，采用该指标当前时段向前一年最差实时数据替代统计时段代表值。

断面出现地方干扰监测、数据弄虚作假等行为，采用该断面当前时段向前一年最差月代表值替代统计时段代表值。

4. 数据修约

所有监测指标的手工和自动数据均按照《数值修约规则与极限数值的表示和判定》（GB/T 8170—2008）要求进行修约。

在地表水监测中，当采用修约后的数据进行水质评价时，保留的有效小数位数对照表 8-3 进行统一。在此基础上，监测数据一般保留不超过 3 位有效数字；当修约后结果为 0 时，保留一位有效数字。当监测数据低于检出限时，以 1/2 检出限值参与计算和统计。

表 8-3　地表水监测水质评价保留有效小数位数表

监测指标	单位	保留小数位数
水温	℃	1
pH 值	无量纲	0
溶解氧	mg/L	1
高锰酸盐指数	mg/L	1
化学需氧量	mg/L	1
五日生化需氧量	mg/L	1
氨氮	mg/L	2
总磷	mg/L	3
总氮	mg/L	2
铜	mg/L	3
锌	mg/L	3
氟化物	mg/L	3
硒	mg/L	4
砷	mg/L	4
汞	mg/L	5
镉	mg/L	5
铬(六价)	mg/L	3
铅	mg/L	3
氰化物	mg/L	3
挥发酚	mg/L	4
石油类	mg/L	2
阴离子表面活性剂	mg/L	2

续表

监测指标	单位	保留小数位数
硫化物	mg/L	3
电导率	μS/cm	1
浊度	NTU	1
透明度	cm	0
叶绿素 a	mg/L	3
藻密度	个/L	0

 思考与练习

1. 我国环境标准分为哪几类？
2. 监测数据"五性"是什么？
3. 方法验证包括哪些内容？
4. 中国环境监测总站的主要职能是什么？

参 考 文 献

[1] 胥全敏,梁霞,钟志京.24小时连续采样-分光光度法监测空气中SO_2的不确定度评定[J].化学研究与应用,2012,24(2).
[2] 国家质量监督检验检疫总局.大气采样器计量检定规程:JJG 956—2013[S].北京:中国计量出版社,2013.
[3] 环境保护部.环境空气颗粒物(PM_{10}和$PM_{2.5}$)采样器技术要求及检测方法:HJ 93—2013[S].北京:中国环境出版社,2011.
[4] 陈玲,陈瑞欢,贾锐,等.环境空气$PM_{2.5}$测量不确定度评定[J].计量技术,2014,12.
[5] 国家质量监督检验检疫总局.总悬浮颗粒物采样器计量检定规程:JJG 943—2011[S].北京:中国计量出版社,2011.
[6] 国家市场监督管理总局.烟尘采样器计量检定规程:JJG 680—2021[S].北京:中国计量出版社,2021.
[7] 国家环境保护总局.烟尘采样器技术条件:HJ/T 48—1999[S].北京:中国环境出版社,1999.
[8] 国家环境保护总局.环境空气采样器技术要求及检测方法:HJ/T 375—2007[S].北京:中国环境出版社,2007.
[9] 国家环境保护总局.环境空气 总悬浮颗粒物的测定 重量法:GB/T 15432—1995[S].北京:中国标准出版社,1995.
[10] 国家质量监督检验检疫总局.流体流量测量 不确定度评定程序:GB/T 27759—2011[S].北京:中国标准出版社,2011.
[11] 修宏宇,崔伟群,刘俊杰,等.采用蒙特卡洛法评定$PM_{2.5}$切割粒径的不确定度[J].计量技术,2017(11).
[12] 环境保护部.环境空气PM_{10}和$PM_{2.5}$的测定 重量法:HJ 618—2011[S].北京:中国环境出版社,2011.
[13] 国家质量监督检验检疫总局.皮托管检定规程:JJG 518—1998[S].北京:中国计量出版社,1998.
[14] 金庆先.烟气气体常数的确定及与监测质量的关系[J].上海环境科学,1994.
[15] 许钟麟.粒子计数器采样气溶胶的误差[J].中国粉体技术,2000.6(1).
[16] 王应珍,刘亚梅.环境监测报告编制中出现的问题及改进方法[J].环境科学导刊,2017,36(z1):82-84.
[17] 陆锦标.环境监测报告编制中应关注的若干问题[J].环境科学导刊,2012,31(4):115-117.
[18] 刘乃芝.氟化物和总硬度分析项目相关性的检验[J].中国环境监测,2007,23(6):36-37.
[19] 陈国锋,任笑蓉,郑秀敏.监测报告几个问题探讨[J].仪器仪表与分析监测,2015(3):30-33.
[20] 鲁静,付凌燕,王旭.质量分析方法验证中检出限和定量限测定方法探讨[J].中国药品标准,2012,13(1):33-35.
[21] 黄葵,李天明,黄安模.检出限和检验结果表示的商榷[J].中国公共卫生,2001,17(2):174.
[22] 杜汉斌,程晓东,高志.检出限测定下限和校准曲线最低浓度点值的区别及应用[J].农业环境与发展,2003,20(1):40-41.
[23] 国家质量监督检验检疫总局.测量不确定度评定和表示:GB/T 27418—2017[S].北京:中国标准出版社,2018.
[24] 国家质量监督检验检疫总局.化学分析测量不确定度评定:JJF 1135—2005[S].北京:中国计量出版社,2005.
[25] 国家质量监督检验检疫总局.测量不确定度评定与表示:JJF 1059.1—2012[S].北京:中国计量出版社,2012.
[26] 中国合格评定国家认可委员会.化学分析中不确定度的评估指南:CNAS-GL006—2019[S].北京:中国标准出版社,2019.
[27] 国家质量监督检验检疫总局.紫外、可见、近红外分光光度计检定规程:JJG 178—2007[S].北京:中国计量出版社,2007.
[28] 国家质量监督检验检疫总局.单光束紫外可见分光光度计:GB/T 26798—2011[S].北京:中国标准出版社,2011.
[29] 国家质量监督检验检疫总局.紫外、可见、近红外分光光度计检定规程:JJG 689—2007[S].北京:中国计量出版社,2007.
[30] 黄志中,曾雪珍.分光光度法测定氨氮的不确定度评定[J].广东饲料,2021,30(5):37-41.
[31] 黄志中,陈水木.环境监测技术[M].北京:地质出版社,2014.